KB211946

과학은 내 친구

로베르 펭스 지음
도로테 조스트 그림
김병배 옮김

Copain des sciences ⓒ Éditions Milan, France, 2013
ⓒ Korean edition, Book's Hill

이 책의 한국어판 저작권은 Icarias Agency를 통해
Éditions Milan S.A.S.와 독점 계약한 도서출판 북스힐에 있습니다.
저작권법에 의하여 한국 내에서 보호를 받는 저작물이므로
무단 전재 및 무단 복제를 금합니다.

과학은
내
친구
로베르 펭스 지음
도로테 조스트 그림
김병배 옮김
이치
ichi SCIENCE

옮긴이의 말

〈과학은 내 친구〉는 과학 전반에 걸쳐 각 부분 별로 소개가 되어 있다. 즉 지구과학, 전기와 자기, 생명의 진화, 감각 기관, 에너지와 힘, 수학과 정보, 컴퓨터, 천체 과학, 화학과 물질, 과학과 우리의 미래 등을 담고 있다.

이 책의 장점은 각 부문 별로 상세한 사진과 그림들 그리고 실제로 직접 해 볼 수 있는 실험 예들이 많다는 것이다. 또한 과학, 수학과 정보 그리고 컴퓨터 분야를 다양하고 폭 넓게 소개하고 있으면서도 그 설명은 매우 세밀하고 과학적이며 논리적이다.

여러분들이 초롱초롱한 눈빛과 호기심으로 이 책을 읽고 더 이상 암기가 아닌 논리적이고 종합적이며 창조적인, 즉 한마디로 이 책에서 말하는 과학적인 안목으로 이 세상을 보는 눈이 생긴다면 과학을 먼저 한 선배로서 기쁘기 한이 없고 그것이 이 책을 번역한 보람이기도 할 것이다.

물리학 박사 김병배

감사의 말

여러 과학자들이 이 책의 제작에 참여하였다. 이들은 저자와 토론도 하고 교정을 해주었으며 책의 전체적인 조화에 도움을 주었다. 특히 다음의 분들에게 감사를 전한다.

René Dagnac, Alain Gleizes, Albert Gourdenne, Christian Joachim, Alain Klotz, Daniel Labroue, Dominique Lavabre, Frédéric Lisak, Jean-Claude Micheau, Claude Mijoule, Roland Morancho, Jean-Luc Moreau, Véronique Pimienta, Hélène Pince, René Quéau, Michel Richard.

Damien, Mila 그리고 Roxane

R.P.

지구, 우리들의 별

전기와 자기

생명체의 진화

식별을 위한 감각

에너지, 힘, 그리고 운동

수학에서 정보까지

아주 먼 세계, 천체

물질

과학의 비밀

유용한 정보

지구, 우리들의 별

하늘에서 본 지구: 표면 대부분이 푸르지만, 간간이 흰 구름으로 덮여 있다.

지구는 생명을 꽃피우기 적당한 거리에서 태양 주위를 돈다.
또한 지구의 질량은 지구를 둘러싼 기체가 공중으로 흩어지지 않고
대기를 보호하는 막을 형성하기에 충분하다.

푸른 공, 지구

우리는 모두 지구가 둥글다는 사실을 알고 있다. 지구는 양 극쪽이 약간 편평한 오렌지 같은 형태를 띠고 있다. 그러나 이러한 사실을 언제나 알고 있었던 것은 아니며, 오랫동안 사람들은 지구가 편평하다고 생각했었다.

형태의 역사

고대 그리스인들은 지구가 편평하다고 믿었지만, 여러 경우를 관찰하며 생각을 바꾸게 되었다. 남쪽으로 갈수록 태양의 위치가 높아지는 것처럼 태양의 위치는 관찰하는 지점에 따라 바뀌고, 수평선에서 멀어져 가는 배는 먼저 선체가 사라지고 이어서 돛이 사라진다. 이러한 관측은 우리의 행성 표면이 둥글다는 사실로밖에 설명되지 않는다. 이로써 그리스인들은 지구가 둥글다고 생각하게 되었다.

바다가 둥글기 때문에 선체가 먼저 보이지 않는다.

지구의 그림자: 아리스토텔레스의 관측

지구가 태양과 달의 사이에 있으면 지구의 그림자가 달에 투영되는데, 이것이 달의 월식이다. 그런데 그 그림자는 타원형이 아니고 원형이다. 아리스토텔레스(기원전 384~322년)는 이를 보고 지구가 둥글다고 생각하게 되었다.

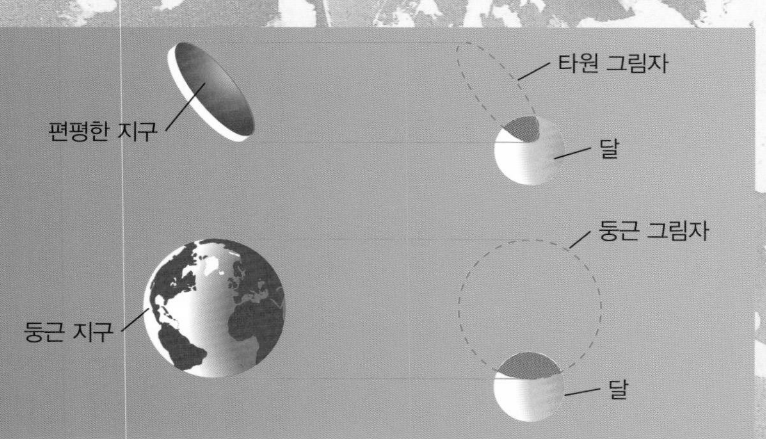

지구의 둘레에 대하여…

기원전 205년에 에라토스테네스는 지구의 둘레를 약 45,000 km로 추정하였다. 300년 후에 프톨레마이오스(90~168년)는 하늘에 있는 별들의 고도를 근거로 지구의 둘레가 28,800 km라고 했고, 아시아의 면적을 과대평가했다. 이러한 정보들은 1000년 이상 기억 속에서 사라지게 되는데, 300년에서부터 1300년경까지 사람들은 다시 지구가 편평하다고 여겼기 때문이다.

하늘이 도운 오류

르네상스 시대에 프톨레마이오스의 원고들이 번역 출판되면서 모두가 그리스 학자의 지도를 믿었다. 이 지도의 오류들은 대단히 중요한 의미를 가지는데, 크리스토퍼 콜럼버스는 일본이 카나리아 군도로부터 4,500 km 밖에 떨어져 있지 않다고 생각하고 대범하게 서쪽으로 항해를 시작했다.
(실제 거리의 4분의 1로 착각한 것이다!)

우주에서 본 지구,
지구는 정말 둥글다!

바뀌는 지구의 형태

타원형

기원전 2000년, 이집트

물로 둘러싸인
편평한 디스크

기원전 1600년, 고대 그리스

구 모양의 지구

기원전 500년, 피타고라스학파

편평한 지구

300~1300년까지

구 모양의 지구

1400년 이후
프톨레마이오스의 지리학이
라틴어로 번역되어 퍼져 나갔다.

에라토스테네스의 실험

에라토스테네스(기원전 276~194년경)는 서양에서 제일 큰 알렉산드리아 도서관의 두 번째 책임자였다. 그는 여행자들에게서 6월 21일(하지) 정오에 이집트 시에네(지금의 아스완 지역)에서는 우물 속 깊은 곳에서 우물물 표면에 비친 태양을 볼 수 있다는 이야기를 들었다. 이는 태양이 우물에 정확히 수직으로 비춘다는 사실을 의미해 주는 것이 분명했다.

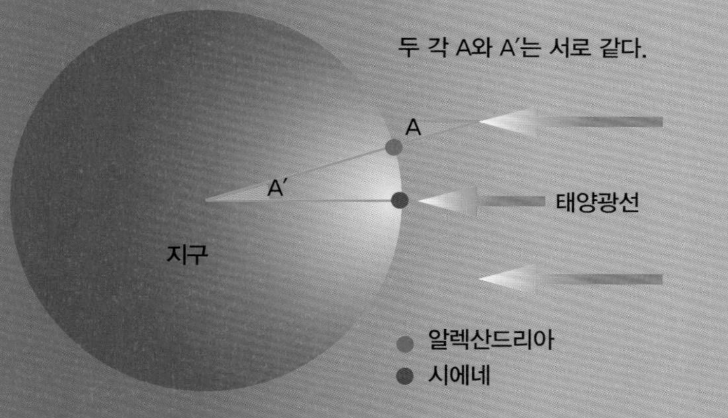

6월 21일 정오에 알렉산드리아에서 에라토스테네스는 마을 돌탑 그림자의 길이를 잰다. 그는 간단한 기하학 계산으로 태양 빛이 수직과 7도 12분의 각을 이룬다는 것을 확인했다. 마지막으로 시에네와 알렉산드리아 사이의 거리(900 km)로부터 지구 둘레의 길이가 45,000 km임을 알아냈다. 이 값은 실제 거리(40,000 km)보다 12.5% 조금 넘는다.

사계절과 시간

옛날부터 인간은 하늘 위 태양의 경로를 관측했다. 이 태양의 움직임은 낮과 밤을 주기적으로 변화시키고 계절의 주기적인 변화를 가져왔다. 그러나 '지구가 우주의 중심에서 움직이지 않는다'는 생각에서 벗어나게 된 것은 불과 4세기 전이다.

우리가 보는 것은 모두…

태양은 아침에 떠서 정오까지 올라가다 점점 내려가서 저녁이면 서쪽으로 진다. 이러한 궤도 곡선은 겨울보다 여름에 더 높고, 북반구에서는 하지인 6월 21일에 가장 높다. 가장 낮은 궤적은 북반구에서는 동지인 12월 21일이다. 3월 21일과 9월 21일에 태양의 궤적은 완전한 반원을 그리고, 낮의 길이는 밤의 길이와 같아진다. 이때가 바로 춘분과 추분이다.

감각은 종종 우리를 속인다.

정차해 있는 기차에 앉아서 출발을 기다리는데, 갑자기 옆에 있던 기차가 움직이기 시작하며 창문 옆으로 지나간다. 그렇지만 기차의 흔들림과 움직이는 창 밖의 풍경은 우리가 속았다는 것을 보여준다. 출발한 것은 우리의 기차이다. 마찬가지로 지구라는 행성 위에서 여행하는 우리들은 지구가 우주의 중심에 고정된 것이 아니라는 사실을 받아들일 수밖에 없다.

르네상스 시대의 학자 코페르니쿠스는 태양이 우주의 중심에 있다고 주장했다.

천문학의 혁명

폴란드의 천문학자 니콜라우스 코페르니쿠스(1473~1543년)는 죽기 직전에 〈천체의 혁명에 대한 논고〉를 출간했다. 이 논문에서 그는 지구도 다른 행성들과 마찬가지로 자전하면서 태양을 돈다고 주장했다. 이로써 고대부터 전해져 내려온 모든 천문학적 사실들이 뒤집어지게 되었다.

코페르니쿠스의 이론은 70년 후인 1610년에 목성의 위성들을 발견한 갈릴레이(1564~1642년)의 관측에 의해서 확인되었다.

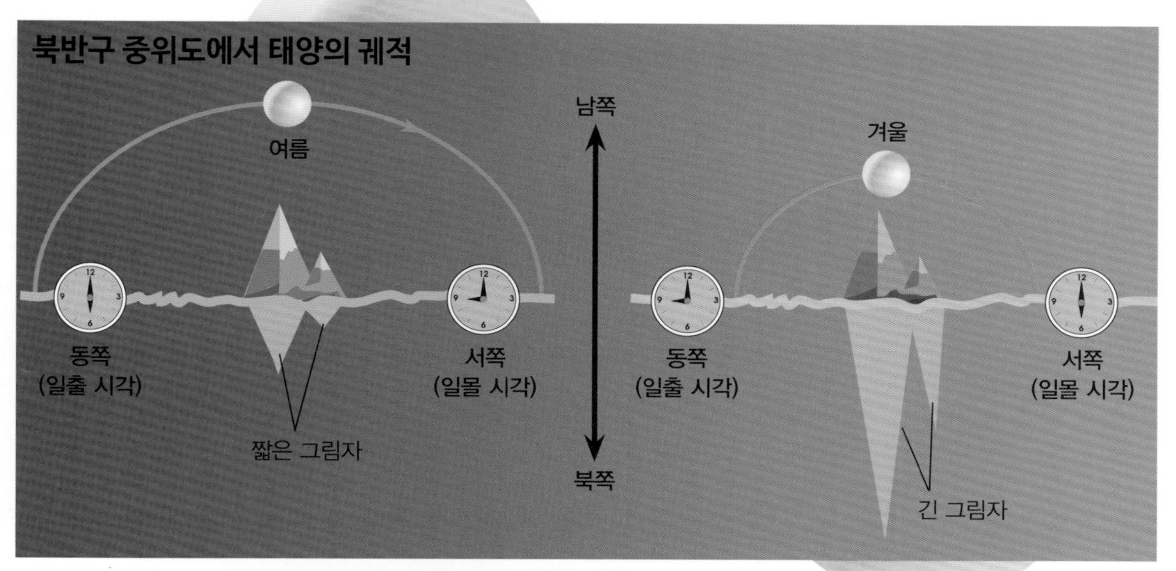

갈릴레이는 1610년에 〈별들의 메시지〉라는 소책자에서 자신의 천문학적 관찰을 설명했다.

베네치아 귀족들에게 자신의 망원경을 소개하는 갈릴레이

갈릴레이와 천체 망원경

갈릴레이는 자신이 개량한 천체 망원경을 이용해 목성 주위를 돌고 있는 네 개의 위성들을 최초로 보았다. 그는 지구를 돌고 있는 달과 비교하여 목성과 그 위성들의 시스템이 12년 주기로 태양 주위로 큰 궤도를 그리며 돈다고 주장했다. 이 주장으로 그는 혹독한 종교 재판을 받게 되었다. 갈릴레이는 1633년에 자신의 주장을 철회하고 지구는 움직이지 않는다고 공언할 수밖에 없었다. 전해지는 이야기에 따르면, 그는 이렇게 중얼거렸다고 한다.

"그래도 지구는 돈다."

지구의 공전과 자전

지구는 겉보기에 가만히 있는 것 같지만 끊임없이 움직이고,
이러한 움직임 때문에 낮과 밤이 바뀌고
계절이 바뀐다.

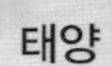

매우 빠른 운동

지구는 거대한 팽이처럼 자전하며
24시간에 한 바퀴를 돈다. 이러한
자전으로 낮과 밤이 교대로 생겨난다.
낮에는 태양이 지구를 밝게 비추고, 밤에는
지구의 그림자에 의해 어두워진다.
한편 지구는 80,000 km/h의 속도로 태양 주위를 도는데,
궤도가 매우 길어 한 바퀴 도는데 365일 하고도 4분의 1일이 걸린다.
우리는 왜 이러한 움직임을 전혀 느낄 수 없을까? 땅과 우리 주위의 물체들,
그리고 심지어 대기까지 지구와 함께 움직이기 때문이다.

기울어진 지축

지구가 태양 주위를 돌 때 지구의 축은 23.5° 기울어져 있다. 사계절은 바로 이 기울어진 지축 때문에 생긴다. 여름에는 북반구가 태양 쪽으로 기울어져 낮이 길어지고 더워진다. 이 시기에 남반구는 햇빛을 비스듬하게 받아서 겨울의 낮이 짧아지고 추워진다. 남반구가 태양을 향할 때 남반구에서는 여름을 맞이하게 된다.

남반구에서의 여름

미니 진자 만들기

- 종이
- 오목한 접시
- 금속 꼬챙이 3개
- 실
- 코르크 마개
- 귤
- 바느질 바늘

1. 바늘을 바늘구멍이 밖으로 나오게 하고 코르크 마개에 밀어 넣는다.

2. 꼬챙이들을 마개에 꽂아서 삼발이를 만든다.

3. 귤을 실로 묶어 바늘구멍에 건다.

4. 진자를 흔들어 진자가 움직이는 방향을 종이에 표시한다. 접시를 약간 돌리면 종이에 표시한 선은 달라지지만, 진자의 움직임은 변하지 않는다.

푸코의 진자 실험 따라 하기

레옹 푸코(1819~1868년)는 1851년에 진자를 이용해서 지구의 자전을 보여준 프랑스의 물리학자이다. 여러분은 먼저 미니 진자로 이 실험을 해 보고 만일 충분히 높은 곳이 있으면 푸코의 진자 실험을 따라 해 봐도 좋을 것이다.

- 플라스틱병
- 모래
- 회전 금속 고리
- 긴 끈
- 흰 도화지
- 연필

1. 플라스틱병 속에 모래를 채운다.

2. 회전 금속 고리를 이용해서 5 m 이상 높이에 끈을 고정한다.

3. 모래를 채운 병이 거의 땅에 닿도록 끈에 매단다.

4. 도화지를 진자 밑에 놓고 고정한다.

5. 진자를 진동하게 하고 진자가 움직이는 방향을 종이에 표시한다.

6. 20분 후에 보면 진자가 움직이는 방향이 바뀌어 있을 것이다. 왜냐하면 지구가 (미니 진자 실험의 접시처럼) 자전했기 때문이다.

시간의 순환

사람들은 처음에 해시계나 물시계의 눈금으로 시간의 흐름을 측정했다. 기계식 시계의 발명은 시간 측정에 혁명을 가져왔고, 기계의 시대를 열어 주었다.

기울어진 막대를 가진 해시계

해시계

처음에는 태양 아래 수직으로 세워둔 막대의 그림자를 따라 시간을 측정하기 시작했다. 알려진 것 중 가장 오래된 해시계는 기원전 1500년경 이집트의 해시계이다. 시계 판의 눈금이 해가 뜰 때부터 질 때까지 12시간으로 나뉘어 있는데, 낮의 길이가 계절에 따라 달라지는 만큼 시간의 길이도 그에 맞추어져 있었다. 14세기 아랍에서는 위도에 따라 막대의 기울기를 다르게 해서 더욱 정확한 해시계를 만들었다.

해시계 만들기

- 두께 5 mm 베니어판
- 각도기
- 금속 막대(해시계의 지침)
- 펜
- 둥근 코르크 조각

1. 그림처럼 베니어판에 동서남북을 표시해 지지판을 만든다.

2. 20×20 cm의 적도판을 만든다.

3. 적도판의 양면에 각도기를 사용해서 15° 간격으로 시간을 표시한다.

4. 적도판의 중앙을 금속 막대로 꿰뚫고 코르크 조각에 끼워 고정한다. 시반면과 지지판의 각도 L은 자신이 사는 지역의 위도와 같게 한다.

5. 지지판이 정확하게 북쪽을 향하게 둔다.

주의 이 눈금은 태양시를 보여준다. 겨울에는 한 시간을, 여름에는 두 시간을 더해준다.

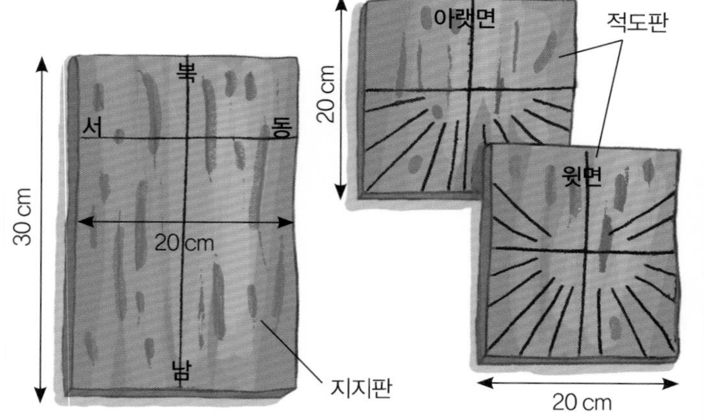

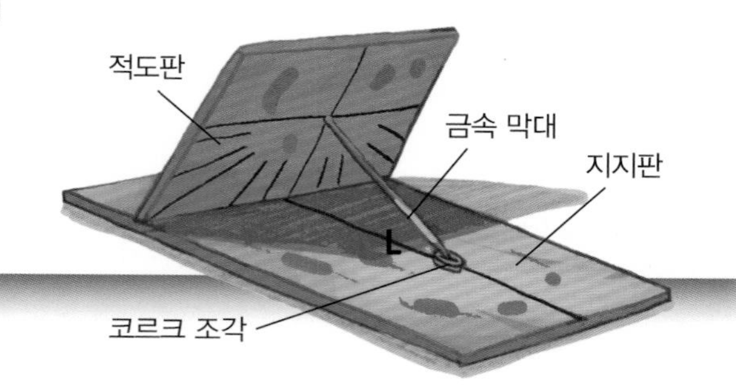

물이 일정하게 흐르도록
내면이 경사지게 만든 물시계

물시계

햇빛이 없는 낮이나 밤에는 해시계를 대신할 것을 찾아야 했다. 이집트인 그리고 후에 그리스인들은 눈금이 새겨진 용기에 작은 구멍을 뚫어 물이 흘러나오게 한 다음 그 물의 높이를 재서 시간을 측정했다. 이러한 물시계는 클렙시드르(clepsydre)라고 불렸는데, 이는 '물의 도둑'이라는 뜻의 그리스어 클렙시드리아(klepsydria)에서 나온 말이다. 이 물시계는 소송에서 변호인의 변론 시간을 제한하는 데에도 쓰였다. 하지만 물시계는 온도와 압력에 따라서 물이 흘러나오는 속도가 달라져서 시간을 정확하게 맞추기 어려웠다.

기계식 시계

14세기경에 기계식 시계가 등장했다. 이 시계는 탈진기라 불리는 기발한 장치에 의해 느리고 규칙적으로 떨어지는 추에 의해 시곗바늘이 나아가게 되어 있다. 하지만 이 시계는 하루에 15분에서 30분씩 달라질 정도로 부정확했다. 17세기 중반에 들어서 갈릴레이와 호이겐스가 진자시계를 개발했는데, 놀랍게도 이 진자시계는 하루에 2초밖에 차이 나지 않을 정도로 정확했다.

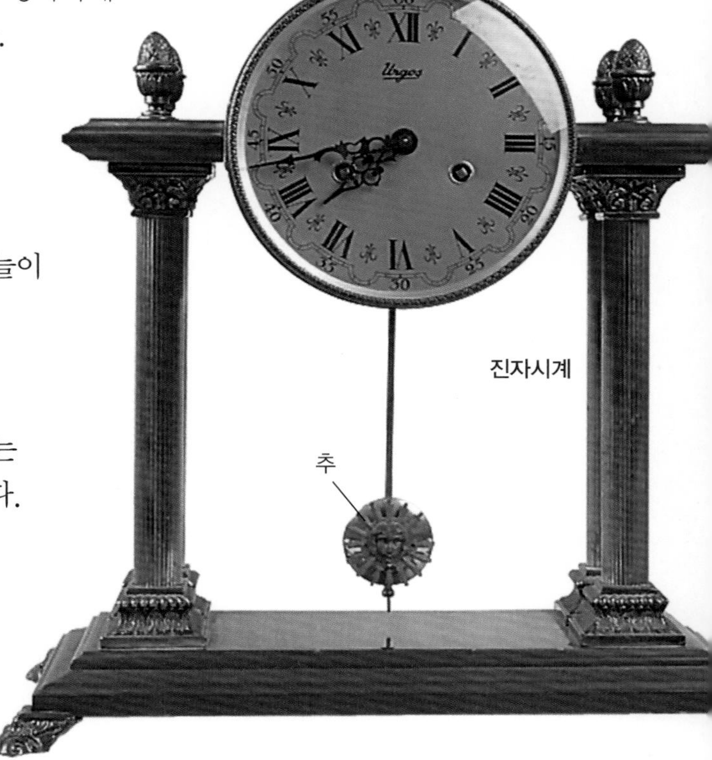

진자시계

오늘날의 시계들

건전지로 작은 전류를 통하게 하면 수정 결정은 매우 빠르게 진동한다. 이 빠른 진동수를 이용한 쿼르츠(수정) 시계는 1년에 1분 정도의 오차만 허용할 만큼 정확하다. 세슘 원자에서 나오는 빛의 진동수를 이용한 원자시계는 백만 년에 1초 남짓한 오차만 허용할 정도로 정확하다.

위도와 경도

지구의 표면에서 자신의 위치를 알려면 위도와 경도를 알아야 하는데, 경도는 위도보다 측정하기가 더 어렵다. 그래서 신대륙은 매우 오랫동안 발견되지 못했다.

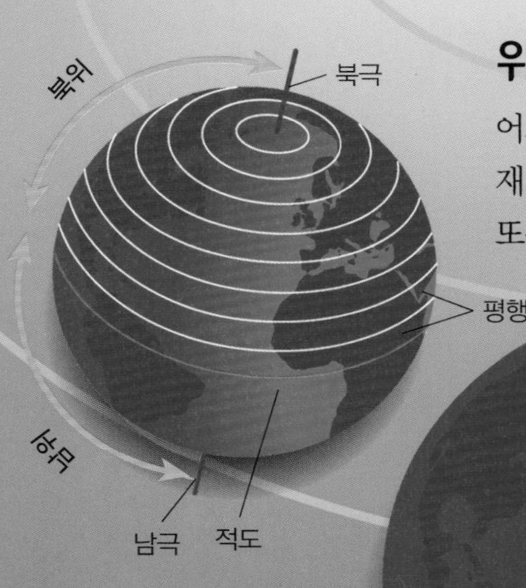

위도 찾기: 고도의 측정

어느 장소의 위도를 재려면 정오에 수평선 위 태양의 고도를 재면 된다. 그런 다음 이 고도를 천체표에서 찾아보면 된다. 또는 북극성이나 남십자성의 고도를 재도 된다.

경도 찾기: 시간의 문제

그리니치 자오선과 내가 사는 곳의 자오선 사이에 존재하는 시차로 경도를 알 수 있다. 즉 이 두 장소에서 태양이 중천에 뜨는 시간을 비교해야 한다. 그러므로 그리니치의 시간을 정확하게 알 수 있는 시계가 필요하다.

난파

1707년에 영국의 함대가 해안으로부터 64 km 정도 떨어진 실리(Scilly) 제도의 암초들 근처에서 침몰했다. 용감하기로 유명한 쇼벨 제독이 이 난파로 실종되었다.
경도의 계산 착오로 일어난 이 사고로 인해 1714년에는 법을 제정하여 해양에서의 경도를 측정하는 방법을 알려주는 2만여 권의 책을 배포하였다.

북극성을 이용해서 위도를 측정하기

- 두께 3 mm 정도의 베니어판
- 끝이 뾰족한 막대
- 두꺼운 마분지
- 단면이 24×24 mm의 정사각형인 긴 나무토막
- 나침반
- 양쪽에 길이가 표시된 자
- 각도기
- 풀
- 가위
- 접착 라벨

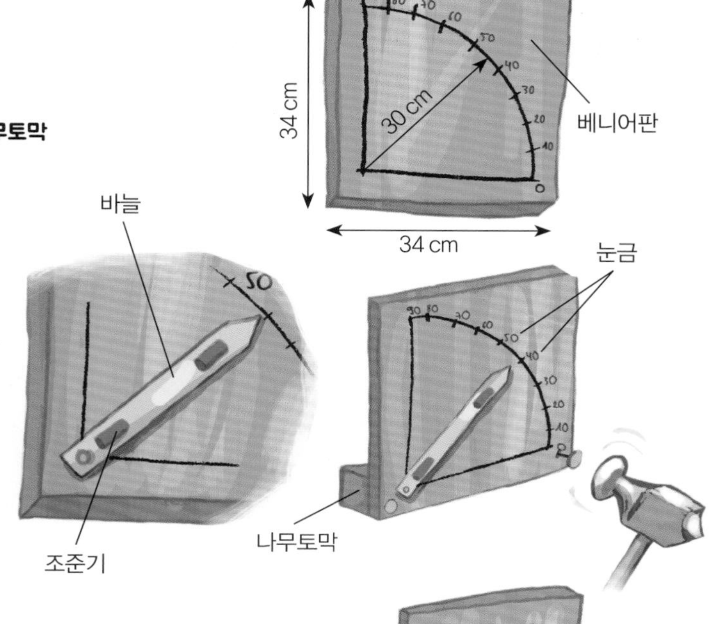

1. 긴 나무토막을 길이 34 cm로 자른다.

2. 베니어판을 34×34 cm의 정사각형으로 자른다.

3. 수평선과 수직선에 맞추어서 반지름이 30 cm인 원을 그린다. 각도기를 이용하여 원 위에 10, 20, 30, … 90°까지 눈금을 표시한다.

4. 도면에 따라 마분지를 잘라 바늘을 만든다. 둥글게 만 라벨로 만든 2개의 조준기를 붙인다.

5. 베니어판 가장자리에 나무토막을 못으로 고정시킨다. 이것을 탁 트인 장소에서 수평면 위에 놓는다.

6. 북쪽을 향하게 하고 북극성을 찾는다. 바늘을 북극성을 향하게 하고 눈금을 읽는다. 이것이 그 장소의 위도이다.

휴대용 시계: 경도의 비밀

바다에서는 배가 흔들려서 진자시계를 사용할 수 없다. 따라서 휴대용 시계를 사용하는 것이 매우 유용하다. 시계가 정확하기만 하면 배의 경도를 알 수 있기 때문이다. 1761년에 존 해리슨이 처음으로 아주 정확한 해양 시계를 만들었고 이로써 영국 의회가 제공하는 2만 권의 책을 받았다.

지구 중심으로의 여행

지구의 표면만 가지고는 그 아래에 무엇이 있는지 알기 어렵다. 우리가 지구의 내부를 직접 탐사하기는 쉽지 않기 때문에 우리의 발밑에 무엇이 있는지 알기 위해서 과학자들은 간접적인 방법을 사용한다.

간접적인 방법

지구의 중심에 다다르려면 무려 6,370 km나 파고 들어가야 하지만, 실제로 지표면에서 12 km보다 더 깊이 들어가기는 어렵다. 따라서 우리가 지구 속으로 들어가는 것은 불가능하기 때문에 지구의 중심이 무엇으로 되어 있는지를 확실하게 알기는 어렵다. 그러나 과학자들은 지진이 났을 때 발생하는 파동을 연구해서 지구의 내부에 대해 상당히 많이 알게 되었다! 지구는 태양계의 행성 중에서 밀도가 가장 크다. 지구는 견고하게 압축된 철이나 마그네슘과 같은 기본적으로 무거운 물질들로 이루어져 있다.

내핵은 대부분 철로 이루어져 있다. 그 위에 다른 층들은 좀 더 가볍고, 맨 위에 지각은 (산소, 규소, 알루미늄 등으로) 특히 가볍다.

내핵

외핵

외핵은 3,700 ℃의 고온에서 매우 큰 압력을 받고 있으며 니켈과 철로 되어 있다.

하부 맨틀

하부 맨틀은 핵보다 압력을 덜 받는다.

지각

지각은 가장 얇은 부분이다. 대륙(25~90 km)이 바다(6 km)보다 더 두껍다.

상부 맨틀

상부 맨틀은 녹은 암석인 마그마로 되어 있다.

깊이

내핵: 5,200 km
외핵: 2,900~5,200 km
하부 맨틀: 700~2,900 km
상부 맨틀: 90~700 km
지각: 6~90 km

자기적 북극(자북)과 지리적 북극(진북)

현대 과학자들은 외핵의 녹은 부분인 니켈과 철의 움직임이 지구의 자기장을 만든다고 생각한다. 나침반은 진북을 가리키지 않고 자북을 가리킨다. 이 둘의 차이를 자기 편각이라고 하는데, 이 편각은 시간에 따라 변한다.

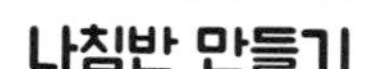

나침반 만들기

액체 상태의 금속인 핵은 활발히 움직이는데, 이 움직임은 자기장을 발생시킨다. 우리는 나침반으로 이 현상을 확인할 수 있다.

- 코르크 마개
- 물이 담긴 대야
- 자석
- 바늘
- 칼

1. 코르크 마개를 두께 2 cm 정도의 둥근 모양으로 자른다.

2. 바늘을 자석에 대고 (한 방향으로) 문질러서 자화시킨다.

3. 코르크 마개에 긴 홈을 만든다.

4. 홈에 바늘을 끼우고 마개를 물에 띄운다. 바늘이 남북 방향으로 향하는 것을 확인한다.

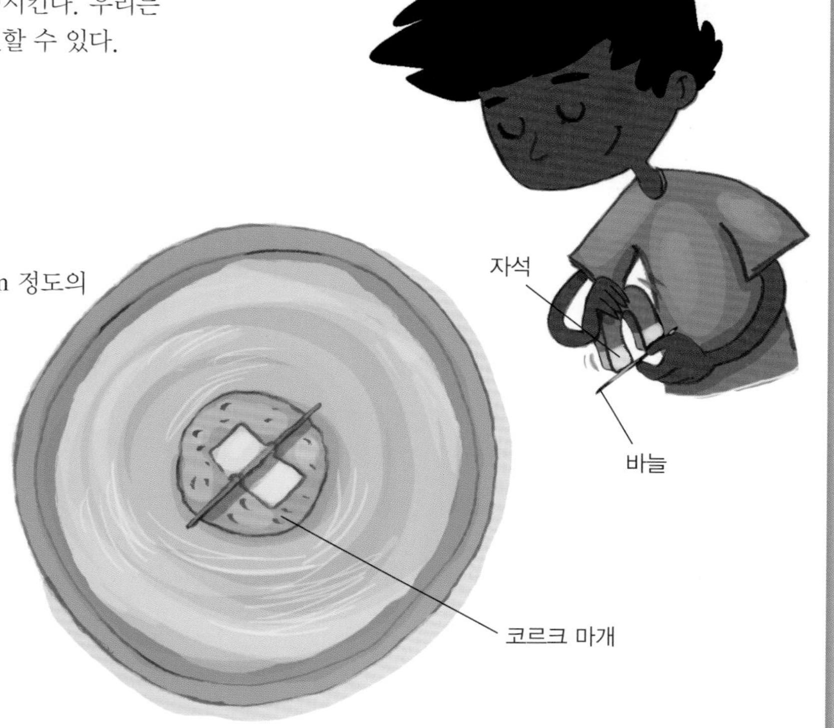

중국의 나침반

11세기에 중국에서는 최초로 초기 형태의 나침반이 만들어졌다. 얇은 쇳조각을 물고기 형태로 만들어 남북 방향을 유지하게 한 다음 불에 벌겋게 달궜다가 갑자기 물에 담그면 자성을 띠게 된다. 이것을 물 위에 띄워 놓으면 물고기의 머리가 남쪽을 향하게 되어 중국 선원들은 이로써 방향을 찾을 수 있었다.

움직이는 대륙

전혀 움직이지 않는 것처럼 보였던 땅이 사실은 움직이고 있다는 것이 1960~1980년 사이에 밝혀졌다. 대륙은 녹아 있는 마그마 위에서 떠다니는 커다란 뗏목이었던 것이다.

최근의 실험

알프레드 베게너는 1915년에 대륙은 고정된 것이 아니라고 말했고, 1960년대에 바다 한복판에서 행해진 실험들로 이 주장이 옳다는 것이 밝혀졌다. 지구과학자 모리스 유잉은 대양의 밑바닥이 아주 젊은 암석으로 이루어져 있다는 것을 발견했다. 그의 동료들도 해저의 지도를 만들었는데, 놀랍게도 해저에 있는 산맥이 대서양의 한복판을 가로지르고 있었다. 즉 이것이 대서양 해령(바다 밑의 산맥)이다. 그 후 해양 탐사선 챌린저호(Glomar Challenger)가 여러 번 더 측정한 후에 해저의 암반들은 해령에서 멀어짐에 따라 점점 더 나이가 많아진다는 것을 알게 되었다.

해양 탐사선 글로마 챌린저호

판과 해령: 갈라진 지각

녹은 마그마는 해령을 통해서 올라오면서 해저를 양쪽으로 민다. 해령이 확장되면서 가장자리가 벌어진다. 이런 식으로 2억 년 동안에 걸쳐 대서양 속 6,000 km 길이 열리게 되었다.

해령

대류

대양

판

알프레드 베게너: 이해받지 못한 선구자

대서양의 두 해안의 형태가 초대륙을 가로지르는 주름처럼 생겼다고 생각한 독일의 기상학자 베게너(1880~1930년)는 1915년에 대륙이동설을 발표했다. 그는 자신이 이름 붙인 판게아(Pangaea)라는 초대륙이 갈라져서 지금의 여러 대륙이 형성되었다고 주장했다. 시카고 대학의 챔벌린(R.T. Chamberlin)은 세기의 지질학자들과 그들의 이론들을 논하면서 베게너의 생각을 터무니없다고 규정했다.

지각판의 이동

1970~1980년 사이에 지질학자들은 지표면에서 9개의 커다란 판과 12개의 작은 판을 발견하였다. 이 판들은 해령의 표면에서 끊임없이 새롭게 형성되고, 섭입대라고 불리는 해구 부근에서 사라진다. 오늘날의 과학자들은 지구 표면인 지각이 판들로 나뉘어 있다고 믿고 있다. 이 판들은 서로서로 움직이고 벌어지며 충돌하고 포개지기도 한다. 이러한 움직임은 마그마가 대류 운동을 하기 때문에 발생한다.

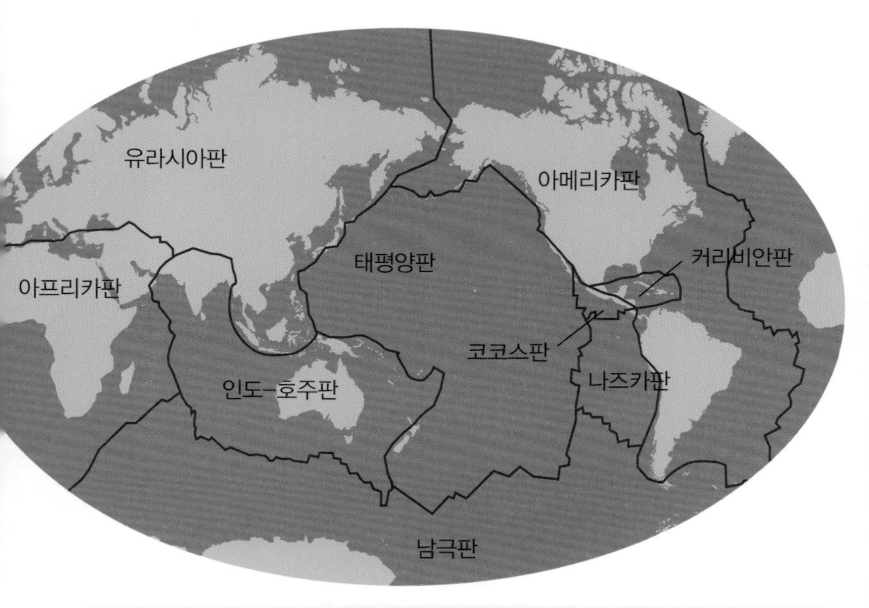

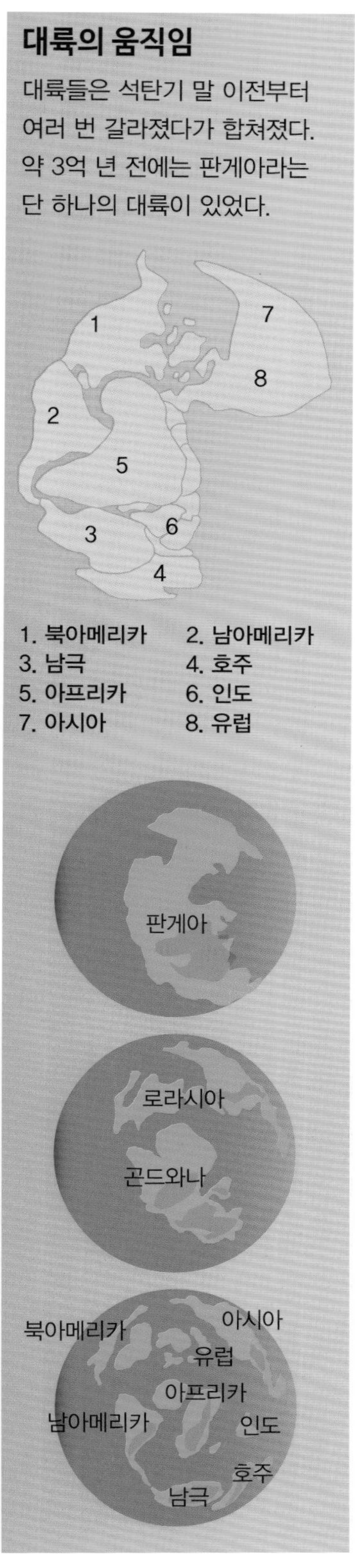

대륙의 움직임

대륙들은 석탄기 말 이전부터 여러 번 갈라졌다가 합쳐졌다. 약 3억 년 전에는 판게아라는 단 하나의 대륙이 있었다.

대류 이해하기 어른과 함께 하기

이 실험으로 마그마의 대류가 지구의 상부 맨틀을 어떻게 움직이는지를 이해할 수 있다.

- 냄비
- 물
- 가스레인지

1. 물을 가득 채운 냄비를 가스레인지 위에 올려놓고 약한 불로 끓인다.

2. 물이 끓는 소리가 나면 냄비 바닥에서부터 올라오는 기체 방울을 관찰한다. 이것이 물을 움직이는 대류를 나타낸다. 불 바로 위의 뜨거운 물은 수면으로 올라갔다가 냄비의 가장자리로 이동해서 바닥으로 내려온다.

땅의 분노

지각은 매우 느리게 움직인다. 일 년에 단 몇 센티미터! 그렇지만 때때로 땅이 잠에서 깨면 지진이 나거나 화산이 분출해서 커다란 피해를 준다.

화산

우리가 살고 있는 얇은 막 아래에서는 지구가 불타고 있다. 지각이 깨지거나 약해진 부분에서는 용암이나 가스가 새어 나온다. 하와이에서처럼 용암이나 가스가 막힘없이 나오기도 한다. 그렇지만 대부분의 화산은 불규칙적으로 분출된다. 우선 식은 용암이 분화구를 막는 뚜껑이 된다. 가스와 녹은 용암이 그 밑에 점점 쌓여 결국 큰 압력으로 뚜껑을 뚫고 커다란 에너지를 한꺼번에 분출한다. 화산이 잠에서 깨는 것이다.

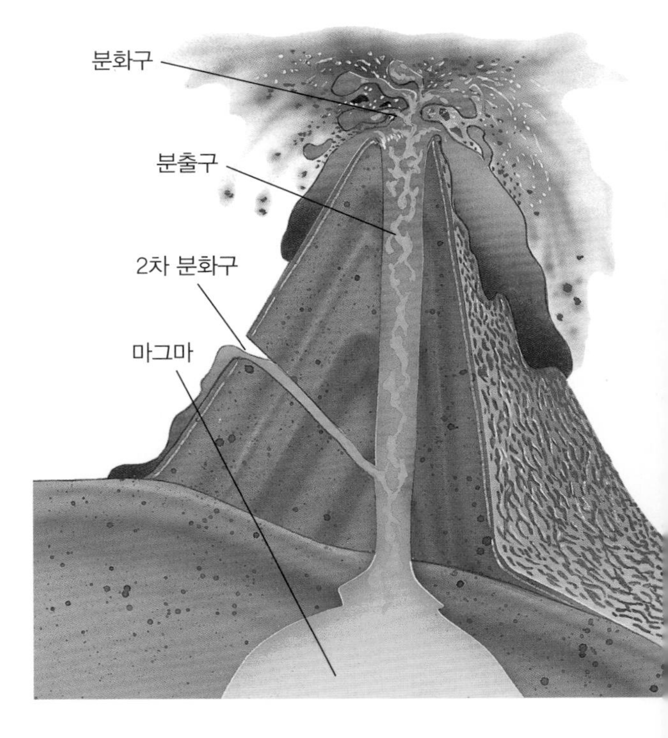

세계에서 제일 큰 화산: 하와이의 킬라우에아 화산

땅의 흔들림: 지진

판들이 움직이면 때때로 충격파를 일으키는데, 이런 땅의 흔들림을 지진이라고 한다. 흔들림은 지진이 일어난 땅속 진원에서 수직 위의 지표면에 위치한 진앙에서부터 파동의 형태로 퍼져 나간다. 가장 느린 L파는 표면으로 퍼져간다. 2차 파동인 S파는 조금 빠르며 수면위의 물결처럼 횡파이다. 1차 파인 P파는 가장 빠르고 기차가 차량을 따라 충격이 죽 전달되는 것 같은 종파(압축)이다.

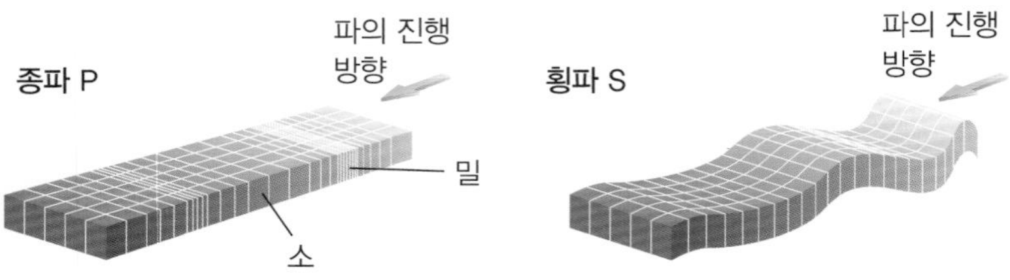

전혀 태평하지 않은 바다!

태평양은 기질도 평온하고 태풍도 별로 없는 것으로 유명하지만 지구에서 지진과 화산이 가장 밀집된 환태평양 조산대로 유명하다. 화산이나 지진은 한 판이 다른 판 밑으로 깔려 들어가는 섭입대 근처에서 나타난다. 옆의 지도는 판의 경계 근처에 몰려있는 화산들과 지진들을 잘 보여준다.

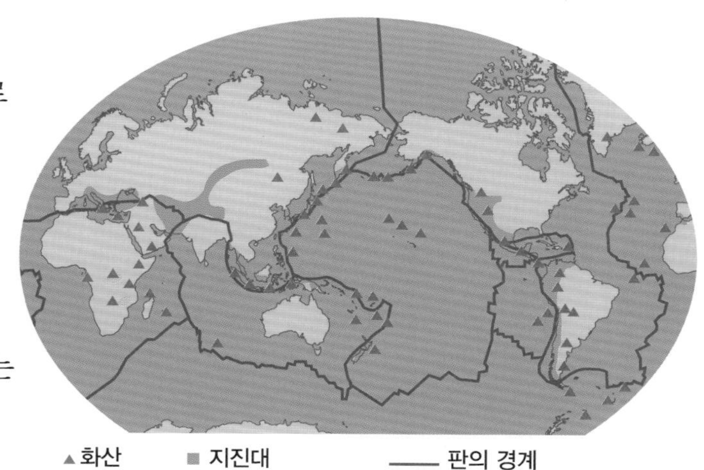

1995년 1월에 일본 고베에서 일어난 지진의 모습

리히터와 메르칼리: 지진의 측정

지진의 에너지는 리히터 등급으로 측정되는데, 규모 1에서 9까지로 표시한다. 에너지가 클수록 더욱 멀리 느껴진다. 메르칼리 등급은 피해의 정도를 측정하는 것으로 가벼운 진동(3)에서부터 교량의 파괴(10)까지 있다.

3 5 6 8 9 10

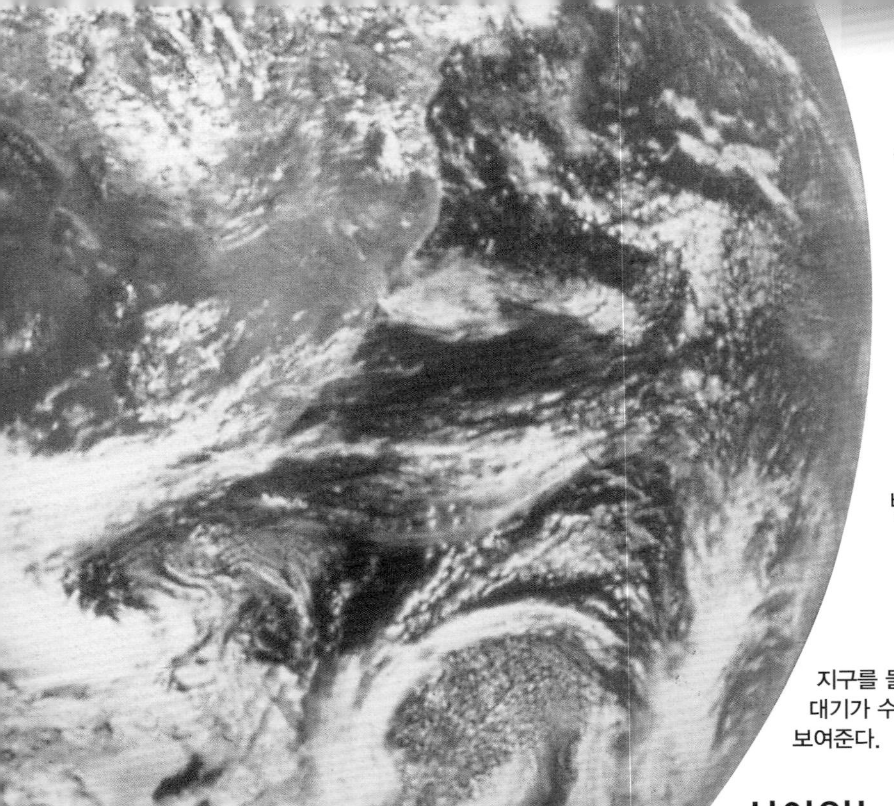

생명의 액체, 물

지구 표면의 4분의 3은 바닷물로 채워져 있다. 그러나 육지에도 이슬방울이나 강, 호수, 빙하 등 물은 어디에나 있다.

지구를 둘러싸고 있는 흰 구름 띠들은 대기가 수증기를 포함하고 있다는 것을 보여준다.

살아있는 물

지구에서 물은 고체, 액체, 기체의 세 가지 상태로 존재한다. 물은 모든 생명의 근원이다. 생명은 물속에서 시작했고 강렬한 태양광선으로부터 보호받으며 물로 인해 생명이 유지될 수 있었기 때문이다. 살아 있는 모든 생명체는 식물부터 동물까지 기본적으로 물로 구성되어 있다. 우리 몸도 70%가 물이고, 우리는 매일 적어도 2 L의 물을 마셔야 한다.

물의 두 가지 특이한 성질

물처럼 가벼운 분자들은 보통 기체이지만 물은 상온에서 액체이다. 또한 다른 물질들은 고체가 액체보다 밀도가 더 크지만 물은 여기에서도 예외이다. 얼음은 물보다 밀도가 더 작아서 물에 뜬다. 이것은 물속에서 사는 생명체들에게 매우 중요하다. 왜냐하면 물 표면에 뜬 얼음 막이 추위를 막아서 물속 동식물들이 얼지 않고 살아갈 수 있기 때문이다.

바위에서 떨어지는 폭포

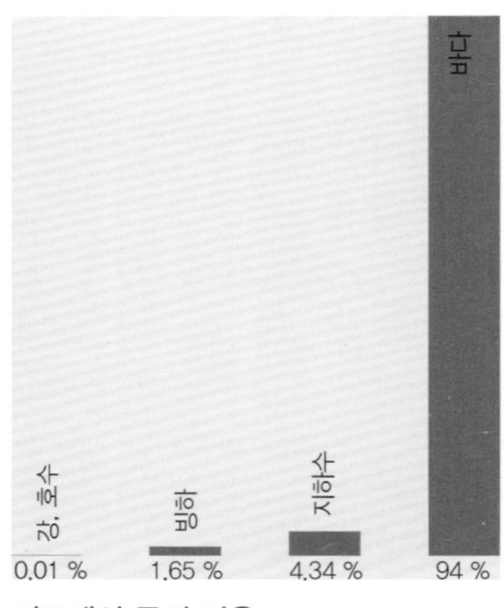

지표에서 물의 비율

물의 성분 알아보기 어른과 함께 하기

- 50 cm 정도의 구리선 2개
- 9 V 건전지
- 작은 병
- 대야
- 물
- 소금
- 연필심 2개

1. 대야에 물을 채우고 소금 두세 큰술을 넣는다.
2. 한 연필심과 건전지 양극을 구리선으로 연결한다.
3. 다른 연필심과 건전지 음극을 구리선으로 연결한다.
4. 두 연필심의 끝을 각각 물속에 넣는다. 이제 기포방울이 연필심에 붙는 것이 보이는데, 양극에 연결된 연필심보다 음극에 연결된 연필심에 더 많은 기포가 보인다. 전류가 흘러 물이 분해되면서 수소가 음극에, 산소가 양극에 붙는다.

작은 병에 물을 가득 채우고 음극에 연결된 연필심 위에 거꾸로 놓으면 수소 샘플을 쉽게 얻을 수 있다. (수소는 공기보다 가벼우므로) 병 입구가 아래로 향하게 해서 수소가 밖으로 빠져나가지 못하게 주의해야 한다. 수소는 성냥불에 갖다 대면 가벼운 폭발을 일으키고, 산소는 불꽃을 더욱 세게 만든다.

극지의 빙하, 지구의 기록

남극에 눈이 내리면 눈송이 속에 공기 기포가 들어간다. 그 뒤 눈이 여러 번 더 내리면 그 압력으로 인해 얼음으로 변한다. 그러므로 더 깊은 곳에 있는 얼음일수록 더 오래된 공기를 포함하고 있다. 과학자들은 2,000 m 깊이의 원통형 얼음에서 화학 성분을 분석했다. 그 결과 20만 년 전부터 오늘날까지 있었던 대기의 성분을 알 수 있었다.

그리스와 로마인들은 청동을 만들 때 납을 사용했다. 얼음을 분석해서 인류의 역사 중 가장 오래된 대규모 공해를 알아낸 것이다.

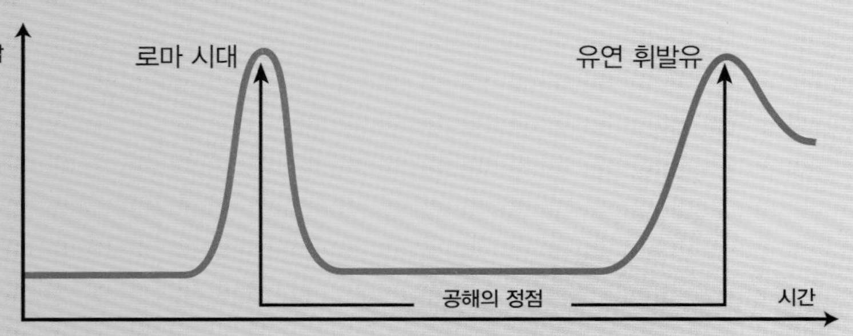

시간에 따른 납 공해의 비율

압력과 사이펀 작용

지구상의 모든 물은 중력에 의해 가장 낮은 곳으로 내려간다. 대기의 압력처럼 물속에서의 압력도 깊이에 따라 증가한다.

U자형 관

흐르지 않는 물의 표면은 평면이고 수평이다. 물을 채운 여러 물병들을 튜브로 연결하면 이들은 서로 통한다. 즉 모든 물병 속 수면의 높이가 같아진다. 같은 현상이 수문(갑문)들에서도 적용된다. 중력의 작용으로 물이 항상 낮은 곳으로 흐르는 이 현상은 고대부터 각 건물에 물을 공급하는 데 이용되어 왔다.

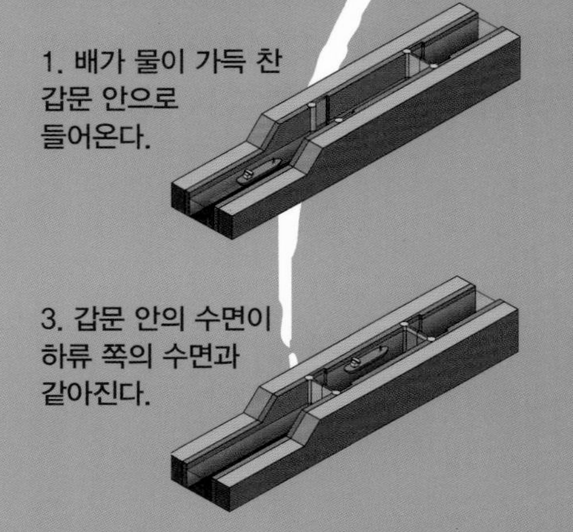

1. 배가 물이 가득 찬 갑문 안으로 들어온다.

2. 상류 쪽 문이 닫힌다.

3. 갑문 안의 수면이 하류 쪽의 수면과 같아진다.

4. 하류 쪽 문이 열리고 배가 갑문을 떠난다.

수압 관찰하기

수압은 수심에 따라 어떻게 변할까? 이 실험으로 알아보자.

- 1.5 L 플라스틱병
- 송곳
- 대야
- 물

1. 송곳을 사용해서 플라스틱병에 밑에서부터 같은 간격으로 구멍 4개를 뚫는다.

2. 개수대 위쪽에 서서 손가락으로 구멍들을 막는다.

3. 병에 물을 가득 채운다.

4. 손가락을 떼고 관찰한다. 맨 아래에 있는 구멍에서 물이 가장 멀리 나간다. 따라서 수심이 깊을수록 압력이 높다. 그러므로 잠수부들은 수심에 따른 큰 압력으로부터 피해를 보지 않기 위해 조심해야 한다.

물의 순환

세면대에서 수도꼭지의 물을 잠그는 것을 잊어버렸다 해도 그 물이 없어진 것은 아니다. 그 물은 땅으로 스며들어 강으로 흘러 바다로 간다. 그 후 태양의 뜨거운 열 아래 증발하여 지구의 대기층을 보이지 않는 물로 채운다. 이 물은 다시 비로 내리고 회수되어 세면대로 돌아온다.

사이펀 작용 관찰하기

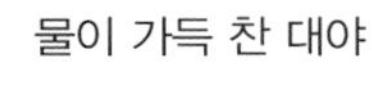

- 테이블
- 의자
- 투명한 호스(튜브)
- 물
- 플라스틱 컵 2개
- 대야

1. 컵 하나를 의자에 놓는다. 테이블 위에 놓인 컵에는 물을 4분의 3 정도 채운다.
2. 호스를 물을 채운 대야 속에 완전히 넣는다.
3. 호스를 물속에 담근 채 양 끝을 손가락으로 잘 막는다.
4. 호스의 한끝을 테이블 위의 그릇 속에 담그고 다른 쪽 끝은 의자에 있는 빈 그릇 속에 놓는다.
5. 호스의 양 끝을 열면 물이 가득 찬 컵에서 아래 빈 컵으로 호스를 타고 물이 흐른다.

중력의 영향으로 양쪽 컵의 물이 수위를 맞추려고 한다!

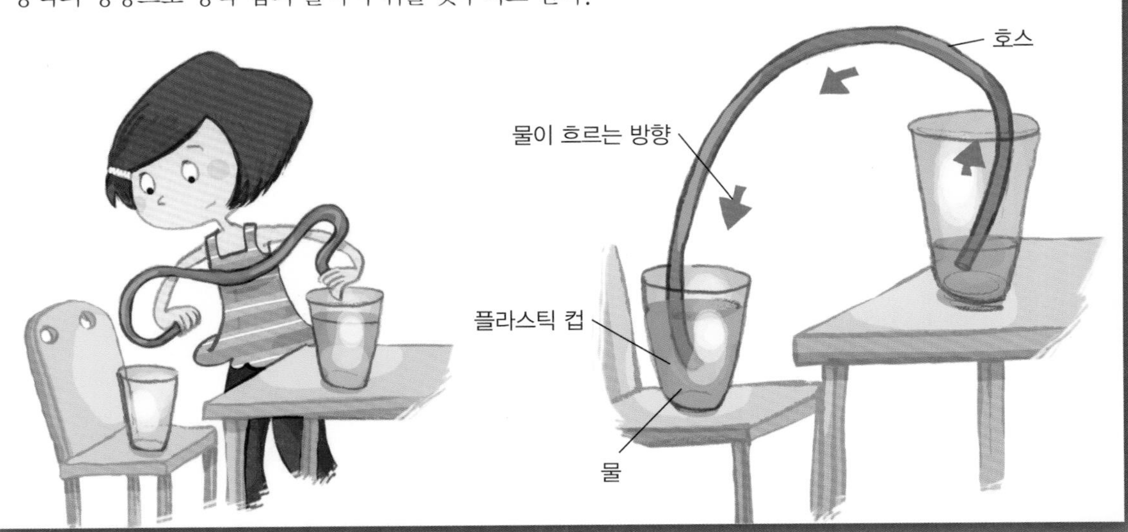

아르키메데스의 유레카!

왜 어마어마하게 무거운 통나무는 뜨고 아주 가벼운 쇠로 만든 바늘은 가라앉을까?
또 이 쇠바늘은 가라앉는데 쇠로 만든 거대한 유조선은 왜 뜰까?
여기에 처음으로 답을 한 사람이 바로 2200년 전 그리스의 철학자 아르키메데스이다.

밀도의 역사

어떤 물체가 뜨거나 가라앉는 것은 물체의 밀도에 달린 것이지 물체의 질량에 달린 것이 아니다. 물체의 밀도는 그 질량을 부피로 나눈 값이다. 물보다 밀도가 작은 물체는 뜨고 큰 물체는 가라앉는다. 그러나 배, 병, 잠수함 같은 속이 빈 물체는 그 전체의 밀도(전체 질량/전체 부피)가 물의 밀도보다 작으면 뜬다.

이 잠수함의 전체 밀도는 물의 밀도보다 작다.

아르키메데스

유명한 이 그리스의 과학자(기원전 287~212년)는 목욕을 하다가 왜 물체가 공기 중에서보다 물속에서 더 가벼운지를 알아냈다. 그는 너무 기뻐서 반나체로 거리로 뛰쳐나가 '알아냈다'는 뜻의 **"유레카!"**라고 외쳤다고 한다. 그는 또한 강물을 퍼 올리는 '아르키메데스의 나선 양수기'와 톱니바퀴 장치 그리고 지렛대의 발명 등에도 공헌했다. 그는 경험과 관찰을 혼용하는 실험 과학의 기초를 마련했다.

아르키메데스의 나선 양수기는 나선형 모양의 장치를 이용해서 물이나 곡물을 끌어 올리는 데 쓰이는 장치이다.

아르키메데스의 원리

액체에 잠겨 있는 물체는 그 물체에 의해 밀려난 액체의 무게만큼의 부력을 수직 위 방향으로 받는다.

아르키메데스의 부력을 확인하기

- 사과 2개
- 그릇
- 나무 막대
- 물
- 실

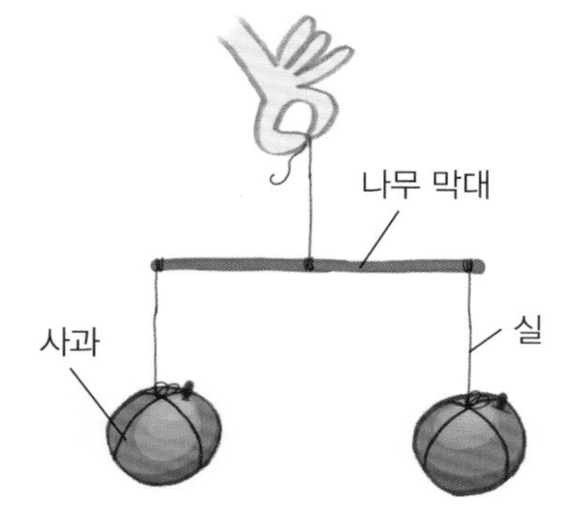

1. 사과 2개와 실 그리고 나무 막대로 천칭 저울을 만든다.

2. 저울 한쪽에 그릇을 사과에 닿지 않게 밀어 넣는다. 저울의 평형이 유지되는지 확인한다.

3. 그릇에 물을 채우면 평형이 깨진다. 물속에 있는 사과는 (수직 위 방향으로) 부력을 받는다.

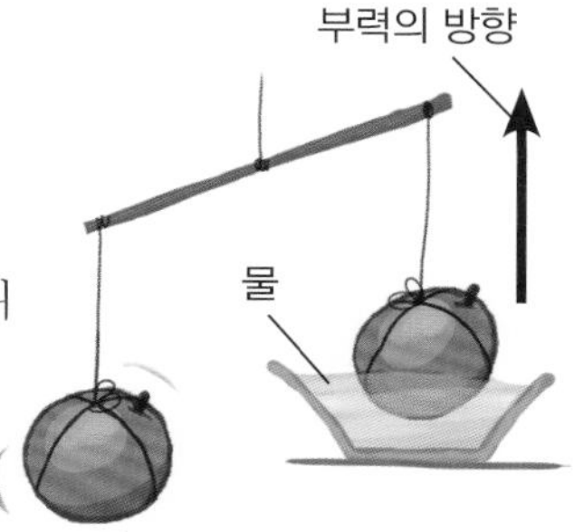

다양한 물건들로 부력을 확인하기

- 대야
- 물
- 다양한 물건들(탁구공, 귤, 볼링공, 지점토 공)

1. 준비한 물건들을 물에 넣어서 무엇이 뜨고, 무엇이 가라앉는지 보자.

2. 지점토 공의 속을 비워서 배처럼 만들고 다시 물 위에 놓아 보자.

이러한 물건들이 물보다 그 밀도가 작은지 큰지에 따라서 뜨기도 하고 가라앉기도 한다는 것을 확인한다. (예를 들어 공 모양의 지점토처럼) 물에 가라앉는 물체도 속을 비워서 부피를 크게 만들면 뜨게 된다.

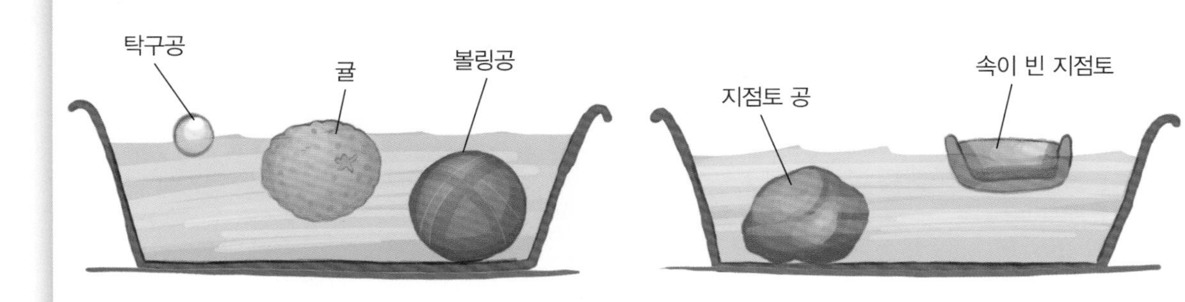

액체의 밀도란 무엇일까?

한 그릇에 섞이지 않는 두 액체를 넣으면 밀도가 작은 액체가 밀도가 큰 액체의 위로 뜬다. 그래서 유조선에서 원유를 하역할 때 원유가 물 위에 뜨는 성질을 이용한다.

두 컵에 있는 액체들을 서로 바꾸기!

- **(코팅된) 트럼프 카드**
- **똑같은 유리컵 2개**
- **물**
- **기름**

1. 한 컵은 물로 그리고 다른 컵은 기름으로 가득 채운다.

2. 물컵을 트럼프 카드로 덮는다.

3. 카드를 댄 채로 물컵을 뒤집어서 기름이 채워진 컵 위에 거꾸로 올려놓고 잘 맞춘다.

4. 두 컵을 잘 포갠 채로 카드를 조금씩 잡아 뺀다. (완전히는 말고!) 물이 내려가면서 기름이 밀고 올라온다.

5. 카드를 다시 끼운다.

6. 위에 있던 컵을 다시 뒤집어 내려놓는다. 완성!

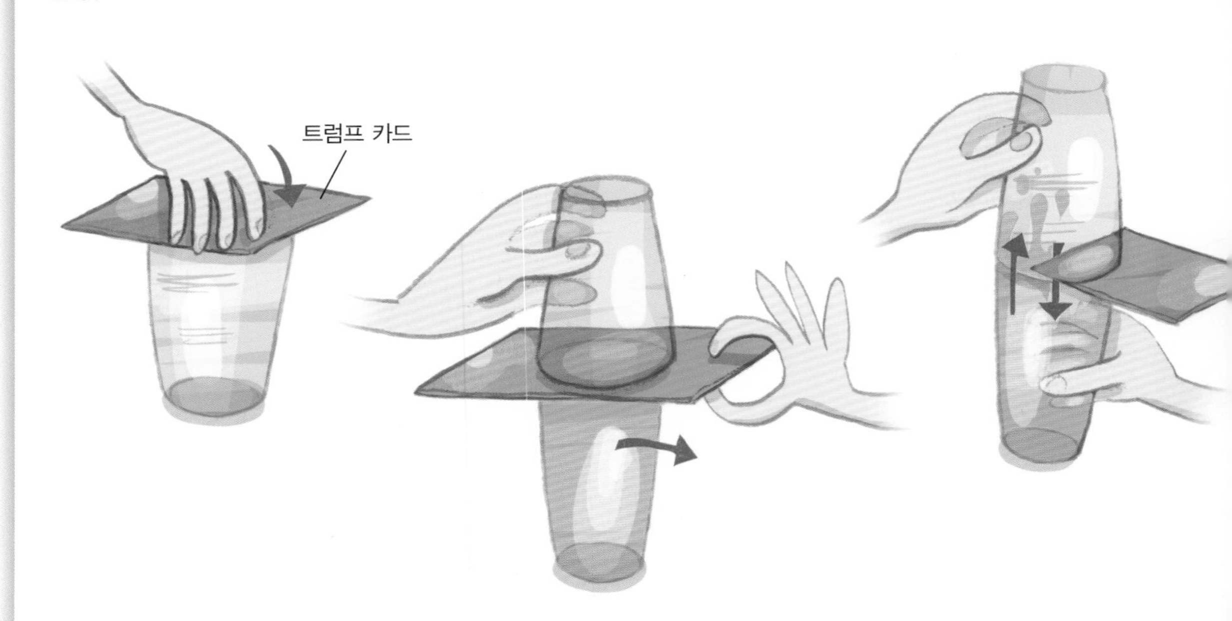

밀도계 만들기

- 지점토
- 빨대
- 물
- 소금
- 기름

액체의 밀도를 조절하기

- 달걀
- 소금
- 물
- 컵

1. 컵 속에 물을 넣고 달걀을 넣으면 달걀이 가라앉는다.
2. 달걀이 다시 뜰 때까지 소금을 넣는다.
3. 물을 더 넣거나 소금을 더 넣으면서 달걀이 내려가거나 올라가는 것을 관찰한다.

액체의 밀도가 달걀의 밀도보다 커지면 달걀이 뜨게 된다.

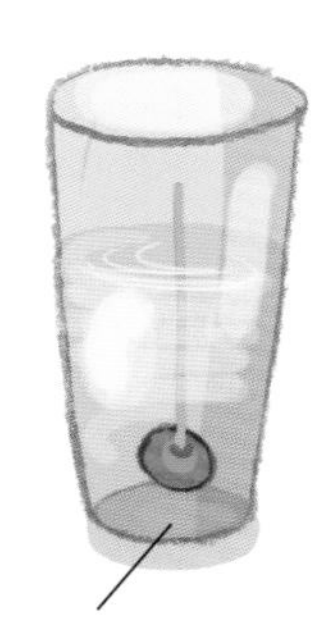

액체의 밀도를 측정할 수 있는 쉽고 간단한 밀도계를 만들어 보자. 지점토로 빨대의 한쪽을 막고 물에 넣었을 때 수면에 다다르는 눈금을 표시한다. 다른 액체로 바꾸었을 때 눈금이 물에 잠기면 액체의 밀도가 물보다 작은 것이고 눈금이 밖으로 나오면 액체의 밀도가 물보다 큰 것이다.

배의 적재량

옆 실험의 달걀처럼 배도 물의 밀도에 따라 수면 위로 더 뜨기도 하고 덜 뜨기도 한다. 이처럼 배가 실을 수 있는 화물의 적재량은 배가 떠 있는 물에 달려 있다. 한계선은 아래 그림처럼 배에 표시되어 있다.

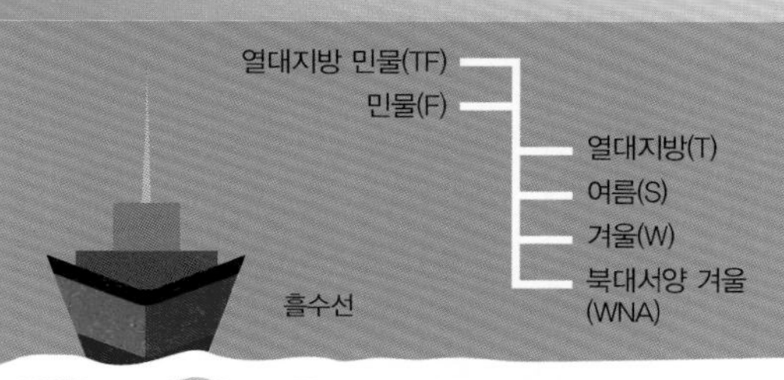

표면장력이란?

액체는 아주 얇고 탄력 있는 막으로 싸인 것처럼 보인다. 물방울의 동그란 형태나 물그릇 안쪽에 생긴 액체 표면의 변형 그리고 모세관 현상 등은 표면의 장력 때문에 생긴다.

물의 표면

물의 분자들은 서로서로 수소결합이라는 힘으로 잡아당긴다. 액체의 내부에서는 분자가 모든 방향에서 다른 분자들에 둘러싸여 있어서 모든 방향으로 같은 힘을 받는다. 그렇지만 표면에서는 분자들이 그 밑의 분자들로만 끌리기 때문에 얇은 막이 형성되는데, 이것이 바로 표면장력이다.

물 위를 걷는 동물: 작은 곤충이나 소금쟁이, 뗏목거미 등은 물에 빠지지 않고 수면 위에서 걸을 수 있다.

모세관 현상

물이 담긴 유리컵에서 물과 유리가 닿아 있는 곳을 자세히 보자. 그러면 물이 유리를 따라 약간 올라가 있는 것을 볼 수 있는데, 이 모양을 메니스커스라고 한다. 관이 좁을수록 물이 더 높이 올라간다. 모세관이라고 불리는 아주 가는 관을 사용하면 물이 놀랄 만큼 높이 올라간다. (반지름이 0.1 mm인 관에서 약 15 cm 높이만큼!) 이 현상은 유리가 물 분자를 잡아당기기 때문에 발생한다. 모세관 현상 때문에 종종 습기가 벽지에 스며들어 성가시기도 하지만, 양초 심지나 압지(글씨 쓸 때 종이 밑에 대고 사용하는 잉크를 흡수하는 종이) 등을 사용할 때는 유용하다.

모세관 현상 살펴보기

- 유리판 2개
- 성냥
- 고무줄 2개
- 물을 담은 접시
- 물감

1. 접시에 물을 붓고 물감을 섞는다.

2. (오른쪽 그림처럼) 두 유리판에 성냥을 끼워 작은 각으로 벌어지게 하여 묶는다.

성냥개비들 도망가게 하기

- 성냥개비 10개
- 물을 담은 대야
- 주방 세제

1. 대야에 물을 담고 움직이지 않도록 둔다. 물 표면이 전혀 움직이지 않도록 15분 동안 기다린다.

2. 성냥개비 10개를 대야 중심에서 별 모양으로 배치한다.

3. 한가운데에 주방 세제를 한 방울 떨어뜨린다. 성냥개비들이 대야 가장자리로 도망가는 것을 확인해 보자.

이 실험으로 세제가 대야 한가운데에서 물의 표면장력을 약화시키는 것을 확인할 수 있다. 성냥개비들은 물의 표면장력이 가장 강한 대야의 가장자리로 끌려가게 된다.

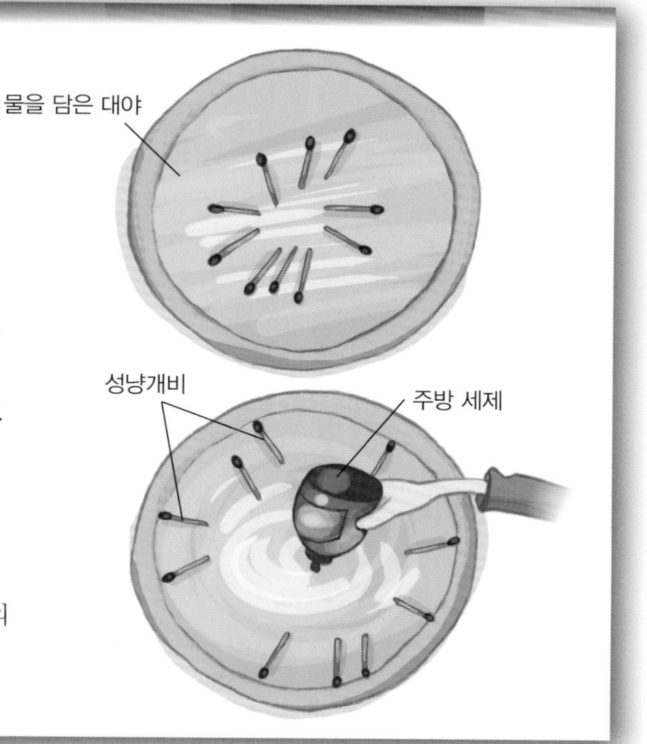

3. 유리판을 세우고 고무줄로 묶어 고정한다. 그러면 물감을 섞은 물이 판 사이로 올라오는데, 판 사이가 가까울수록 더 높이 올라온다. 수면이 쌍곡선 모양이 된다.

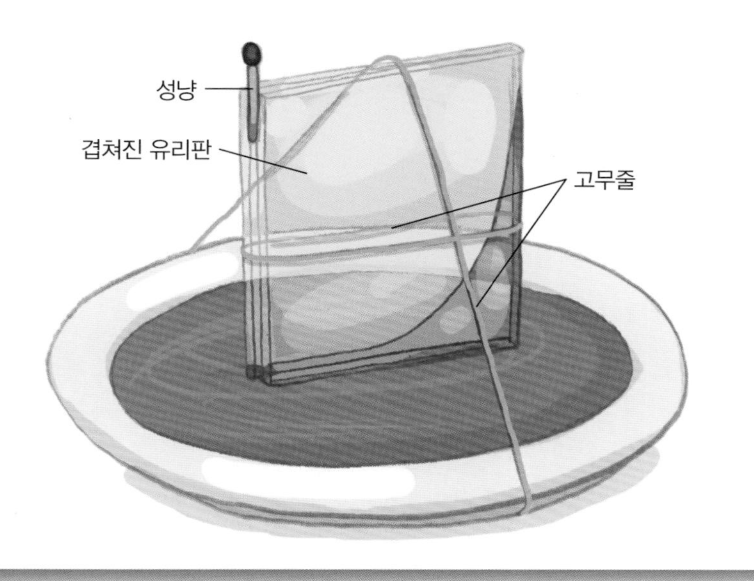

수소결합

물 분자인 H_2O는 양 끝에 있는 수소가 양전하이고, 가운데에 산소는 음전하이다. 따라서 이웃한 분자들 사이에 서로 끌어당기는 힘이 발생하는데, 이것을 수소결합이라고 한다. 이 결합이 물을 100 ℃까지는 액체 상태로 유지하게 해서 생명이 꽃필 수 있게 하는 것이다.

지구를 둘러싼 얇은 막, 대기

여러분이 태양계를 여행하며 우주를 난다면 지구를 바로 알아볼 수 있을 것이다. 지구는 부분 부분 흰 구름의 옷으로 둘러싸여 있는 유일한 행성이다. 또한 대기라는 얇은 기체의 막으로 싸여서 보호되고 있다. 이러한 것들은 지구 위에서 생명을 꽃피우는데 매우 중요한 요소들이다.

얇은 층

지구의 대기층은 얇은 기체의 막으로 그 두께는 지구 반지름의 100분의 1 정도밖에 되지 않는다. 대기의 질량 대부분은 아래 10 km에 몰려 있다. 태양에너지의 많은 부분은 대기층에 다다라서 열에너지로 바뀌며 그 후 우주로 다시 복사(방사)된다.

바람

태양의 커다란 에너지는 바람의 형태로도 나타난다. 바람은 대양의 조류나 조수간만, 대륙의 움직임이나 맨틀의 대류 등을 합친 것보다도 더 많은 에너지를 전해 준다.

대류권과 성층권

대류권은 우리가 사는 곳으로 대기권 질량의 80%를 차지한다. 고도가 높아질수록 기온이 내려가다가 오존층이 있는 성층권에서는 기온이 상승한다.

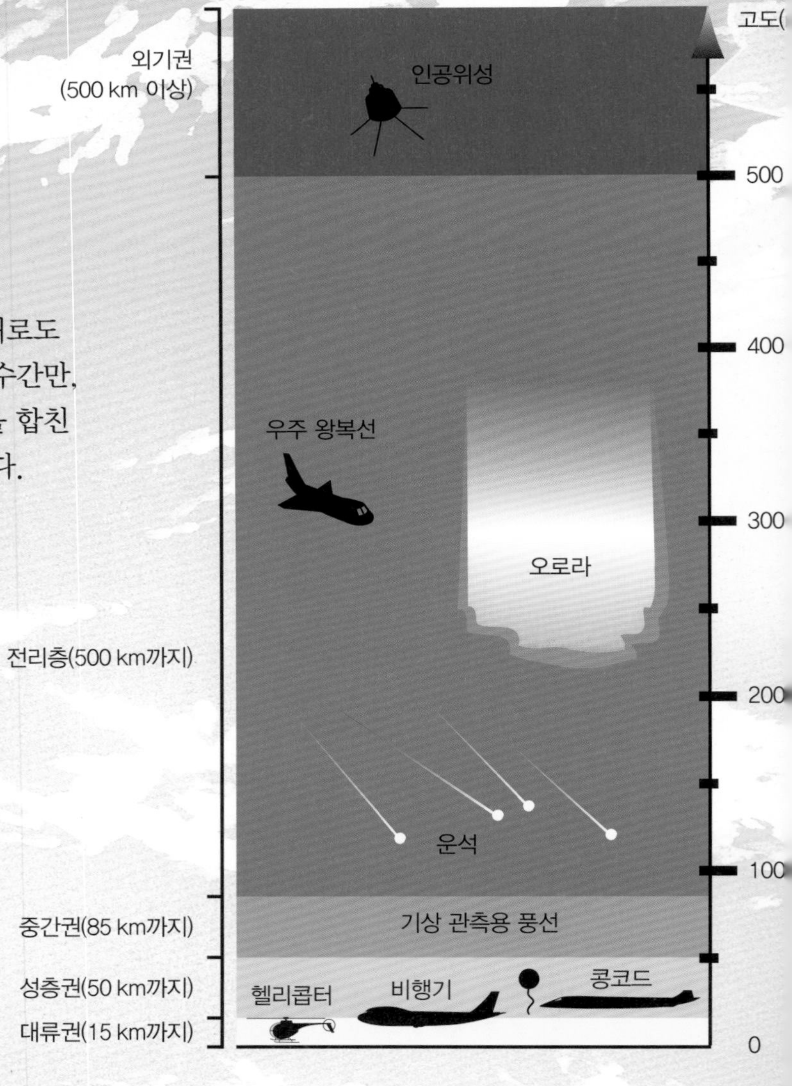

대기: 혼돈의 시스템

일기를 예측하는 것은 대기의 현재 상태(초기 조건)를 측정하고 논리적으로 분석해서 24시간 또는 48시간 후의 변화를 예측하는 것이다. 아주 작은 초기 조건의 변화가 나중 상태를 매우 크게 변화시킬 수 있기 때문에 기상학자 로렌츠(E. Lorenz)는 **"이곳에서 나비의 날갯짓이 수천 킬로미터 떨어진 곳에서의 태풍을 일으킬 수도 있다"**고 유머를 섞어 말했다. 과학자들은 이러한 상태를 혼돈 시스템이라고 부른다. 혼돈 시스템에서는 5일 후의 기상을 예측하는 것도 매우 어려운 일이다.

유성우(별똥별)

페르세우스자리(8월 12일): 시간당 70개의 별
오리온자리(10월 20일): 시간당 20개의 별
사자자리(11월 15일): 시간당 20개의 별
쌍둥이자리(12월 10~12일): 시간당 16~50개의 별
사분의자리(1월 2~3일): 시간당 7~40개의 별
거문고자리(4월 21일): 시간당 8개의 별
물병자리(3월 6일): 시간당 6개의 별

신기한 환영: 신기루

신기루는 다양한 공기층의 온도 차이에 의해 지나는 빛이 휘어져서 생긴다. 눈은 굴절된 빛에 의해서 신기루를 보게 된다. 즉 실제로는 아무것도 없는 곳에 어떤 실물이 있는 것처럼 보이는 것이다.

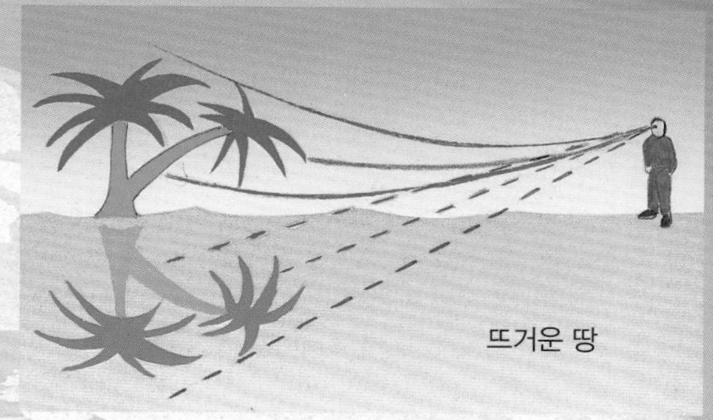

아래 거울 신기루

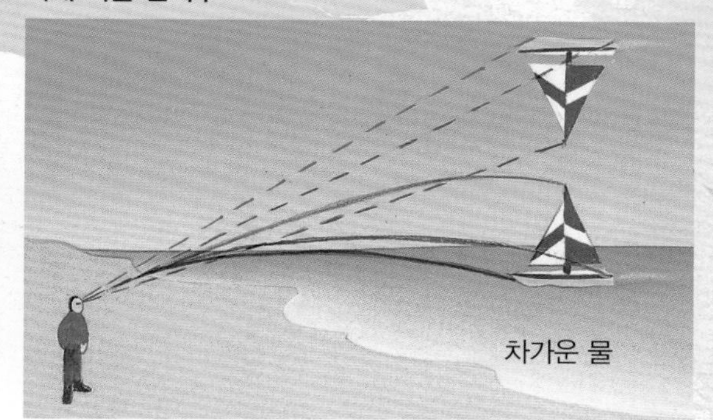

위 거울 신기루

별똥별 바라보기

대기는 지구에 침투하는 거의 모든 물체를 그들이 땅에 도달하기 전에 모두 불태운다. 이것이 별똥별(유성)로, 사실 이것은 혜성의 잔재인 부스러기들 같은 운석들이다. 이 별똥별들을 관측해 보자!

- 긴 의자
- 침낭 또는 담요
- 따뜻한 물을 담은 보온병

보기 좋은 때: 맑게 갠 밤, (위에 있는) 특정한 날짜, 별똥별이 가장 많은 새벽녘

공기, 화산과 생명체의 산물

먼 과거에는 지구 대기의 성분이 오늘날과는 아주 달랐다. 20억 년에 걸쳐 산소가 풍부해지고 공기가 현재의 성분 비율로 유지된 것은 바로 물속의 생명체들 덕분이었다.

생명체를 찾으려면 산소를 찾아라!

현재 태양계 너머의 우주에서 생명체를 찾는 연구가 진행되고 있다. 과학자들은 어떤 빛이 나는 항성에서 적당한 거리에 떨어져 있는 행성이 그 대기에 산소를 포함하고 있는지를 알아보려 하고 있다. 즉 산소가 생명체의 지표가 되는 것이다.

과거에는 살기 힘들었던 지구

4350억 년 전의 지구는 운석들이 떨어지고 불타는 화산들이 곳곳에 깔려 있었다. 화산의 분출에 따른 이산화탄소와 질소, 그리고 짙은 구름으로 가득 찬 대기로 둘러싸여 있었기 때문에 물속 말고는 생명체가 살 수가 없었다.

원시 지구와 불타는 화산들

너무 뜨겁고 너무 추워!

달 위에서 중력은 매우 약해서 대기를 붙드는 데 충분치 못하다. 따라서 대기가 날아갔는데, 이는 달이 낮에는 매우 뜨겁고 밤에는 매우 추워지는 결과를 가져왔다.

조금씩 바뀌는 대기

생명체가 물 밖으로 나와 땅 위에서 살 수 있도록 해 준 것은 물속에 살던 원시 유기체(시아노박테리아)들이 광합성을 통해 충분한 산소를 만들어 주었기 때문이다. 현재 공기의 성분이 질소 79%, 산소 20%, 아르곤 1%의 비율로 형성되어 지구 전체에서 놀랍도록 일정하고 안정적으로 유지된 것은 약 20억 년밖에 되지 않는다. 대기에는 그 외에도 약간의 탄소와 수증기 등이 미량으로 섞여 있다.

공기의 성분

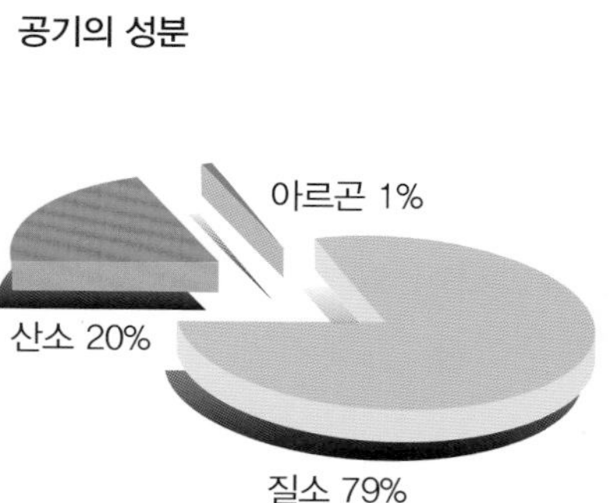

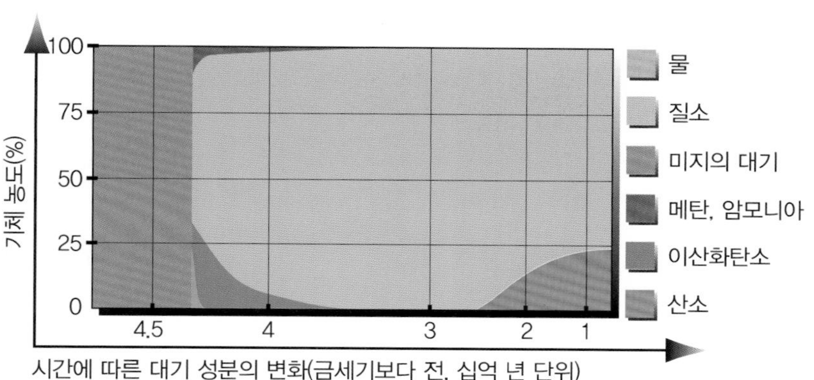

시간에 따른 대기 성분의 변화(금세기보다 전, 십억 년 단위)

빛으로 산소 모으기

- 커다란 유리그릇(어항)
- 베이킹소다
- 작은 유리병
- 수생식물(물수세미)

1. 햇볕이 잘 드는 곳에 어항을 두고 물을 채운다.
2. 물 1 L당 베이킹소다 1찻숟가락을 넣는다.
3. 작은 병을 어항 물속에 완전히 잠기도록 넣는다.
4. 물속에서 식물을 작은 병 안에 넣는다.
5. 병 입구를 아래로 향하게 하여 어항 바닥에 놓는다.

몇 시간이 지나면 식물에서 산소가 나온다. 식물에 있는 엽록소가 태양에너지를 이용해서 탄소 기체를 물과 반응시켜 당과 산소를 만들어 낸다. 수십억 년 전에 대기에서 일어났던 것처럼 산소가 병에 모이는 것을 볼 수 있다.

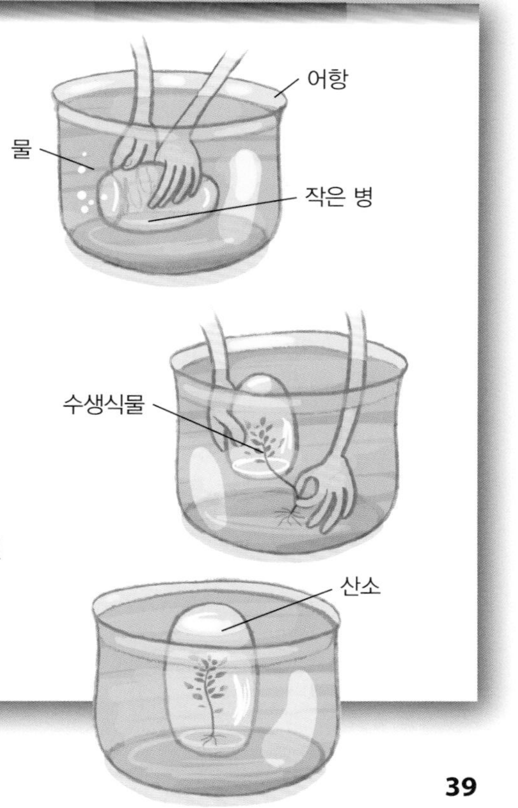

대기의 압력은 왜 생길까?

지구를 둘러싸고 있는 공기층은 우리가 느끼지 못하지만, 기체 분자들의 운동에 의해 커다란 압력을 가하고 있다.

우리가 느끼지 못하는 엄청난 압력

우리를 둘러싸고 있는 공기는 항상 모든 방향으로 (우리는 물론 주위의 모든 물체에) 엄청난 압력을 가하고 있다. 예를 들면 침대 위에 약 200명의 사람들이 있는 것이다! 그렇다고 해서 이 압력으로 물체가 짜부라지지는 않는다. 왜냐하면 물체 내부에 있는 공기나 액체의 압력이 외부에서 누르고 있는 압력과 같기 때문이다. 그렇지만 물체 내부에서 공기를 빼내면 이러한 내부의 압력이 없어지면서 물체는 금방 짜부라진다!

물컵에 물을 채우고 뒤집는 것이 가능할까?

- 빳빳한 종이
- 유리컵
- 물

1. 컵에 물을 가득 채운다. (물을 완전히 채우는 것이 중요하다.)

2. 컵 위에 종이를 놓는다. 종이를 손으로 잡은 채 컵을 뒤집는다. 컵 바닥에 기포가 없어야 한다. 만일 있으면 물을 더 붓고 다시 한다.

3. 종이에서 손을 뗀다. 종이가 대기의 압력에 의해서 떨어지지 않고 그대로 있다. 이로써 대기의 압력이 아래에서 위로 작용해서 컵 속의 물이 떨어지지 않음을 알 수 있다!

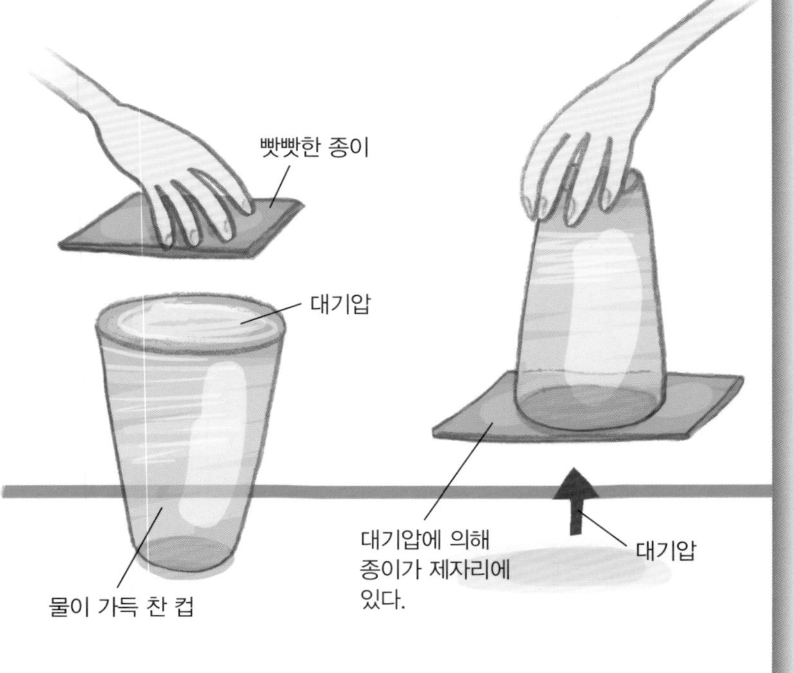

아네로이드 기압계는 내부가 진공으로 된 금속 용기로 외부 압력에 의해 일그러진다. 이 용기의 변형이 바늘에 전달되어 눈금을 가리켜 압력을 읽게 된다.

수십억 분자들의 충돌

대기의 압력은 무엇일까? 압력이란 공기 중에 활발히 움직이는 수많은 분자들이 가하는 끊임없는 충돌이다. 고도가 높아지면 분자들의 숫자가 적어지고 충돌도 그만큼 적어지기 때문에 압력이 감소한다. 고도가 4,000~5,000 m 정도에 이르면 숨 쉬기가 곤란해질 정도로 압력이 매우 낮아져 산소마스크를 써야 할 수도 있다.

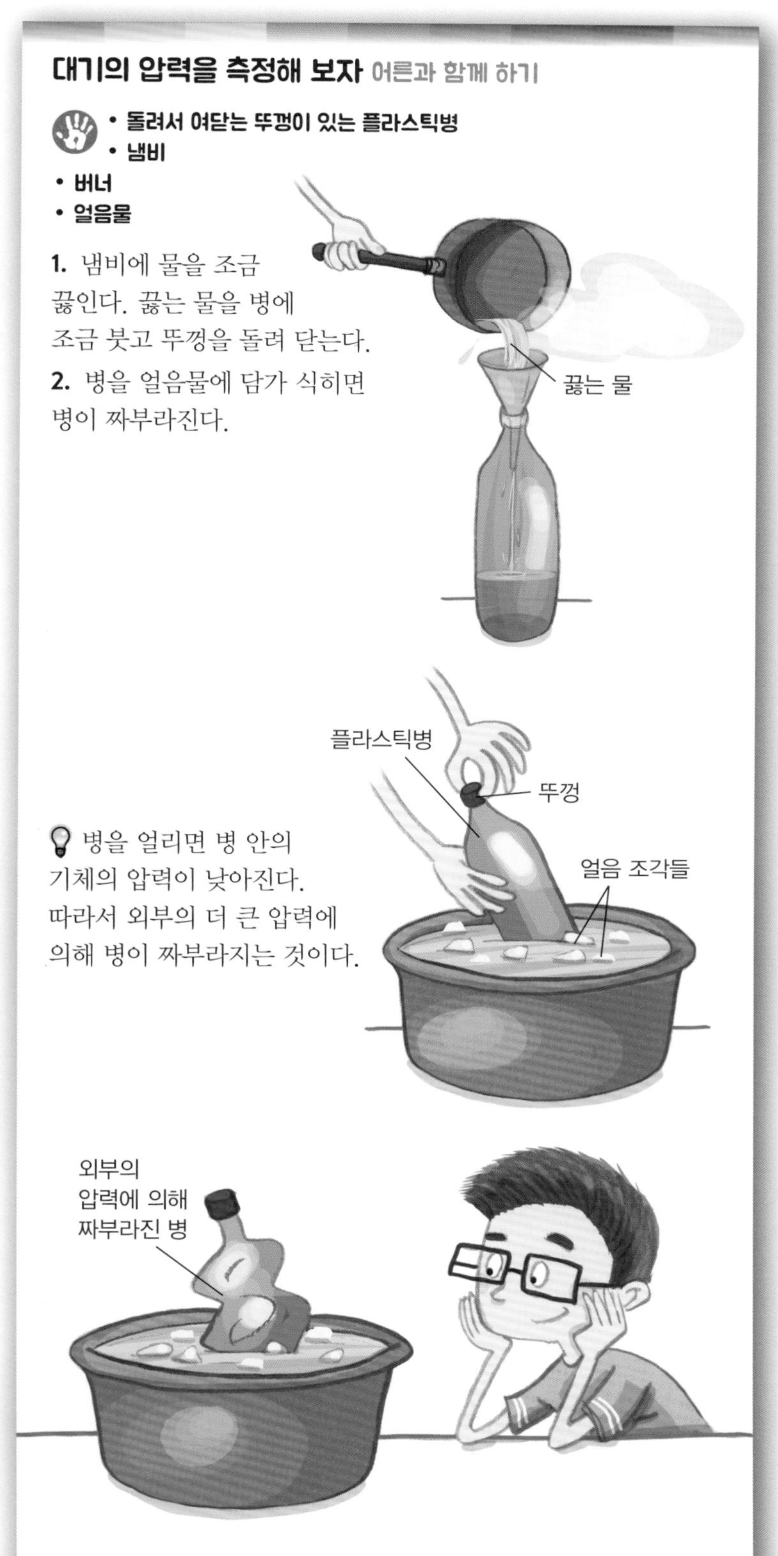

대기의 압력을 측정해 보자 어른과 함께 하기

- 돌려서 여닫는 뚜껑이 있는 플라스틱병
- 냄비
- 버너
- 얼음물

1. 냄비에 물을 조금 끓인다. 끓는 물을 병에 조금 붓고 뚜껑을 돌려 닫는다.

2. 병을 얼음물에 담가 식히면 병이 짜부라진다.

병을 얼리면 병 안의 기체의 압력이 낮아진다. 따라서 외부의 더 큰 압력에 의해 병이 짜부라지는 것이다.

여행하는 바람

인간은 배를 타고 항해하기 위해서 또는 방아를 찧는 풍차의 날개를 돌리기 위해서 바람을 이용해왔는데, 이 바람은 공기의 순환으로 우리 지구의 온도를 일정하게 조절해 준다.

바람은 왜 생길까?

태양 에너지는 공기를 움직여 바람을 불게 한다. 태양이 먼저 땅을 데우면 땅은 다시 주위의 공기를 데운다. 데워진 (따라서 가벼워진) 공기 덩어리는 위로 올라가게 되며 이렇게 되면 땅에서의 압력이 줄어들고 주위에 있는 더 무거운 공기를 빨아들인다. 차가운 (따라서 무거운) 공기 덩어리는 아래로 내려가게 되고 땅에서의 압력을 증가시킨다. 이때 바람은 압력이 높은 곳(고기압)에서 압력이 낮은 곳(저기압)으로 불게 된다.

화창한 날씨

찬 공기가 내려온다.

고기압에서 나오는 바람

고기압

구름

더운 공기가 올라간다.

저기압

저기압을 향해 부는 바람

바람은 고기압에서 저기압으로 일직선으로 부는 것이 아니라 지구의 자전 때문에 편향된다.

지표면 위에서의 바람

일반적으로 대기의 순환은 대부분 태양이 전해주는 에너지와 지구의 자전 때문이다. 북반구에서는 우세한 바람(탁월풍)이 서쪽에서 동쪽으로 분다. 이것을 '편서풍'이라고 한다. 바람은 불어오는 방향을 따라 이름 짓는다!

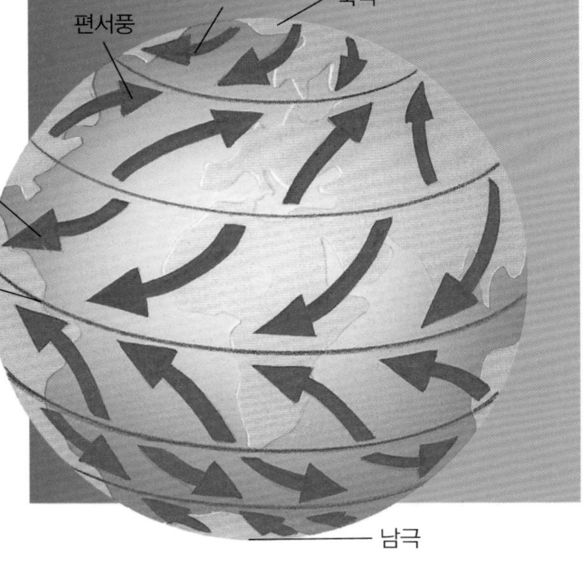

더운 공기의 상승을 눈으로 보자! 어른과 함께 하기

- 램프
- 얇은 종이

램프를 켜고 얇은 종이를 수직으로 놓는다. 그러면 종이의 아랫부분이 더운 공기에 의해 올라간다!

바람의 세기: 보퍼트의 풍력 등급이란?

0에서 12까지로 나눈다.

0: 연기가
제자리에서 올라간다
(1 km/h 이하).

3: 나뭇잎이나
깃발이 흔들린다
(12~19 km/h).

5: 작은 나무들이
흔들리고, 호수의
표면에 물결이 생긴다
(29~38 km/h).

7: 바람에 맞서
걷기가 힘들고,
우산이 뒤집힌다
(50~61 km/h).

9: 굴뚝이나 기와가
뜯겨 날아간다
(75~88 km/h).

10: 땅이 파이고,
건물이 파손된다
(89~102 km/h).

12: 태풍
(118 km/h 이상)

연을 만들어 보자!

- 견고한 종이
- 풀
- 회전 금속 고리
- 연줄(40 m)
- 휘어지는 긴 대나무 막대
- 가늘고 튼튼한 끈

1. 대나무 막대의 양 끝에 칼로 홈을 만든다.

2. 막대를 그림과 같이 십자 모양으로 겹친다.

3. 끈을 홈에 통과시켜 나무의 양 끝을 연결한다.

4. 종이를 연 모양으로 자른다. (접히는 부분까지 생각해서 넉넉하게 자른다.)

5. 종이를 뼈대에 대고 가장자리를 접어 풀로 붙인다.

6. 종이를 붙인 반대 면에서 양 끝을 잇는 끈을 이용해 수평 막대를 활처럼 굽힌다.

7. (그림처럼) 긴 막대의 양 끝도 끈으로 연결한다.

8. 40 m 길이의 연줄을 금속 고리를 이용해 이 끈에 연결한다.
이제 연이 날 준비가 되었다!

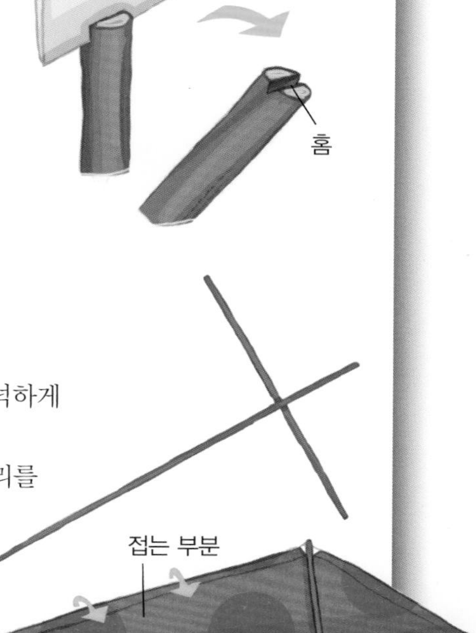

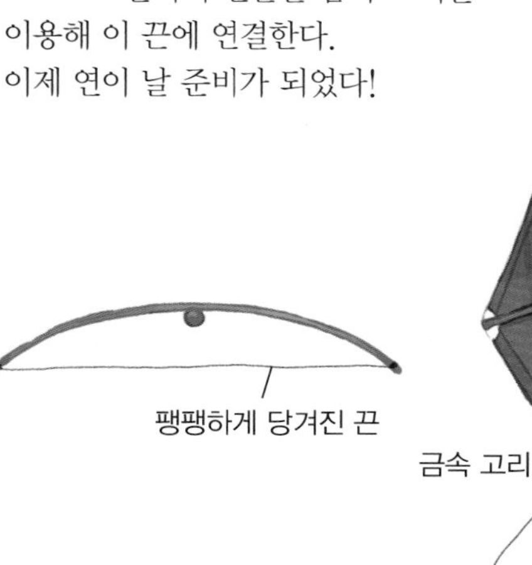

지구 표면에서의 위협들

인간이 환경에 끼치는 영향은 지구에 두 가지 위험을 증가시키고 있다. 바로 우리를 보호해 주는 대기의 오존층에 생기는 커다란 구멍과 지구 온난화이다.

오존층의 구멍을 보여주는 위성사진

오존층의 구멍은?

대기의 상층부에서는 산소가 태양 빛을 받아 오존층을 만들어 보호막을 형성하는데, 이 오존층은 태양에서 오는 인체에 해로운 자외선을 막아주는 방패 역할을 한다. 이미 수십 년 전부터 위성에서 관측한 사진으로 보면 남극지방 위에 위치한 오존층에 커다란 구멍이 보이기 시작했다. 과학자들은 이러한 현상이 헤어스프레이나 에어컨 냉매에 쓰이는 염화불화탄소(CFC) 때문이라는 것을 밝혀냈다. 몇 년 전부터 이 CFC는 사용이 금지되었고, 오존층이 완만하게 재생되기를 기대하고 있다.

온실 효과

태양은 지표면에 에너지를 보낸다. 지구는 이 에너지 중 일부를 흡수하고 나머지는 우주로 돌려보낸다. 대기에 있는 수증기나 이산화탄소, 메탄 등과 같은 기체들이 담요처럼 작용하여 지표면에서 우주로 보내는 적외선 복사에너지의 일부를 차단하는 것을 '온실 효과'라고 한다. 이러한 온실 효과는 매우 중요하다. 온실 효과가 없으면 지구는 너무 추워서 생명체가 살 수 없게 되기 때문이다.

온실 효과: 대기의 기체가 지표면의 복사열(방사열)이 나가지 못하도록 막는다.

여름에 녹고 있는 그린란드의 빙산

CFC의 종말

1987년에 183개국에 의해 채택된 몬트리올 의정서 이후에 선진국들은 1996년 1월 1일부터 CFC를 더는 생산하지도 수입하지도 않기로 하였다. 이러한 국제적인 공동의 대응은 위험이 닥쳐오면 인류가 전 세계적으로 합심하여 공동의 조처를 하도록 합의하는 능력이 있다는 것을 보여준다.

온실 효과에 대한 인간의 영향

산업혁명과 화석 연료의 대규모 사용 등으로 인간은 막대한 양의 이산화탄소나 메탄 같은 기체를 대기에 추가로 발생시켜 온실 효과를 더욱 심화시키고 있다. 이러한 기체들은 대기에 축적되어 지구의 기후를 교란하며 지구를 더욱 덥게 만든다. 현재는 기온이 0.75℃ 정도 높아져서 빙하의 머리 부분이 녹고, 해수면이 상승하는 결과로 이어졌다. 세계 인구 중 많은 사람들이 단지 해발 몇 미터 정도밖에 안 되는 낮은 지대에서 살고 있기 때문에 이러한 현상이 계속되면 해안이 홍수로 범람하여 커다란 재난을 초래할 수 있다.

공동의 노력

가까이는 50년 이내에 발생할 수 있는 끔찍한 결과를 피하기 위해서는 우리 모두가 합심해서 기후에 대한 인간의 영향을 줄여나가는 것이 매우 중요하다. 선진국들은 화석 연료의 사용을 줄이고, 우리들 각자는 지금부터 가까운 거리는 대중교통이나 자전거를 이용하거나 걸어다녀야 한다. 선진국들은 또한 개발도상국이 이 같은 일을 하도록 도와야 할 의무가 있다. 이것이 오늘날 기후의 이상 변화를 막기 위해 우리가 할 수 있는 유일한 방법이다.

전기와 자기

폭풍우가 치는 동안 번개의 영향

불과 한 세기 만에 전기는 이제 없어서는 안 될 존재가 되었다.
전기는 빛을 밝히고, 따뜻하게 해 주며,
텔레비전과 컴퓨터, 스마트폰을 작동하게 한다.
나침반이 대략 1000년 전에도 있었으므로
자기는 더욱 오래전부터 사용되었다는 것을 알 수 있다.

정전기란?

플라스틱이나 유리 같은 물질들을 문지르면 종이처럼 가벼운 조각들을 끌어당기는 것을 보았을 것이다. 이러한 '정전기'는 또한 우리가 합성 섬유로 된 옷을 벗을 때나 빗질할 때 또는 천둥 번개가 칠 때도 일어난다.

정전기로 대전된 머리카락들이 위로 솟아 있다.

눈으로 보여준 과학

18세기에는 레이드(Leyde)의 집전기라고 불리는 전기장치로 마찰에 의한 많은 양의 정전기를 모을 수가 있었다. 당대의 과학자인 놀레(Nollet) 신부는 왕이 있는 자리에서 근위병 180명에게 한꺼번에 전기 충격을 주는 장관을 연출하였다. 집전기에는 아주 많은 양의 정전기가 대전되어 있었는데 사람과 사람이 서로 맞잡은 손을 통해서 많은 양의 전하가 일시에 모두에게 옮겨져 전기적 충격을 받은 것이다.

두 가지 종류의 전기

영국 여왕 엘리자베스 1세의 주치의였던 윌리엄 길버트(1544~1603년)는 1600년에 출간한 〈자석〉이라는 책에서 자석과 정전기에 대해 설명했다. 그는 전기에는 비단으로 문지른 유리에서 유래한 '유리성'과 모피로 문지른 호박에서 유래한 '수지성'의 두 종류가 있다고 하였다. 같은 전기로 대전된 두 물체는 서로 밀고 다른 전기로 대전된 두 물체는 서로 잡아당긴다는 것도 알아내었다.

1746년에 루이 15세 앞에서 놀레 신부는 180명의 프랑스 근위병들에게 한꺼번에 전기 충격을 가한다.

탈레스와 호박

철학자이자 수학자로 유명한 밀레의 탈레스(기원전 625~547년)는 전기 실험도 하였다. 그는 화석 형태의 호박을 양털로 문지르면 가벼운 것들을 잡아당긴다는 것을 알았다. 마찰시킨 물체들에 나타나는 이 신기한 에너지에 전자(일렉트론)라고 이름을 붙였는데, 이는 호박을 그리스어로 일렉트론(elektron)이라고 한 데서 유래한 것이다.

호박을 천으로 마찰시키면 움직이는 음전하들(전자들)이 천에서 호박으로 옮겨간다.

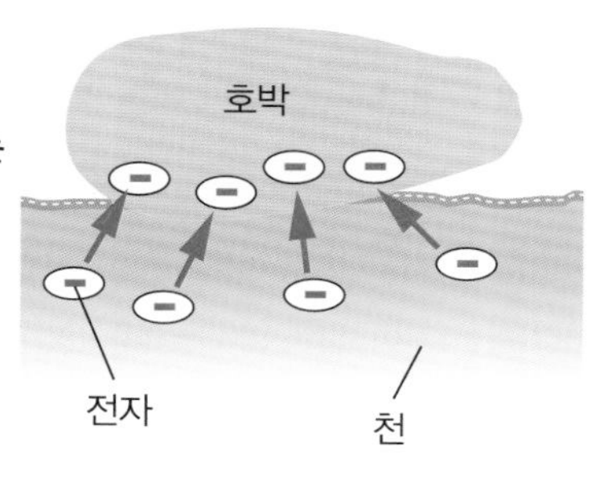

그러면 호박의 전기장이 깃털이나 종이를 (그 속의 전자들을 밀어내어) 끌어당긴다.

호박

종이

밀려난 전자들

옮겨 다니는 전자들

물질은 원자(양전하를 띤 원자핵과 그 주위를 도는 음전하인 전자들)로 이루어져 있다. 두 물질을 마찰시키면 하나는 전자들을 잃어 양전하를 띠게 되고 다른 물질은 전자들을 얻어 음전하를 띠게 된다. 같은 전하들끼리는 서로 민다.

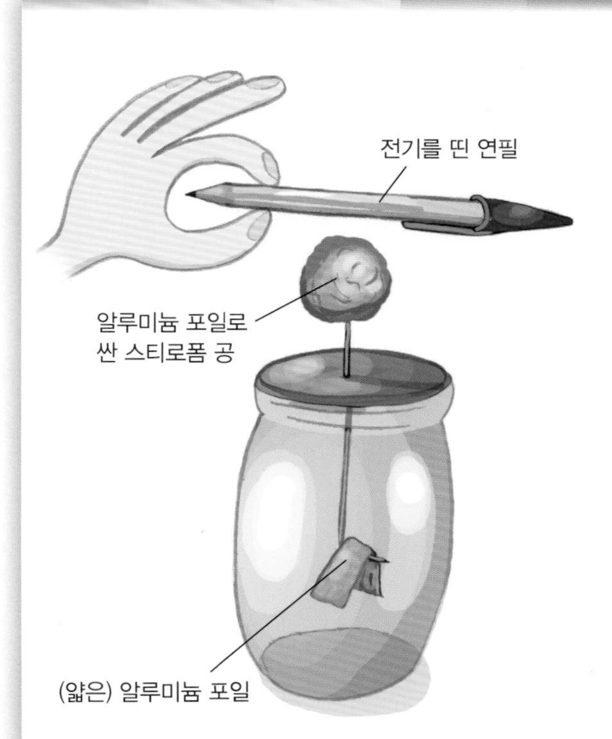

검전기를 만들어 보자!

- 유리병과 뚜껑
- 철사나 구리철사
- 스티로폼 공
- (얇은) 알루미늄 포일

1. 알루미늄 포일로 공을 감싼다.

2. 구리철사의 끝부분을 직각으로 구부린다.

3. 마개에 구멍을 뚫고 구리철사의 윗부분을 끼운다.

4. 철사의 위쪽 끝에 공을 끼운다.

5. 20×5 cm 크기의 직사각형 모양으로 자른 알루미늄 포일을 구부린 철사 위에 얹는다.

전기를 띤 자나 연필을 공 가까이 가져가면 알루미늄 포일의 두 면이 벌어지는 것을 확인할 수 있다. 같은 전하로 대전된 두 면은 서로 밀기 때문이다.

벼락은 무엇일까?

벼락은 흔하면서도 우리를 놀라게 하는 현상이다. 매일 세계적으로 4만4천여 개의 폭풍우가 치며, 8백만 개 정도의 번개를 수반한다. 평범한 폭풍우도 작은 원자력 발전소에 맞먹는 전기적 에너지를 발생시킬 수 있다.

이러한 실험을 아무런 보호 장치 없이 반복하다가 벼락에 맞아 죽은 사람들도 많았다.

벤자민 프랭클린

용감하고 운 좋은 과학자 벤자민 프랭클린

벼락의 성질을 처음으로 잘 알아낸 사람은 미국의 발명가 벤자민 프랭클린(1706~1790년)이다. 그는 명주실에 열쇠를 묶어 폭우가 올 때 연을 띄웠다. 그는 자신이 잡고 있는 명주실이 젖지 않도록 주의를 기울이며 오두막에 머물렀다. 그러자 그의 손과 열쇠 사이에서 작은 섬광들이 보였는데, 이는 정전기에 의해 일어나는 불꽃들과 같은 것이라는 것을 알아냈다.

피뢰침의 역할

폭우가 오고 번개가 칠 때 전하들은 자연적이든 인공적이든 끝이 뾰족한 통로로 더 잘 빠져나간다. 피뢰침은 뾰족한 침으로 번개를 끌어당겨 벼락을 땅으로 유도한다. 피뢰침이 더 높이 올라갈수록 더 안전하게 대비할 수 있다. 높이 10 m에 설치된 피뢰침은 반지름 20 m의 원 안을 보호한다.

벼락이 친 곳으로부터의 거리는 어떻게 계산할까?

벼락이 친 곳까지의 거리를 구하기 위해서는 번개가 번쩍하고 보인 순간부터 다음 천둥이 치는 소리를 들을 때까지 걸린 시간을 알면 된다. 번개는 빛의 속도(300,000 km/s)로 순간적으로 오지만, 소리는 340 m/s의 속도로 느리게 전해진다. 만일 번개가 친 후 5초 후에 천둥소리를 들었다면 벼락은 340 × 5 = 1,700 m 떨어진 곳에서 친 것이다.

미니 섬광

깜깜한 밤에 불빛이 없는 곳에서 발로 양탄자를 비빈 후에 문의 손잡이나 금속 물체를 잡으면 번개와 비슷한 작은 번쩍임을 볼 수 있다.

마찰 에너지

폭풍우가 칠 때의 구름은 어마어마한 에너지를 가지고 있어서, 이들의 거친 흐름은 서로 다른 크기(가루나 결정)의 얼음 입자들 사이에서 커다란 마찰을 일으킨다. 이러한 구름은 엄청난 정전기를 갖게 되면서 양전하 또는 음전하의 '층' 형태를 띤다. 번개는 구름과 땅 사이에서도 치지만 구름 속에서도 친다.(가장 흔한 경우이다.) 방전할 때의 번개는 전구 10억 개와 맞먹는 에너지를 방출한다.

양전하층과 음전하층 사이에서의 방전으로 번개가 친다.

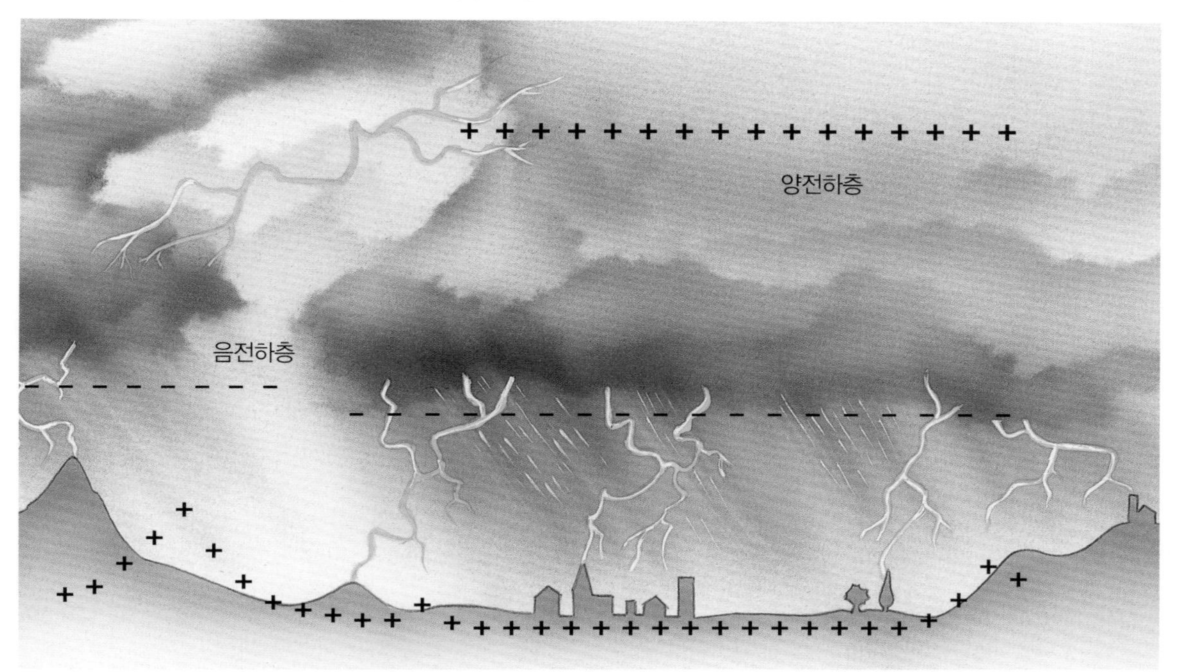

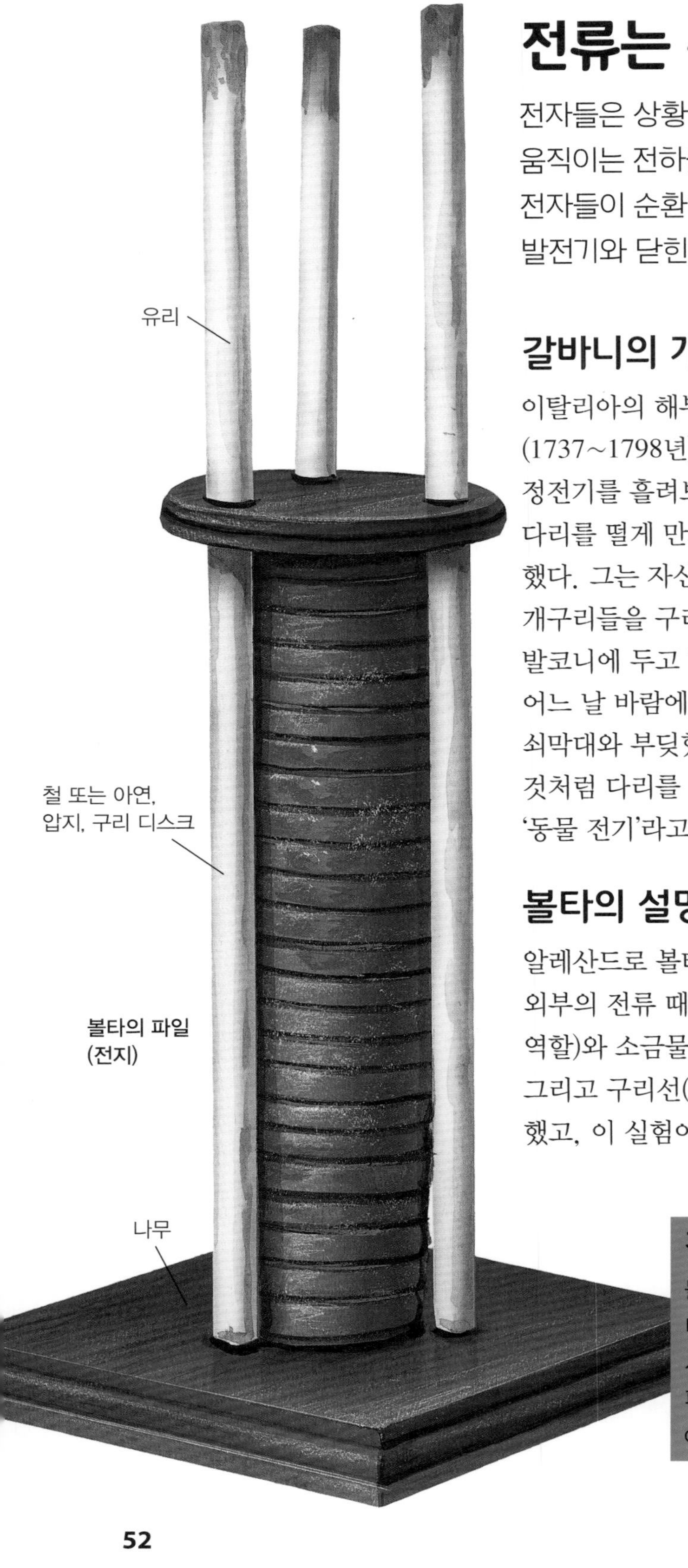

유리

철 또는 아연,
압지, 구리 디스크

볼타의 파일
(전지)

나무

전류는 무엇일까?

전자들은 상황에 따라 움직일 수도 있는데, 이렇게 움직이는 전하들의 지속적인 흐름을 전류라고 한다. 전자들이 순환하려면 전자들을 밀어줄 에너지원인 발전기와 닫힌 회로가 필요하다.

갈바니의 개구리 관찰

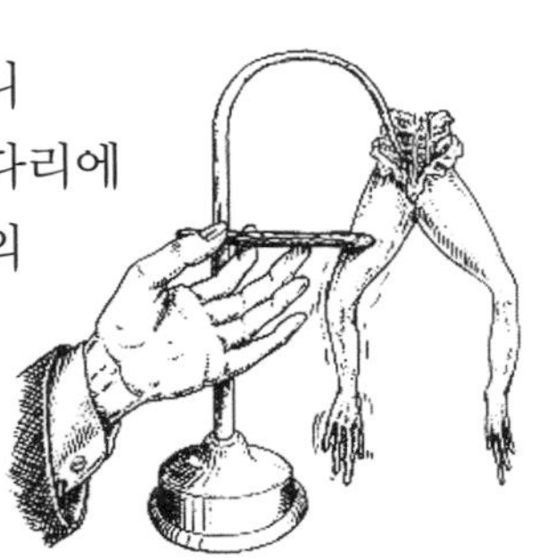

이탈리아의 해부학자 루이지 갈바니(1737~1798년)는 죽은 개구리의 다리에 정전기를 흘려보내서 죽은 개구리의 다리를 떨게 만드는 실험을 했다. 그는 자신이 실험하는 개구리들을 구리철사로 엮어서 발코니에 두고 말리곤 했다.
어느 날 바람에 의해 철사에 엮인 개구리들이 발코니의 쇠막대와 부딪혔는데 이때 개구리들이 마치 전기에 닿은 것처럼 다리를 떨었다. 그는 이것이 개구리에서 나오는 '동물 전기'라고 생각했다.

볼타의 설명

알레산드로 볼타(1745~1827년)는 개구리가 움직인 것은 외부의 전류 때문이라고 생각했다. 그는 쇠막대(발코니의 역할)와 소금물에 적신 압지(개구리에 있는 유기 액체) 그리고 구리선(철사)을 가지고 갈바니와 똑같은 실험을 했고, 이 실험이 결국 건전지의 발명으로 이어졌다.

건전지의 첫 번째 이름은?

볼타가 처음으로 만든 전지는 아연 디스크와 구리 디스크들 사이에 소금물로 적신 압지 디스크를 끼워 서로 닿지 않게 쌓아 올린 형태였고, 따라서 이름을 파일이라고 불렀다. (그래서 건전지를 battery 또는 dry pile이라고도 한다.)

전류는 전자들의 지속적인 흐름이다

도체 속의 각 원자는 자유롭게 움직이는 전자들을 적어도 하나씩 가지고 있는데, 이들은 이 원자에서 저 원자로 자유롭게 돌아다닌다. 이러한 전자들을 자유전자라고 한다. 도체의 양 끝을 전원에 연결하면 이 자유전자들은 전지의 음극에 의해 밀리고 양극에 끌려서 한 방향으로 움직이게 된다.

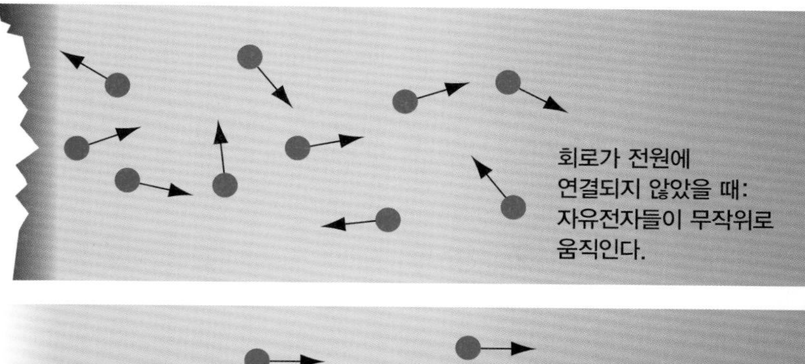

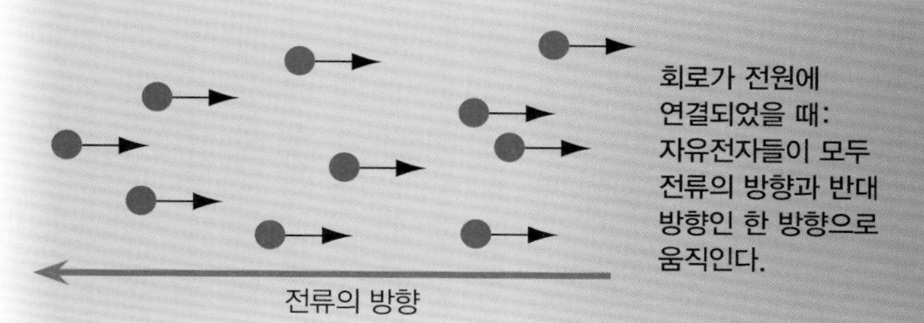

전지를 만들어 보자!

- 큰 어항(대야)
- 흰 식초
- 압지
- 알루미늄 또는 아연판
- 구리판
- 빨래집게 4개
- (대형마트에서 구할 수 있는 전류를 재는) 멀티미터

1. 압지를 식초에 적신다.
2. 이것을 구리와 알루미늄 사이에 넣고, 빨래집게로 고정한다.
3. 멀티미터를 밀리암페어 단위의 측정 범위에 놓는다.
4. 구리판과 알루미늄판을 멀티미터의 +선과 −선으로 잇는다. 이렇게 하면 전류가 흐르는 것을 확인할 수 있다.

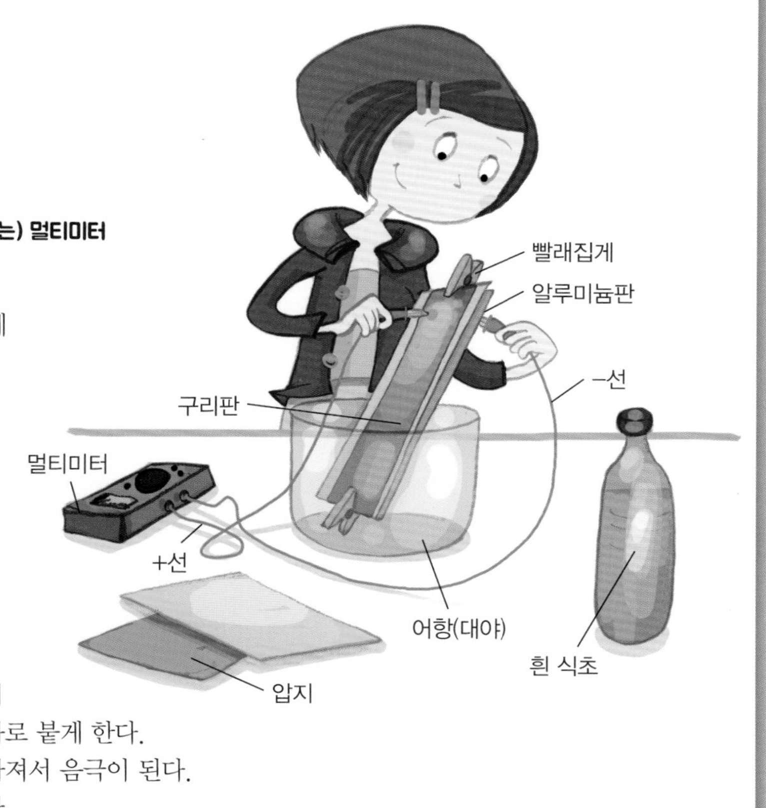

이 안에서 무슨 일이 일어나는 것일까? 산(식초)이 구리 원자에서 전자들을 끌어 당겨 알루미늄 원자로 붙게 한다. 알루미늄 끝은 전자들이 너무 많아져서 음극이 된다. 구리는 전자들을 잃고 양극이 된다.

간단한 회로 만들기

모든 회로는 그것이 무엇이든 에너지원(예를 들어 전지 등)과 전류가 흐를 수 있는 도선(구리선 등), 그리고 부하(전구 등)를 포함한다.

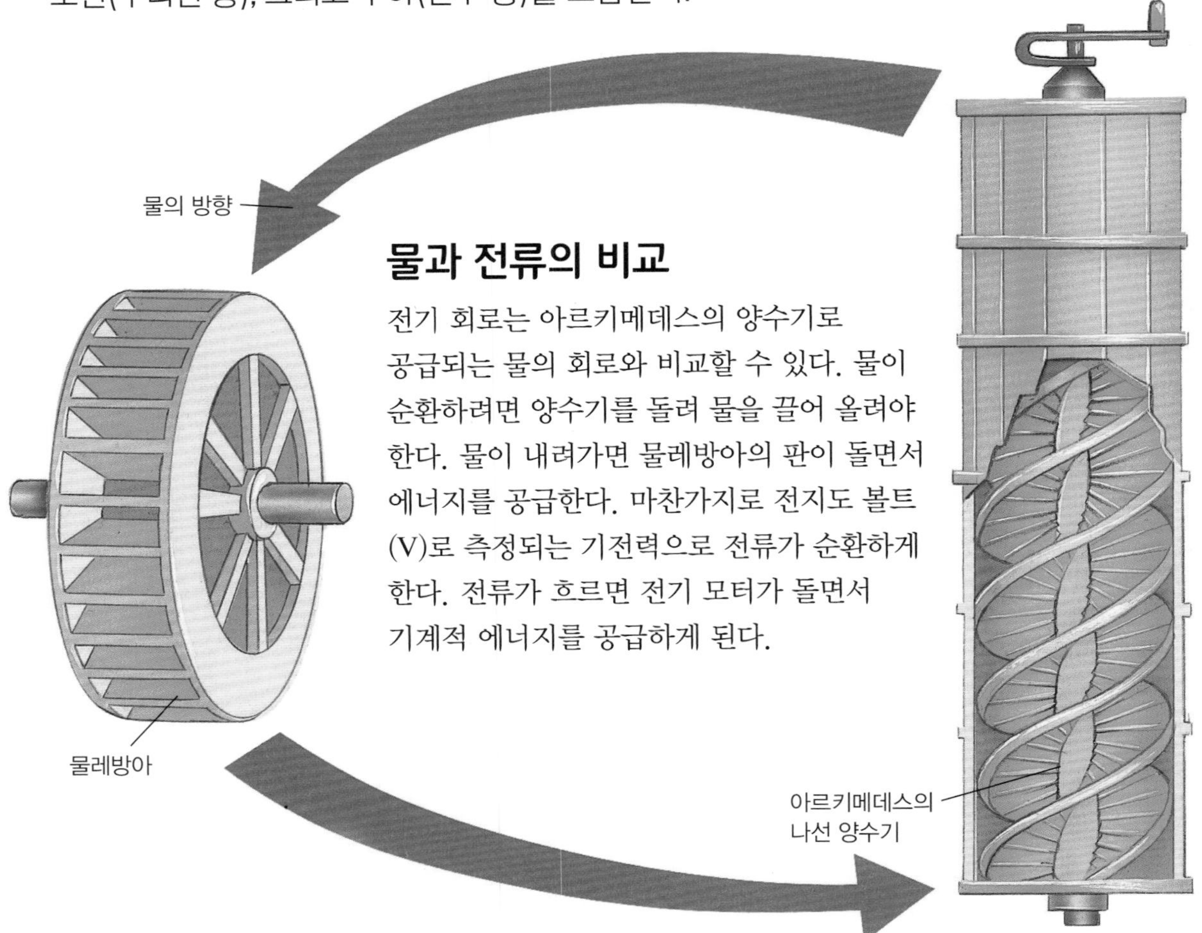

물과 전류의 비교

전기 회로는 아르키메데스의 양수기로 공급되는 물의 회로와 비교할 수 있다. 물이 순환하려면 양수기를 돌려 물을 끌어 올려야 한다. 물이 내려가면 물레방아의 판이 돌면서 에너지를 공급한다. 마찬가지로 전지도 볼트(V)로 측정되는 기전력으로 전류가 순환하게 한다. 전류가 흐르면 전기 모터가 돌면서 기계적 에너지를 공급하게 된다.

저항을 조절해보자

PVC 등은 전류가 통하지 않는 부도체이지만 구리 같은 금속은 도체이다. 또한 연필심(흑연) 같은 물질은 도체와 부도체의 중간 성질을 띠기도 한다. 이들을 이용하면 변화하는 저항을 만들 수 있다. 그림의 회로에서 전류가 지나는 흑연의 길이가 길면 전구의 빛이 약하다. 빛을 밝게 하려면 전류가 지나는 흑연의 길이를 짧게 하면 된다. 즉 흑연의 저항 크기로 전류를 조절할 수 있다. 흑연을 길게 하면 저항이 매우 커져서 빛이 약하게 된다!

약한 불빛

흑연의 길이가 길다.

환한 불빛

흑연의 길이가 짧다.

직렬 또는 병렬연결

4.5 V의 건전지에 꼬마전구 두 개를 직렬로 또는 병렬로 연결할 수 있는데, 이렇게 하면 전구가 하나만 있을 때보다 더 밝을까 아니면 덜 밝을까? 두 전구를 직렬로 연결하면 하나만 연결했을 때보다도 덜 밝은데, 이는 전류가 두 배의 저항을 통과해야 하기 때문이다. 두 전구를 병렬로 연결하면 각 전구가 전구 하나만 연결했을 때와 똑같은 밝기를 내기 때문에 더 밝다.하지만 건전지가 두 배 더 빨리 소모된다.

전구 하나

퓨즈의 역할을 알아보자

화재의 위험을 막기 위해서는 전류가 회로를 너무 뜨겁게 만드는 것을 막아야 한다. 이를 위해서 도선 사이에 퓨즈를 끼워 넣어 전류가 너무 강해지면 퓨즈가 녹아 끊어지도록 한다.

- **9 V 건전지**
- **도선**
- **(초콜릿) 금속 박지 5×3 cm**
- **유리그릇**
- **악어 집게**

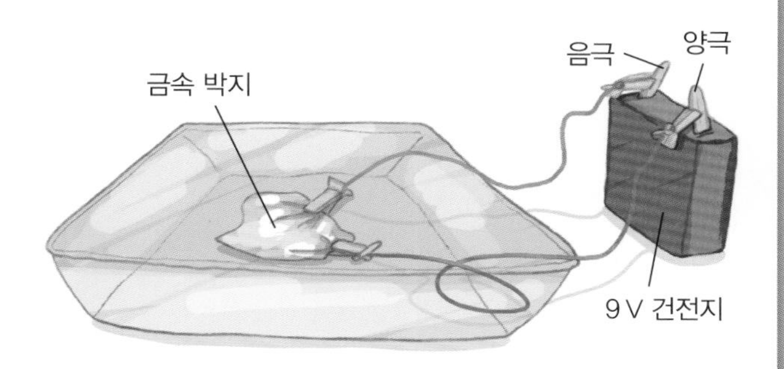

1. 유리그릇 속에 금속 박지를 놓는다.

2. 양(+)극과 박지의 한끝을 도선으로 연결한다.

3. 음(−)극과 박지의 다른 끝을 도선으로 연결한다. 조금 있다가 도선이 뜨거워지면 금속 박지가 타면서 끊어지고 회로가 단절된다. 이로써 화재의 위험이 사라졌다!

자석

아주 옛날부터 자철 광석들이 서로 당기거나 민다는 것은 잘 알려져 있었다. 쇠나 강철 또는 금속들을 잡아당기는 물질이 바로 자석이다. 자석을 자유롭게 돌도록 놔두면 항상 남북 방향을 가리킨다는 것을 처음으로 안 것은 중국인들이었다.

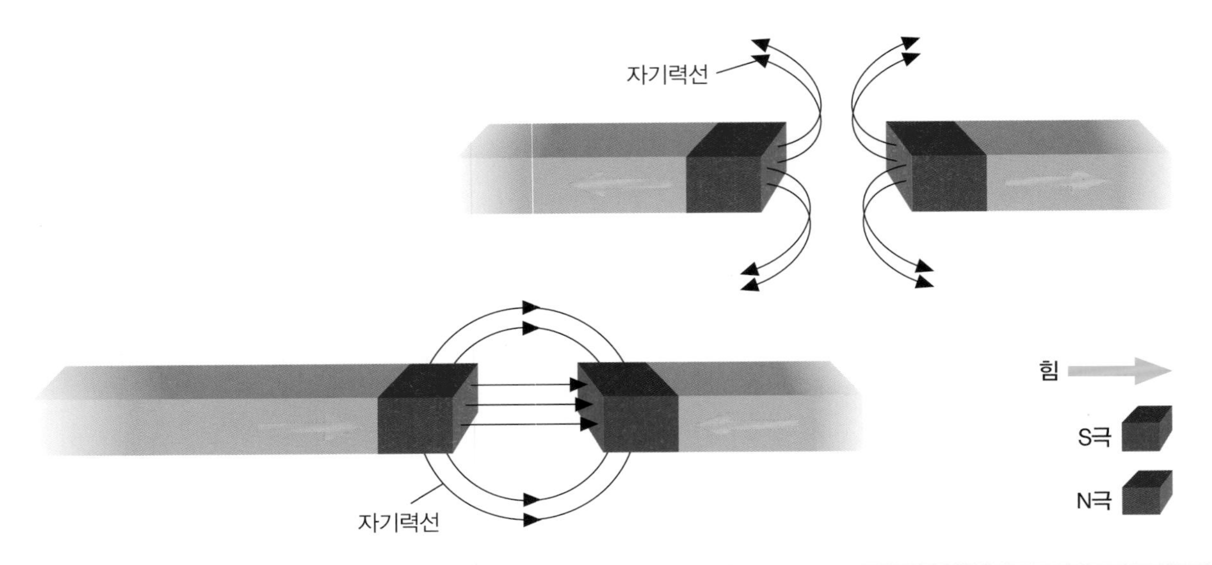

자극과 자기장

자기장을 볼 수는 없지만 그 효과는 쉽게 확인할 수 있다. 두 막대자석은 (같은 극끼리 다가가면) 서로 밀거나 잡아당긴다. 반대의 극은 서로 잡아당기고, 같은 극끼리는 서로 민다. 이러한 현상은 바로 자석 주위에 발생하는 자기장의 영향 때문이다.

지구도 자석이다

지구는 거대한 자석이고, 따라서 나침반을 유용하게 사용할 수 있다. 지구 자석의 축은 지구의 자전축과 정확히 일치하지는 않아서 나침반은 지리적 북극(진북)을 가리키지 않고 자기적 북극(자북)을 가리킨다. 자기적 북극은 조금씩 변한다.

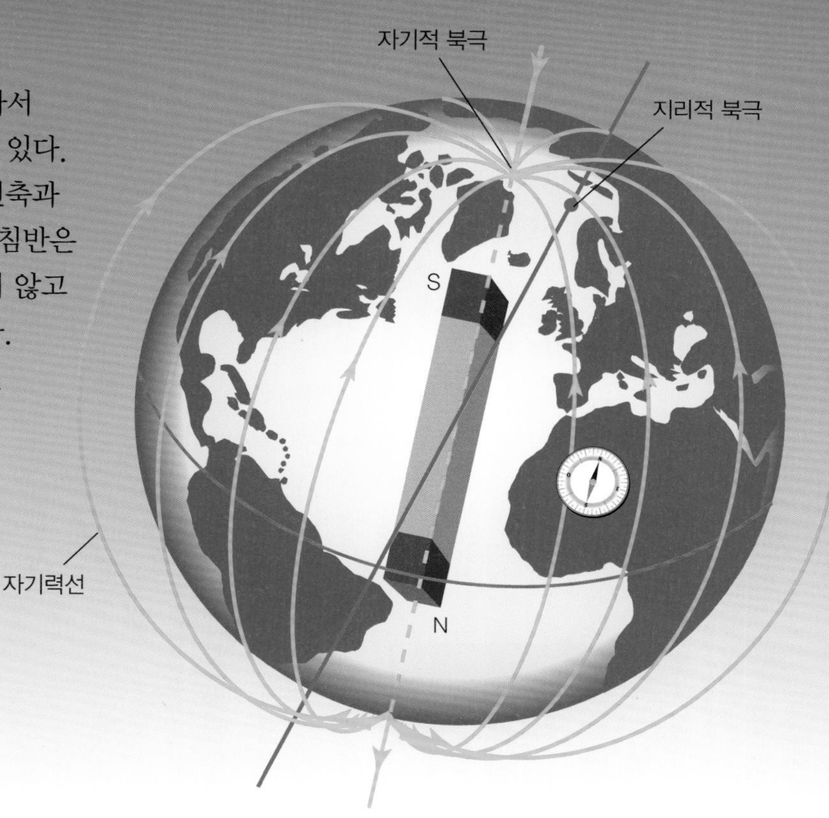

자석의 자기장을 눈으로 보자!

- 막대자석
- 쇳가루
- 도화지
- 받침목

자석을 테이블 위에 올려놓고 그 위에 도화지를 수평으로 놓는다. 도화지 위에 쇳가루를 뿌리고 도화지를 톡톡 친다. 그러면 일시적으로 자화된 쇳가루들이 자기력선을 따라서 정렬하는 것을 볼 수 있다.

모든 자석은 지구 자기장의 영향 아래 놓여 있으므로 자석들은 항상 남북의 축을 따라 정렬하게 된다.

자성이란 무엇일까?

자성을 띤 물질은 도메인(domain)이라고 불리는 원자들의 작은 그룹들로 이루어져 있는데, 각각의 도메인은 작은 자석처럼 움직인다. 이러한 도메인들의 자기장 방향은 보통 때는 제각각이지만, 외부의 강력한 자기장의 영향 아래에 놓이게 되면 모든 작은 자석들이 한 방향을 향하게 된다. 이러한 방법으로 쇠도 일시적으로 자석으로 변할 수 있다. 그래서 자석을 둘로 자르면 두 개의 새로운 자석이 된다. 마찬가지로 커다란 자석은 아주 작은 자석들의 모임일 뿐이다.

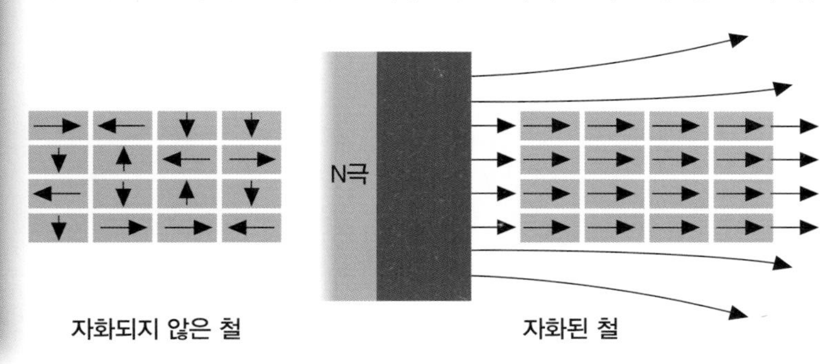

자화되지 않은 철

자화된 철

전자기 유도란?

1819년에 외르스테드(Danois Christian Oersted, 1777~1851년)는 과학에서 그 당시까지 풀지 못했던 커다란 두 미스터리 사이에서의 관계를 찾아내었다. 바로 전자석이나 모터 같은 수많은 응용에의 길을 열어준 전기와 자기와의 관계이다.

전류에 의해 자기장이 발생한다!

전류가 자기장을 만든다. 만일 도선이 직선이면 도선을 중심으로 하는 동심원 형태의 자기장이 유도된다. 만일 도선을 코일처럼 감으면 자기장은 막대자석의 자기장과 비슷하며 매우 강해진다. 단지 차이점은 전류가 흐르지 않으면 자기장도 없어진다는 것이다.

전자석은 물체를 들어 올리는 데 사용된다.

전기초인종의 원리

전자석으로 전기초인종을 만들 수 있다. 초인종의 스위치를 누르면 회로가 연결되어 건전지의 전류가 전자석으로 흘러 전자석이 해머를 잡아당긴다. 이 해머가 종을 때리면 회로가 끊어져 전자석이 해머를 당기지 않게 되고, 용수철이 해머를 다시 원위치로 복귀시키며 회로는 다시 연결된다. 건전지의 전류가 다시 흐르면서 앞의 과정이 반복되는데, 스위치를 누르고 있는 한 이 과정이 계속되며 전기초인종이 울리게 된다.

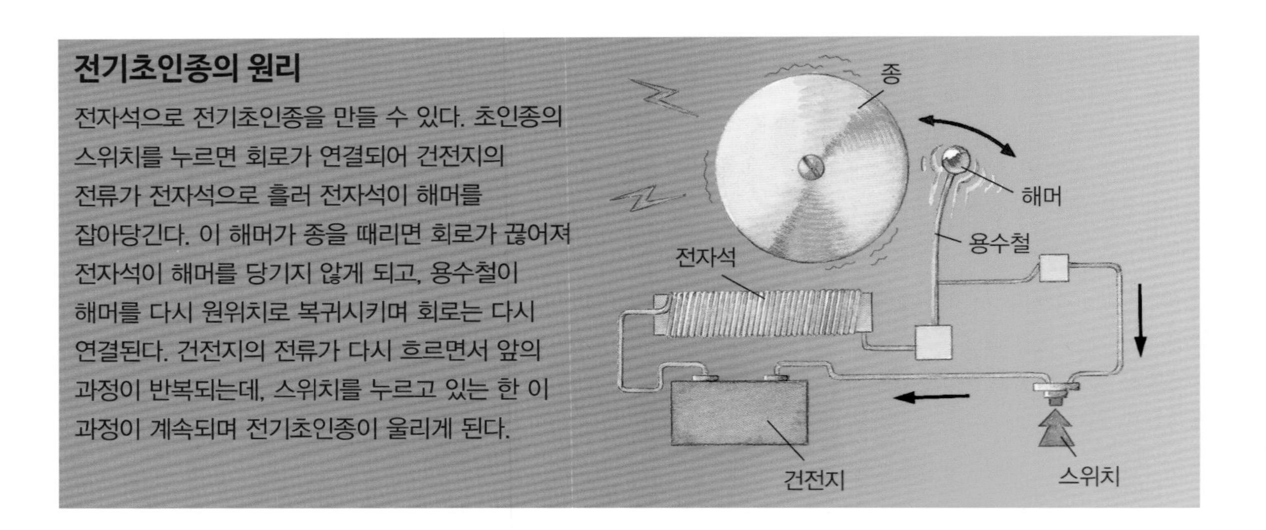

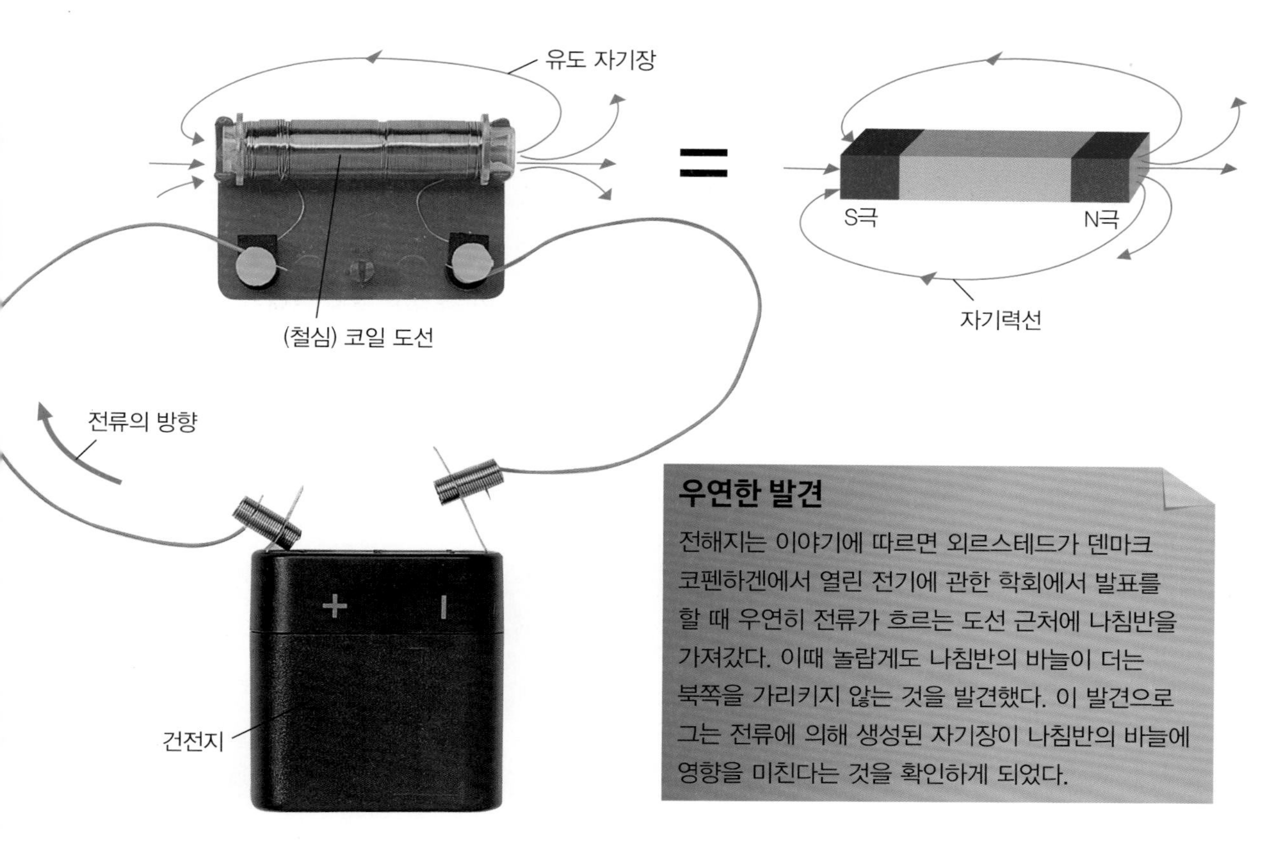

우연한 발견

전해지는 이야기에 따르면 외르스테드가 덴마크 코펜하겐에서 열린 전기에 관한 학회에서 발표를 할 때 우연히 전류가 흐르는 도선 근처에 나침반을 가져갔다. 이때 놀랍게도 나침반의 바늘이 더는 북쪽을 가리키지 않는 것을 발견했다. 이 발견으로 그는 전류에 의해 생성된 자기장이 나침반의 바늘에 영향을 미친다는 것을 확인하게 되었다.

전자석을 만들어 보자!

- 절연 도선(에나멜선)
- 큰 못
- 4.5 V 건전지
- 금속 조각들

1. 못에 에나멜선을 촘촘하게 감는다.

2. 도선의 양 끝에 건전지를 연결하면 못은 작은 금속 조각들을 잡아당긴다. 건전지를 떼면 자기장은 금방 없어진다.

발전기와 모터의 원리

발전기는 움직임을 전기로 바꾸어 주는 기계이고, 반대로 전기 모터는 전기를 움직임으로 바꾸어 준다. 발전기는 전기를 만들고 모터는 이 전기를 이용하는 것이다.

패러데이의 발견

1831년에 영국의 과학자 패러데이(Michael Faraday, 1791~1867년)는 자석으로 전류를 만들어 낼 수 있고, 영구 자석을 코일 속에 넣었다 빼면 코일에 전류가 흐른다는 것을 알아냈다. 오늘날에는 두 종류의 발전기들이 우리에게 필요한 전기를 공급하고 있다.

- (항상 같은 방향으로 흐르는) 직류 전류를 만드는 직류 발전기
- (전류의 방향이 수시로 바뀌는) 교류 전류를 만드는 교류 발전기

자전거의 타이어와 닿아 있는 작은 바퀴가 회전자를 돌린다. 회전자의 자석은 8개의 자극을 가지고 있다.

고정된 코일 회로(고정자)에 대해서 회전자가 회전하면 코일 양 끝에 주기적으로 변화하는 전압이 발생한다.

전기 모터: 전기에너지를 움직임으로 바꾸어 준다

코일에 전류가 흐르면 코일은 자석이 된다. 이 자석이 고정된 다른 자석의 영향을 받아 움직이게 된다. 전기 모터는 가전제품이나 자동차, 고속철도 열차까지 아주 많은 곳에서 사용된다.

모터의 원리를 알아보자

- 대용량 건전지
- 말굽자석
- 피복을 벗긴 구리철사
- 나무 자 2개
- 유연한 도선

1. 40 cm 길이의 직선 구리철사 2개 A와 B를 준비한다. (구리철사는 단단한 두 개의 나무 널빤지 사이에 넣고 밀어 굴려서 직선으로 펼 수 있다.)

2. 이 구리철사들을 2개의 나무 자 위에 올려놓고 서로 평행이 되도록 한다.

3. 길이 20 cm인 직선 구리철사 C를 말굽자석 사이에 놓고 철사 A와 B에 수직이 되도록 한다.

4. 그림처럼 자석을 놓는다.

5. 전지의 양극을 유연한 도선으로 B의 끝에 연결한다.

6. 전지의 음극을 A의 끝에 연결하면 회로가 연결되고, 전류가 흐르는 즉시 철사 C가 움직이는 것을 볼 수 있다.

모든 전기 모터는 이러한 원리를 이용해서 움직인다. 즉 자석 속에서 도선에 전류가 흐르면 도선이 힘을 받아 움직이게 되는 것이다.

철사 C
자석
철사 B
20 cm
철사 A
40 cm
나무 자

전기 기차

세계 최초로 전기 기차를 개발한 회사는 독일의 지멘스(Siemens)이다. 이 기차는 1879년 베를린 세계 박람회에서 전시되었다. 오늘날의 고속열차는 처음의 전기 기차와는 매우 다르다.

생명체의 진화

미국 플로리다의 푸른 바닷속에 군집한 수중 생물

40억 년 이전에도 지구상에 생명은 존재했다.
매우 단순한 형태로 나타난 생명은 끊임없는 재난 속에서 살아남았고,
점점 더 복잡한 유기체로 진화하였다.

생명은 어디에서 왔을까?

처음에 사람들은 생명이 자연 발생적으로 규칙적으로 생겨난다고 생각했다. 17~19세기에 행한 여러 실험은 생명은 생명에서 나온다는 것을 보여주었다. 그렇다면 맨 처음 생명은 도대체 어디서 온 것일까?

루이 파스퇴르

구더기는 어디서 올까?

이탈리아의 의사 레디(Francisco Redi, 1626~1698년)는 자연 발생설에 대해 처음으로 실험을 했다. 그는 구더기가 파리에서 오는 것이고, 그냥 고깃덩이에서 저절로 생기지는 않는다는 것을 보였다. 그러나 1676년에 현미경으로 박테리아가 발견되었고, 많은 사람들이 박테리아는 저절로 생긴다고 생각하였다.

스팔란차니의 수프

18세기 후반에 이탈리아의 생물학자 스팔란차니(Lazzaro Spallanzani, 1729~1799년)는 살균되어 마개를 닫은 플라스크에 있는 수프에서는 생명체가 자라지 않음을 보였다. 그러나 그 당시 다른 학자들이 그의 실험을 부주의하게 반복해서 똑같은 결과를 얻지 못했고, 결국 동료들의 지지를 받지 못했다.

자연 발생설

인간은 고대 그리스 시대부터 생명의 기원에 대해서 궁금해했다. 대부분의 사람들은 자연 발생설을 믿었다. 이 이론에 따르면 생명체는 정기적으로 출현한다. 즉 파리와 구더기는 썩은 고기에서, 그리고 이는 땀에서, 물고기는 물밑의 진흙에서, 개구리나 쥐는 축축한 땅에서 생긴다고 생각했다.

1768년에 행한 스팔란차니의 실험

끓는 수프 → 냉각 → 열린 플라스크 → 기다린다. → 세균 증식

끓는 수프 → 냉각 → 닫힌 플라스크 → 기다린다. → 세균이 자라지 않는다. → 뚜껑을 열고 기다린다. → 세균이 자란다.

레디의 실험 따라 하기

- 유리병 2개
- 거즈 천(모기장)
- 고무 밴드
- 고기 두 덩이

1. 유리병 A와 B에 호두알만 한 크기로 자른 고깃덩이를 넣는다.
2. 병 B를 모기장으로 싸서 고무 밴드로 고정한다.

자연 발생설을 무너뜨린 파스퇴르

1862년에 파스퇴르(Louis Pasteur, 1822~1895년)는 자연 발생설이 사실이 아님을 실험을 통해 증명했다. 그는 외부 공기와 자유롭게 순환하는 긴 백조 목을 한 플라스크에 설탕물처럼 영양분 많은 액체를 넣었다. 그리고 이를 끓여서 미생물을 죽인 다음 냉각시켰다. 플라스크 속에서는 아무런 세균 배양도 일어나지 않았다. 왜냐하면 플라스크 목의 모양이 새로운 유기체가 그 속에 들어가는 것을 막았기 때문이다. 즉 생명체는 생명체로부터만 생겨난다는 것이다.

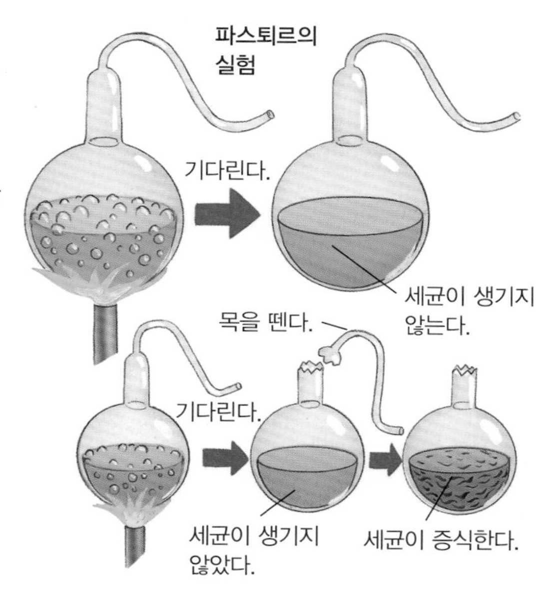

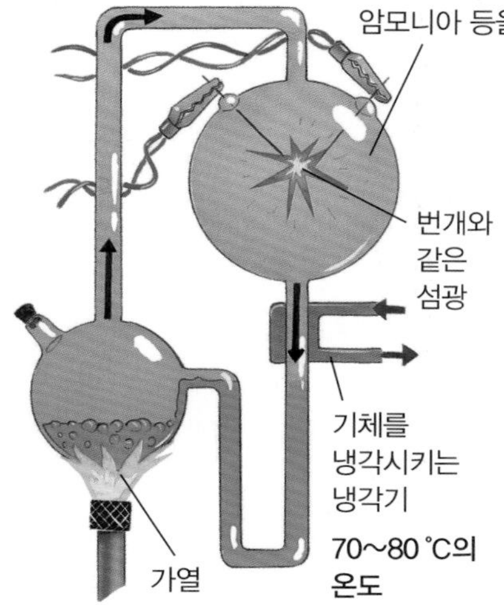

밀러의 실험

미국의 과학자 밀러(Stanley Miller, 1930~2007년)는 1953년에 원시 지구의 조건을 실험실에서 재현하는 실험을 했다. 뜨거운 늪이 번개를 견뎌내는 실험이다. 이 실험에서는 수소, 메탄, 탄소 기체, 수증기, 암모니아 등이 섞여서 닫힌 유리 속을 순환한다. 밀러는 이 기체가 불꽃들을 지나가게 하여 번개에 노출된 상황을 만들었다. 몇 시간이 지나서 유기물질인 다양한 아미노산이 만들어졌는데, 이는 살아있는 유기물의 기본을 이루는 입자들이다.

3. 병 2개를 그늘지고 개미가 없는 실외에 둔다. 24시간 이내에 병 A의 고기 속에 희고 작은 유충인 구더기가 생긴다. 병 B에는 아무것도 생기지 않는다.

이 실험으로 레디는 구더기를 발생시키는 것이 고기가 아니라 파리임을 증명했다.

지구의 역사

시간을 거슬러 과거로 갈 수 있는 타임머신이 있다면 얼마나 좋을까? 하지만 타임머신이 없으니 과거의 풍경과 동물들에 대해 알고 싶으면 이들이 남긴 자취를 연구해야 한다. 이것이 고생물학자들이 하는 일인데, 그들은 관찰과 추론을 통하여 과거를 복원하는 탐정이라고 할 수 있다.

콜로라도의 그랜드 캐니언: 맨 위는 가장 젊은 (2억5천만 년 전) 암석이고, 맨 아래는 가장 나이 많은 (17억에서 20억 년 전) 암석이다.

거꾸로 써진 책?

몇백만 년의 세월을 거치게 되면서 침식 작용에 의한 퇴적물들은 여러 층으로 쌓이게 된다. 이들은 마치 책의 페이지들과 비슷한데, 단지 다른 점은 가장 최근의 시기에 해당하는 마지막 페이지를 가장 먼저 본다는 점이다. 가장 오래된 과거는 맨 아래에 있어서 일반적으로 더 위에 위치할수록 더 젊은 층이라고 생각할 수 있다. 이것을 지층 누적의 법칙이라고 한다.

화석이란?

동물과 식물들은 죽게 되면 종종 퇴적층 사이에 갇혀 화석이 된다. 모든 생명체는 화석화될 수 있다. 즉 분해되기 전에 진흙이나 모래 또는 호박에 묻히는 것이다. 가장 많은 것은 바닷속 동물들이지만 곤충이나 공룡의 화석들도 있다.

앵무조개

삼엽충

암모나이트

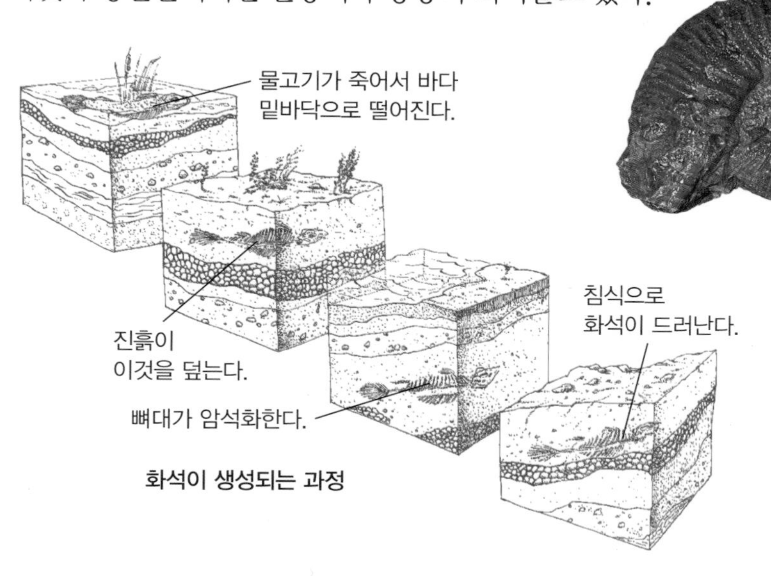

화석이 생성되는 과정

지구의 역사는?

지구의 역사는 45억 년으로 거슬러 올라갈 정도로 상당히 길다. 연표를 만들기 위해 지질학자들은 크게 나누어 대(era)로 나누고, 이를 기(period)로 나눈 후, 그 다음을 또 세(epoch)로 나눈다(옆의 박스 참조). 지층이나 화석의 정확한 연대를 측정하기 위하여 과학자들은 방사능 연대측정을 사용한다.

연대의 측정은 어떻게 할까?

지층이나 화석의 연대를 추정하기 위해서는 그 화석이 포함하고 있는 탄소14라는 방사성 원소의 농도를 측정한다. 사실 살아 있는 생물 속이나 대기 중에 있는 이 원소의 농도는 일정하다가 그 생물이 죽는 순간부터 알려진 공식에 따라 감소하기 시작한다. 탄소의 잔류 농도를 측정하는 방법으로는 화석의 나이를 5만 년까지 알아내는 것이 가능하다. 그 이상은 칼륨/아르곤 방법(백만 년에서 1억 년까지)이나 루비듐/스트론튬 방법(1억 년에서 38억 년까지)을 사용한다.

지구의 역사를 시간에 따라 분류해 보자

복잡하게 얽힌 자료들을 가지고 연대를 측정하기는 쉽지 않지만, 아래의 표는 선캄브리아대에서부터 현재까지의 연대를 종합적으로 보여 준다.

오늘날	시작 연도 (백만 년 단위)
신생대	
제4기	
완신세	0.01
경신세	2
제3기	
플라이오세	5
마이오세	22
올리고세	38
에오세	55
팔레오세	65
중생대	
백악기	138
쥐라기	195
트라이아스기	245
고생대	
페름기	290
석탄기	345
데본기	400
실루리아기	440
오르도비스기	500
캄브리아기	600
선캄브리아대	4500

선캄브리아대와 캄브리아기: 물속의 생명체들

45억 년에서 5억 년 전까지는 생명체들이 물속에서 살았다. 처음에는 박테리아나 해초, 연체동물 등으로 제한되어 있었지만, 캄브리아기에는 더욱 다양한 종들이 번창했다.

삼엽충: 가장 흔한 화석이다.

선캄브리아대의 탐사

지금까지 알려진 가장 오래된 화석도 5억 7천만 년(캄브리아기)을 넘지 않는다는 사실을 안 것도 50년밖에 되지 않았다. 그렇다면 캄브리아기에 그렇게 많던 수중 동물들은 모두 어디에 묻혔을까? 최근에 선캄브리아대의 화석들이 지구 곳곳에서 발견되었다. 호주와 아프리카의 남서부 그리고 영국의 한가운데에서이다.

에디아카라 생물군이란?

호주 남부의 에디아카라 산맥에서 발견된 화석군이다. 6억7천만 년에서 5억5천만 년 사이의 같은 시기에 20여 곳의 장소들에서 발견된 화석들도 같은 이름으로 분류한다. 이러한 선캄브리아대의 동물군은 납작하고 유연한 동물들로, 이 시대의 화석들은 매우 귀하다. 유연한 동물들은 빨리 부패하여 화석화되는 경우가 드물기 때문이다.

캐나다의 요호 국립공원은 5억2천만 년 전의 해양 생명체(버지스 동물군)의 비밀을 간직하고 있다.

포식 동물들의 등장

주요한 포식 동물들은 캄브리아기에 나타난다. 포식자의 출현으로 다양한 방어 수단이 등장했다. 갑각(등껍질), 조개껍질, 가시, 더 빠르게 도망치는 방법 등이다. 하지만 캄브리아기의 바다 생물의 후손이 현재까지 살아남은 경우는 드물다. 해면동물, 복족류(복부에 다리가 있는 동물), 두족류(머리에 다리가 달린 무척추동물) 정도밖에 남지 않았고, 다른 생물들은 모두 짧은 기간만 생존했는데, 마치 작품의 초안만으로 그친 것 같은 경우였다.

조개껍질

방어를 위해 액체를 분사하는 작은 구멍

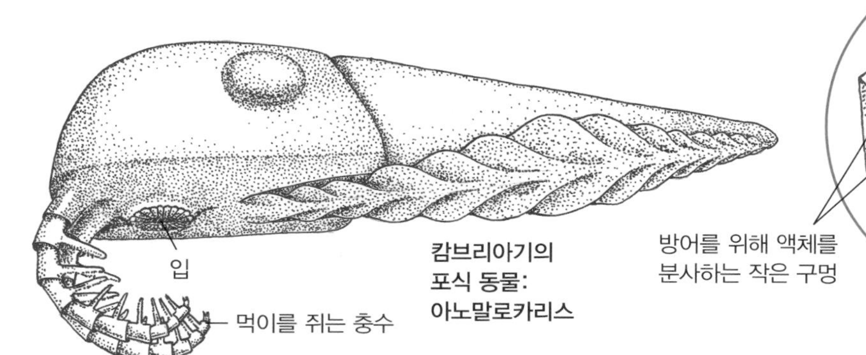

캄브리아기의 포식 동물: 아노말로카리스

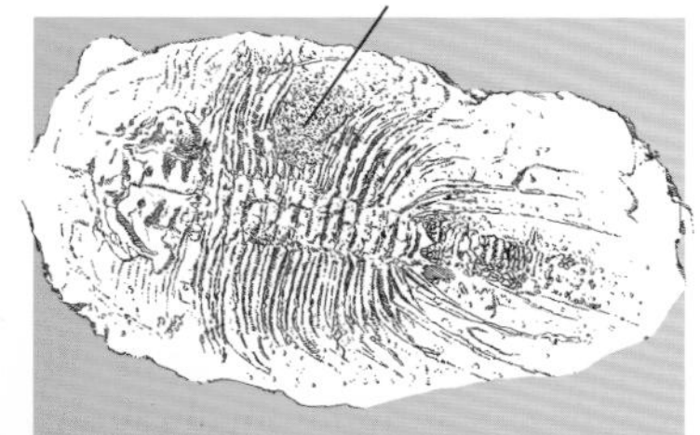

화석에 있는 치유된 상처

포식 동물들의 화석과 그들에 의해서 훼손된 먹이 동물들의 화석들을 보고 과학자들은 캄브리아기에 포식자가 나타났다는 것에 대해 확신을 하게 되었다. 실제로 삼엽충의 화석들처럼 상처 난 동물의 화석들이 발견된다. 치유된 상처는 그 동물이 살아있는 동안에 생긴 것이 분명하므로 포식 동물에 의한 것이라고 할 수 있다.

원시 척추동물

등껍질과 조개껍질이 나타난 후에 자연에서는 5억에서 4억 년 전 사이에 관절로 연결된 등의 척추가 처음으로 물고기에게 나타났다.

현대의 턱이 없는 칠성장어

턱이 없는 물고기인 무악어는 뼈로 된 방패로 자신을 보호한다.

무악류: 턱이 없는 물고기

등껍질이나 조개껍질은 몸집이 자라는 과정이 거추장스럽다. 게가 자랄 때 허물을 벗는 것도 마찬가지이다. 4억4천만 년 전에 처음 나타난 척추동물은 턱이 없는 무악류 물고기였다. 이들은 관절로 연결된 척추를 사용해 쉽게 움직였고, 바닥에서 유영하면서 뻘을 빨아 먹으며 앞으로 나아갔다. 그리고 사체를 빨거나 흡수하면서 자신들의 운동 방식을 바꿔 나갔다. 오늘날 남아 있는 무악류 동물은 칠성장어와 먹장어이다.

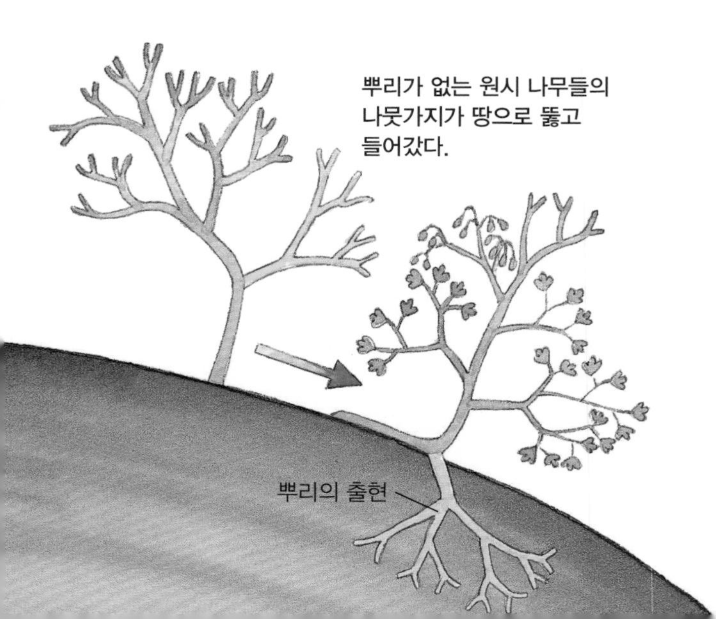

뿌리가 없는 원시 나무들의 나뭇가지가 땅으로 뚫고 들어갔다.

육지의 번식

식물들은 진화하면서 육지로 나왔다. 나무는 먼저 땅의 물을 흡수하기 위해서 뿌리가 있어야 했다. 물을 순환시키려면 빳빳한 칸막이로 된 도관과 나뭇잎이 있어야 했고, 번식을 위한 조직도 필요했다. 해초, 이끼, 고사리 등이 이러한 진화를 단계별로 보여준다. 곧이어 전갈처럼 절지동물 중 다리가 많은 다족류 동물들이 육지에 확고하게 자리 잡게 된다.

진정한 물고기의 출현과 물고기의 종류

관절과 턱이 있는 물고기는 약 4억1천만 년 전에 나타났다. 이들은 먹이를 매우 효과적으로 잡을 수 있었기 때문에 굉장히 번성했다. 물고기들은 상어와 같은 연골어류, 머리에 갑옷을 입은 판피어류, 가시 지느러미가 있는 극어류, 빗살 지느러미를 가진 조기어류, 그리고 잎새 모양 지느러미를 가진 육기어류 등 5개의 그룹으로 나눌 수 있다. 판피어류들은 석탄기 초기에, 극어류는 페름기에 사라졌다.

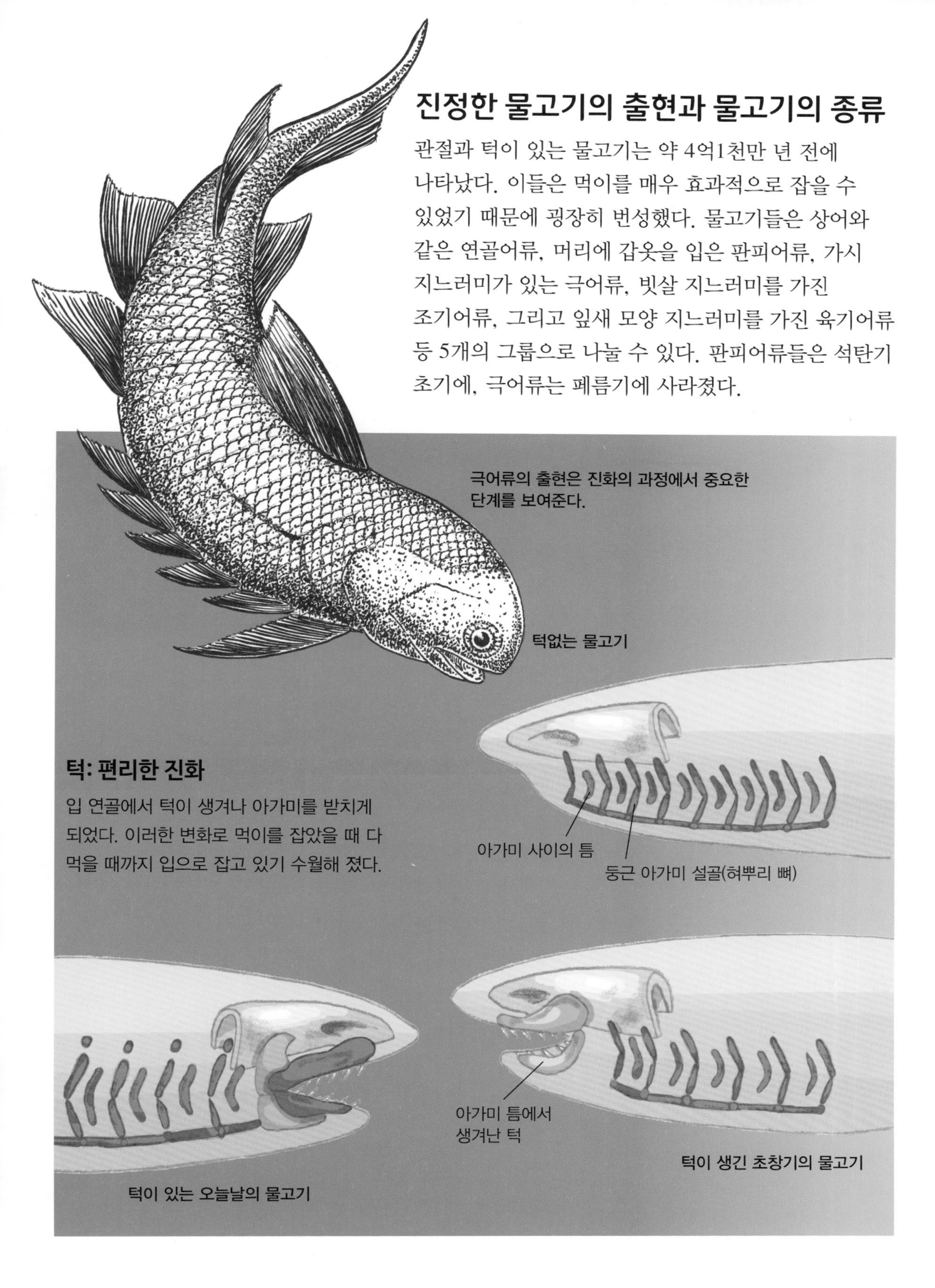

턱: 편리한 진화

입 연골에서 턱이 생겨나 아가미를 받치게 되었다. 이러한 변화로 먹이를 잡았을 때 다 먹을 때까지 입으로 잡고 있기 수월해 졌다.

물속에서 땅 위로

데본기에는 물속의 생물들이 매우 빠르게 진화했다. 폐나 부레로 숨을 쉬는 폐어류나 허파와 강한 지느러미로 땅에 올라올 수 있었던 총기류 같은 물고기들은 벌써 네발이 나오기 시작했다. 3억7천만 년에서 3억6천만 년 전 사이에는 물 밖에서도 살 수 있는 양서 동물들과 원시 척추동물들이 생겼다.

약 4억 년 전에 폐어류(부레나 폐로 숨을 쉬는 어류)가 나타났다.

가볍고 빠른 연골어류!

상어나 가오리들은 데본기에 번성했다. 피부는 딱딱한 껍질이 없어졌지만 뼈의 골격은 단단하면서도 유연한 물질(연골)로 이루어졌는데, 민물에서는 거의 나타나지 않았다.

경골어류

인이 풍부한 민물에서 어떤 물고기들은 뼈가 단단해졌다. 부족한 산소를 얻기 위해 아가미를 보완해 주는 호흡낭(호흡 주머니)이 발달했다.

공기에 적응한 폐어류!

폐어류에는 세 종류가 있었는데, 민물과 마찬가지로 바다에서도 잘 적응했다. 3~5 m의 다양한 길이로 혹독한 환경에 적응한 이들은 '허파'를 이용해 진흙 속에서 3년이나 살 수 있었다! 하지만 물 밖으로 나와서 움직이도록 도와주는 적절히 발달한 지느러미가 없었다.

바다로의 귀환

대부분 경골어류들의 호흡을 위한 주머니는 부레가 되었다. 이러한 효율적인 부레와 가벼운 뼈를 가진 일부 경골어류들은 다시 바다로 돌아가 바다를 정복하게 되고, 오늘날까지 약 2만여 종이 살고 있다.

상어는 살아있는 화석이다.

육지와 물의 경계에서 사는 양서류

양서류는 다리와 (호흡하는) 얇은 피부 덕분에 무척추동물부터 땅 위로 올라왔다. 그러나 물에서 번식을 했기 때문에 물을 떠날 수는 없었다.

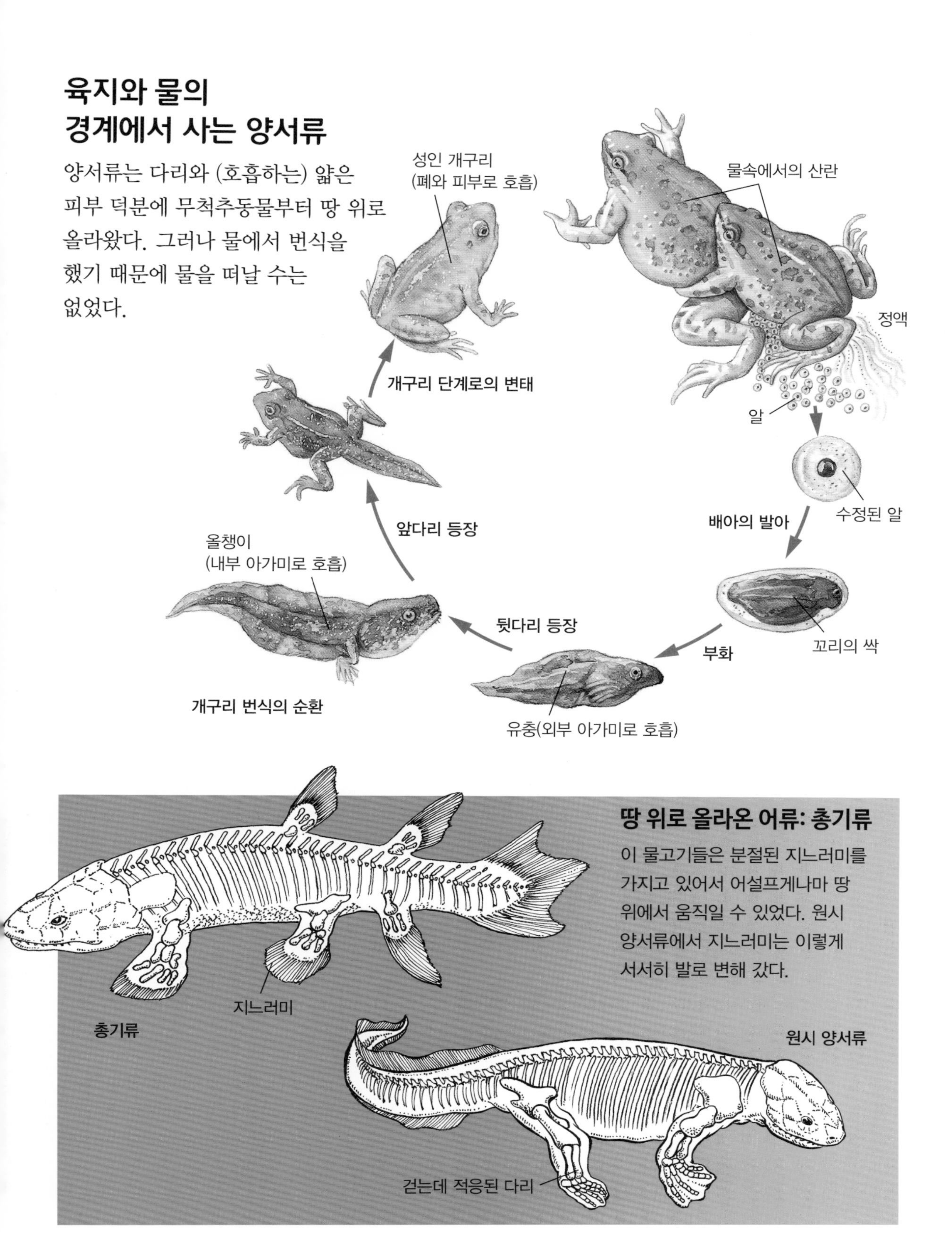

땅 위로 올라온 어류: 총기류

이 물고기들은 분절된 지느러미를 가지고 있어서 어설프게나마 땅 위에서 움직일 수 있었다. 원시 양서류에서 지느러미는 이렇게 서서히 발로 변해 갔다.

석탄기의 숲

석탄기에는 커다란 숲이 만들어졌다.
이러한 나무들의 잔해가 오늘날의 석탄이다.
또한 양서류의 한 계통으로부터
원시 파충류가 나타났는데,
곧 엄청난 수로 불어났다.

석탄기에는 날개 달린 곤충들이 번성했다. '메가네우라'라는 커다란 잠자리는 펼친 날개폭이 70 cm에 달했다.

캡슐: 양막으로 싸인 알

파충류의 알은 영양 주머니를 가지고 있어서 배아가 물 밖에서도 자랄 수 있었다. 영양분과 수분을 충분히 공급받은 덕분에 이 보호막에서 나와서도 즉시 땅 위에서 살 수 있었다.

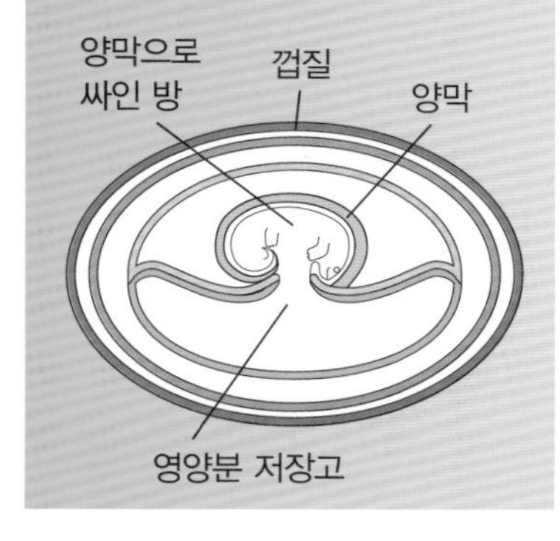

신기한 숲

덥고 습한 기후는 습지에 커다란 숲이 자라나게 했다. 오늘날 우리에게는 나무들이 이상하게 보일 것이다. 왜냐하면 이들은 거대 양치식물(10 m 높이), 석송식물(10~20 m 씨 없는 식물), 겉씨식물(40 m 높이)들이었기 때문이다.

파충류: 땅을 정복하다!

양서류는 물이나 습지를 떠날 수 없었다. 피부가 수분을 잃으면 다시는 번식을 할 수 없게 되기 때문이다. 이들이 더 멀리 나아가서 땅 위로 올라가려면 두 가지 커다란 변화가 필요했는데, 파충류는 이 두 가지를 모두 가지고 있었다. 두껍고 방수성을 가진 피부와 기체는 통할 수 있지만 물은 침투할 수 없는 알껍데기이다.

식물과 동물들의 화석 연구에 의해
재구성한 석탄기 시대의 숲

파충류의 딱딱한 피부는 기체 교환을 하지 못한다.
따라서 허파가 더욱 커졌다.

다리와 돛을 가진 디메트로돈

등에 있는 돛은 등에 난 커다란 가시들 사이에 있는 막으로 되어 있으며, 여러 혈관에 의해 피가 순환된다. 추운 날에는 최소한의 햇빛으로 몸을 덥히고 더운 날에는 최소한의 바람으로 몸을 식힌다.

파충류 전성시대

2억4천5백만 년 전 즈음에는 파충류들이 나와서 세상을 정복했다. 커다란 공룡들이 주인이 되어 모든 대륙을 지배했다. 더운 기후 덕택에 이들은 가장 유리한 지역을 차지하고, 같은 시기에 나타난 포유동물들을 야행성으로 숨어 다니게 만들었다.

공룡의 다리는 더욱 효율적이다!

다리가 몸의 옆구리에 붙어 있는 오늘날의 파충류와는 달리, 공룡의 다리는 몸 아래에 달려있어서 훨씬 더 쉽게 움직일 수 있었다.

공룡의 빠르기

오늘날 동물들의 움직임 연구를 응용하면 공룡의 속도도 추정할 수 있다. 동물의 속도는 다리의 크기와 보폭의 길이 등에 달려 있는데, 공룡의 뼈대와 발자취 등으로 추산한 공룡들의 속도는 다음과 같다. 아파토사우루스는 코끼리와 비슷한 7 m/s이고, 트리케라톱스는 코뿔소와 비슷한 9 m/s 정도로 달릴 수 있었다.

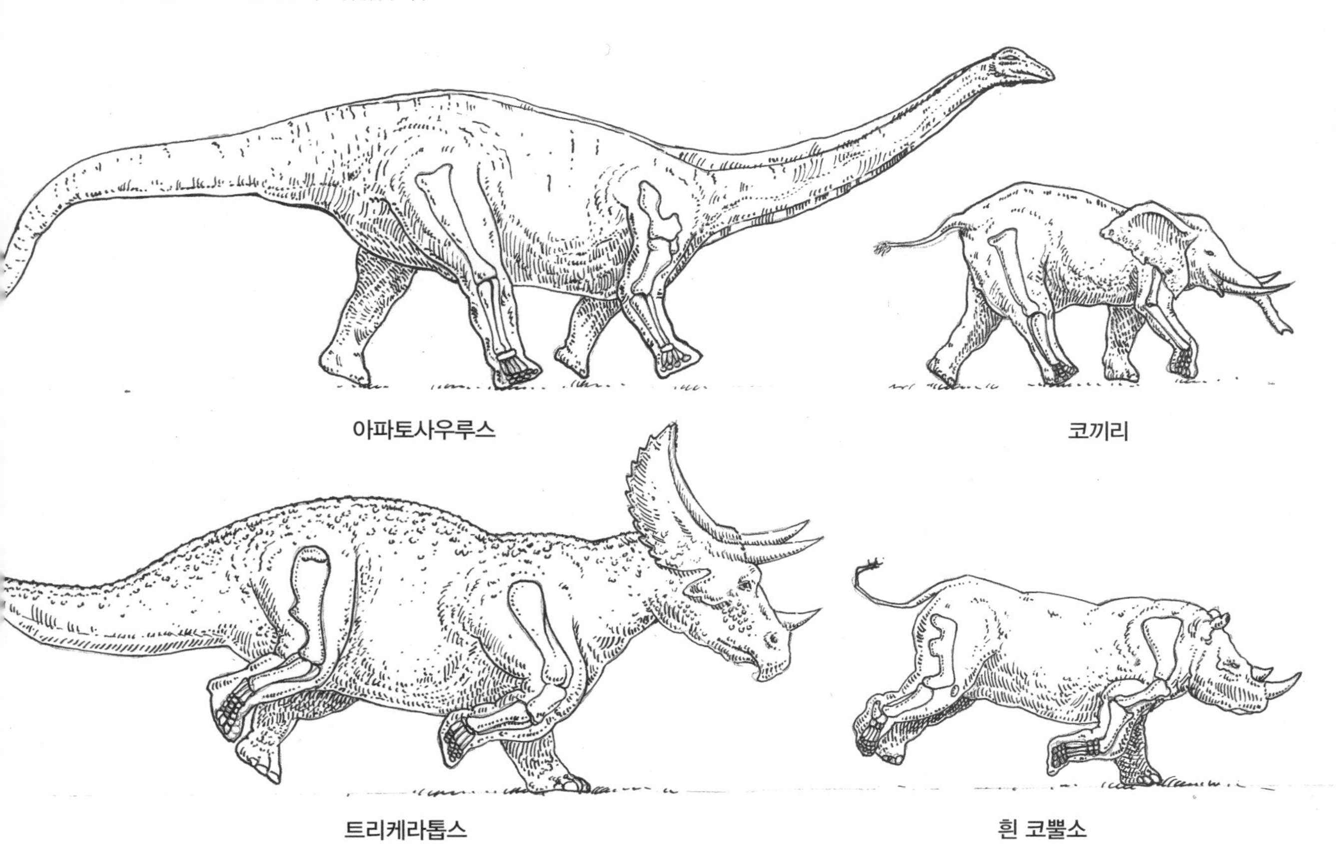

하드로사우루스의 결속

하드로사우루스는 완전한 초식 동물로 자신을 방어할 수단이 마땅치 않았음에도 불구하고 매우 번성했다. 미국 몬태나주에서 발견된 하드로사우루스의 뼈대와 알들로 추정할 때, 이들은 자신들의 보금자리를 보호하기 위해 무리 지어서 살았음을 알 수 있다. 알이 부화하면 계속해서 새끼들을 보호하고 음식을 먹였다. 이들은 위험이 다가오면 집단 내 다른 동료들에게 이를 알리는 습성이 있었고, 강력한 소리를 내서 자신들을 방어했다.

온혈동물?

프랑스 국립과학연구센터의 연구에 의하면 도마뱀 화석들에 포함된 산소의 성분을 조사하는 화학 분석으로 백악기에 있었던 네 가지 커다란 그룹의 공룡(육식과 초식 모두)들은 온혈동물이었다는 것을 알아냈다.

하늘을 나는 공룡 프테로사우루스

2억3천만 년 전에 일부 파충류들에게
나는 능력이 생겨서 공중으로 날아다니게 되었고,
이들은 곧 하늘을 나는 가장 커다란 동물이 되었다.

날아다니는 파충류

프테로사우루스는 하늘을 점령한 최초의 척추동물로, 1784년에 처음으로 그 화석이 발견되었다. 19세기에 프랑스의 퀴비에(Georges Cuvier)는 이 화석이 파충류라는 것을 밝히고, 손가락을 가진 날개라는 뜻의 '프테로닥틸'이라고 이름 지었다. 모든 자료는 프테로사우루스가 '온혈동물'이라는 것을 알려준다. 이것은 쥐라기 시대에 있었던 많은 프테로사우루스의 몸이 털로 덮여 있었다는 사실로도 확인된다.

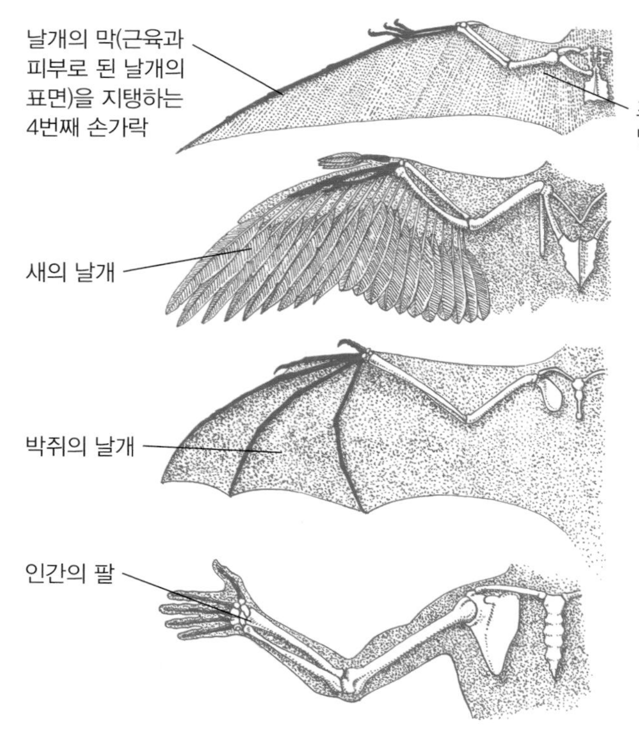

프테라노돈은 날 수 있다는 장점을 이용해 천천히 날갯짓하여 바다로 날아갔다. 머리 뒤쪽의 벼슬 같은 돌기는 비행할 때 방향을 잡아주는 데 도움이 되었을 것으로 추측된다.

손가락 끝에 달린 날개

프테로사우루스 외에도 새나 박쥐처럼 하늘을 나는 동물들은 모두 한때는 네발로 기어 다니며 땅에서 살던 동물들이다. 이들의 앞다리는 날 수 있도록 진화되었는데, 이는 자연이 준 단 한 가지 특징, 즉 변화된 손가락 덕분이었다. 따라서 나는 동물들의 팔들은 다 비슷하며 날지 못하는 인간의 팔과도 닮았다.

거대한 육식 동물?

여러분은 아마 프테로사우루스가 나오는 공포 영화를 본 적이 있을 것이다. 날개폭이 12 m나 되는 이 거대한 동물을 만난다는 생각만 해도 공포에 질리게 된다! 이 동물이 사람도 잡아먹을까? 그렇지 않다. 이 날개 달린 거대한 파충류는 사람에게 위험하지 않다. 커다란 프테로사우루스들은 날면서 또는 수면에서 물고기를 잡아먹고 (이들의 뱃속에서 화석화된 물고기의 잔해가 발견되었다), 다른 프테로사우루스들은 플랑크톤이나 곤충들을 잡아먹었다.

프테로사우루스를 만나다

캄캄한 밤에 갑자기 비행기 같은 물체가 휙 하면서 덤벼든다. 우리 그룹 모두가 거대한 날개의 깃털로 덮인다. 갑자기 뱀같이 긴 목과 붉고 식탐을 드러내는 사나운 눈빛 그리고 딱딱거리는 커다란 부리와 그 부리 속에 희고 번쩍거리는 작은 이빨들, 오, 주여! 잠시 후 이 기괴한 동물은 사라졌다. 또한 우리의 저녁 먹잇감도 함께. 8~10 m의 커다란 검은 그림자가 하늘로 날았다. 거대한 날개가 별들을 가리더니 큰 언덕 너머로 사라진다.

〈잃어버린 세계〉
코난 도일

바다의 공룡: 익티오사우루스와 플레시오사우루스

백악기의 바다와 대양에는 목이 긴 커다란 플레시오사우루스와 익티오사우루스들이 살았다. 이 파충류들은 중생대에 바다에 잘 적응하여 현재의 돌고래와 쇠돌고래들이 사는 바다에서 살았다.

바다로 돌아온 익티오사우루스와 플레시오사우루스는 다리가 지느러미로 바뀌고 몸통도 유선형으로 바뀌었다.

메리와 요셉 아닝의 발견

부녀 대대로 화석을 팔던 아닝 부녀는 1812년에 영국의 남부 라임 레지스의 절벽에서 3.5 m 길이의 악어 화석을 발견했다. 독일의 박물학자 쾨니히(Charles Konig)는 이 표본을 사들여 대영박물관에 위탁하고, 도마뱀 물고기라는 뜻의 '익티오사우루스'라고 이름 붙였다.

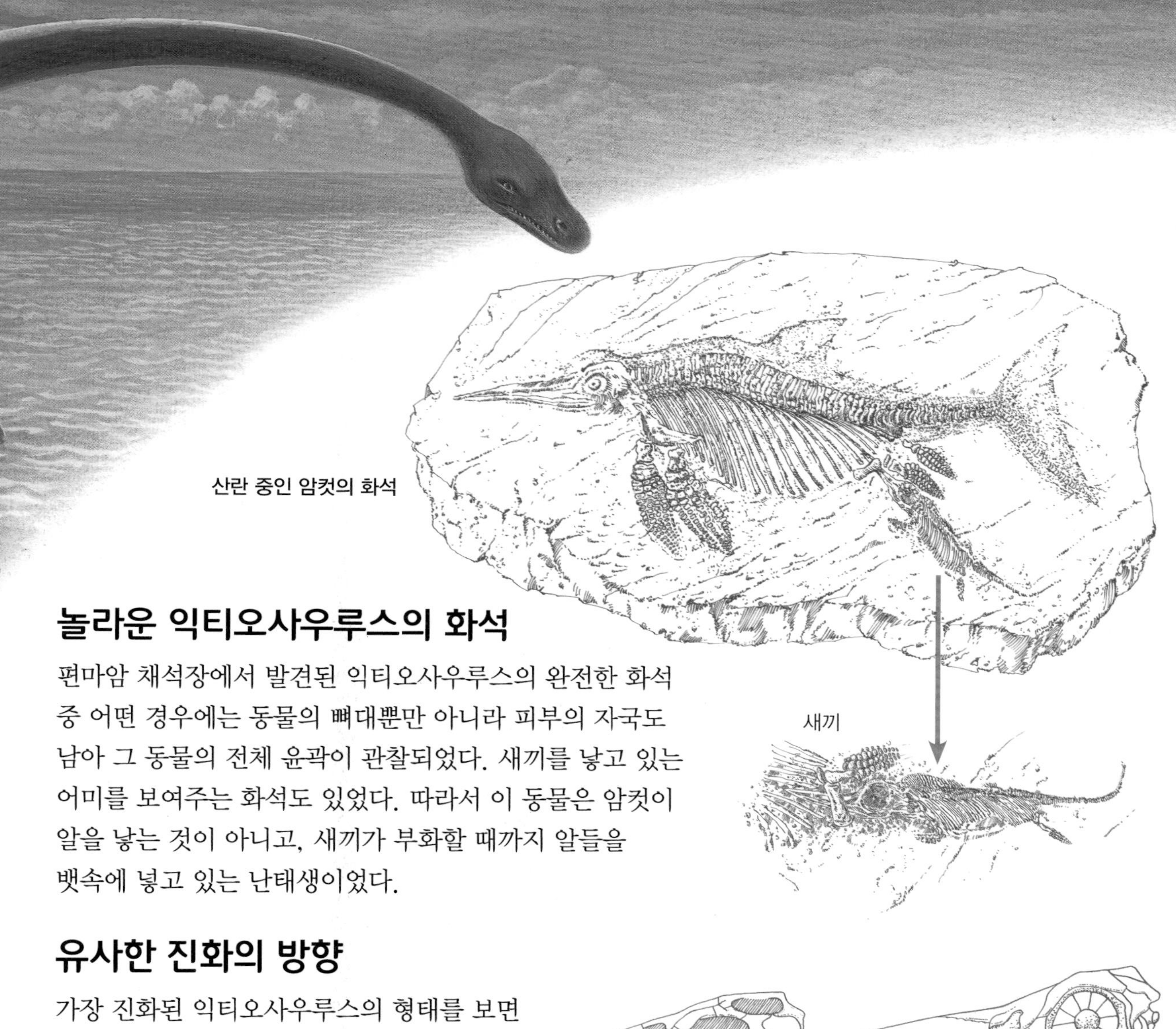

산란 중인 암컷의 화석

놀라운 익티오사우루스의 화석

편마암 채석장에서 발견된 익티오사우루스의 완전한 화석 중 어떤 경우에는 동물의 뼈대뿐만 아니라 피부의 자국도 남아 그 동물의 전체 윤곽이 관찰되었다. 새끼를 낳고 있는 어미를 보여주는 화석도 있었다. 따라서 이 동물은 암컷이 알을 낳는 것이 아니고, 새끼가 부화할 때까지 알들을 뱃속에 넣고 있는 난태생이었다.

유사한 진화의 방향

가장 진화된 익티오사우루스의 형태를 보면 오늘날의 돌고래나 고래 같은 고래류와 매우 유사하다. 이들은 심지어 이빨까지도 닮았다. 과학자들은 이것을 '환경의 압력'이라고 설명한다. 물속에서 움직이고 먹이를 잡기 위해서는 과거나 오늘날에나 유체역학적으로 비슷한 형태여야 한다는 것이다.

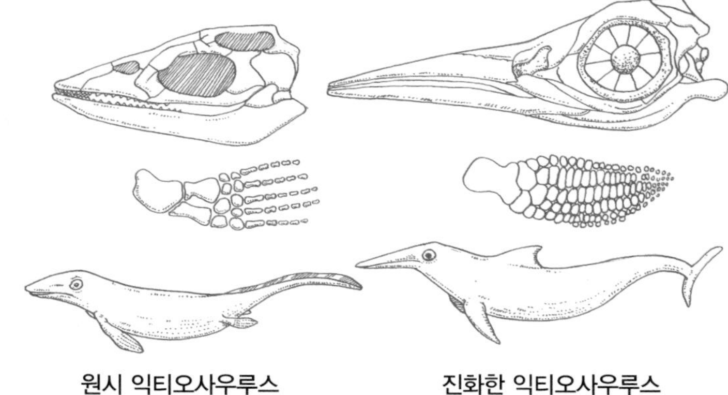
원시 익티오사우루스 진화한 익티오사우루스

빠르게 멸종한 익티오사우루스

익티오사우루스와 플레시오사우루스는 공룡의 멸종보다 2천5백만 년 빠른 약 9천만 년 전에 멸종되었다. 왜 이 시기에 멸종했는지는 아직도 풀리지 않은 숙제로 남아있다.

공룡의 멸종

지구상에 살았던 99%가 넘는 종들이 오늘날 멸종되었지만, 멸종이 일어난 주기는 똑같지 않다. 고생물학자들은 생명체의 역사를 통틀어 여섯 번의 대규모 멸종이 있었다고 생각한다.

6천5백만 년 전의 공룡의 멸종

멸종에 대한 다양한 가설

페름기 말에 일어난 멸종은 특히 바다 생물들에 영향을 미쳤지만, 또 다른 멸종들은 바다와 육지 모두에 영향을 미쳤다. 총 6번의 멸종이 모두 같은 원인으로 일어났다고는 생각되지 않으며, 과학자들은 멸종의 이유로 여러 가설을 제안하고 있다. 그리고 6천5백만 년 전 백악기 말에 일어난 공룡의 멸종이 가장 많이 연구되었다.

추워진 기후

과학자들은 대부분의 멸종의 시기들에 있었던 먹이의 변화에 주목한다. 즉 보다 추운 기후에 잘 자라는 갈래잎들이 많이 발견된 것이다. 또한 멸종은 특히 열대성 종들에게 많았다는 데에도 주목한다. 마지막으로 현재까지 살아남은 가장 오래된 종들은 대부분 찬 물에서 사는 종들이라는 사실이다. 따라서 기후의 냉각이 많은 경우에 멸종의 원인이 되었다고 생각된다.

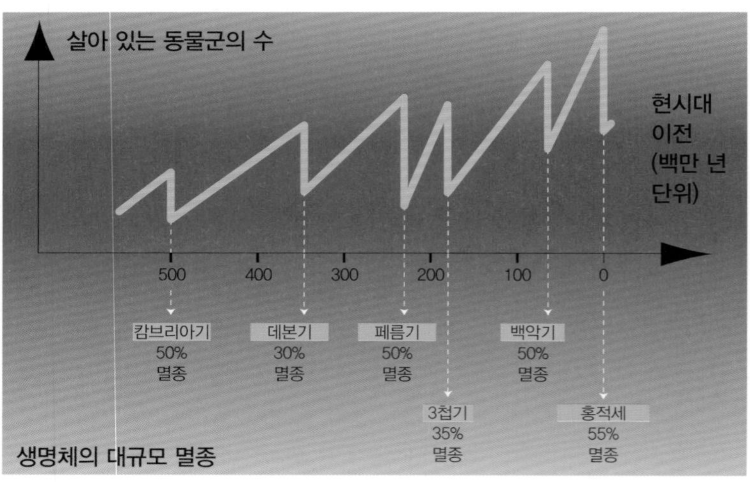

생명체의 대규모 멸종

운석의 충돌

백악기 – 제3기의 마지막에 생긴 퇴적 토양 속에 많은 양의 이리듐이 발견되었다. 이것은 지구에 떨어진 지름 약 10 km의 거대한 운석 때문이라고 생각된다. 이로 인해 지름이 약 150 km나 되는 커다란 웅덩이가 생기고, 대규모의 이리듐이 방출되어 '충격의 겨울'이 왔다는 것이다. 이때 방출된 먼지가 대기를 덮고 광합성을 방해해서 먹이사슬이 끊겨 모든 공룡이 멸종되었다는 이론이다.

화산의 폭발

화산의 대규모 분출은 6천5백만 년 전에 일어났다. 이로 인해 대규모의 먼지가 일어나고 이리듐의 비율을 증가시켰다. 운석의 충돌과 비교해서 둘 사이의 차이점은 이러한 이리듐의 증가가 좀 더 오래 지속되었다는 것이다.

포유류의 등장

6천5백만 년 전 공룡이 멸종된 이후 포유류가 지구상에 나타나기 시작했다.

1억8천만 년 전 익티오사우루스가 사라진 후에는 물속에 돌고래들이 나타났다. 돌고래들의 몸은 현재와 같은 유선형이었다.

포유류의 다양성

공룡 같은 파충류들이 전면에 등장해 있었던 2억4천5백만 년 전에 등장한 포유류는 좋은 지역은 공룡에게 내어 주고 작은 몸집으로 야행을 하며 눈에 잘 띄지 않게 돌아다녔다. 그러나 공룡이 멸종된 후에는 그 빈자리를 하늘과 물에까지 진출한 포유류가 차지하게 되었다. 무게가 2 g밖에 안 되는 뾰족뒤쥐부터 70 kg의 인간은 물론 무려 160 t에 달하는 고래에 이르기까지 다양한 크기와 무게로 오늘날의 다양성을 이루며 번성하였다.

박쥐는 초음파를 이용해 어둠 속에서도 먹이를 감지하고 포획할 수 있다.

캥거루는 배에 주머니가 있어서 새끼를 넣고 다니며 젖을 준다.

모든 것은 태어난 아기를 위해

파충류는 껍질에 싸인 알을 낳고 수중에서 자유롭게 활동하지만, 포유류는 다른 주요한 수단을 활용하게 된다. 포유류는 암컷 대부분이 태반을 가지고 있어서 수정된 배아를 어미의 뱃속에서 보호하게 된다. 배아는 뱃속에서 더욱 잘 보호 받을 수 있고, 갓 난 새끼는 수월하게 엄마의 젖을 공급받을 수 있게 된다. 물론 어미는 새끼의 양육으로 일이 더 많아졌지만, 새끼는 생존할 확률이 훨씬 높아졌다.

육식을 하는 고양잇과 동물들은 빠른 추격으로 먹이를 잡는다.

영장류인 아프리카 침팬지는 인류의 조상과 가장 가깝다.

큰 발굽을 가진 야생 양은 꽤 널리 퍼져있는 초식동물이다.

다양한 이빨

포유류는 파충류보다 이빨의 개수가 적지만 이빨의 형태가 모두 다르다. 어떤 이빨은 부수고, 어떤 이빨은 찢거나 자르는 데 쓰인다. 이러한 여러 종류의 이빨들은 커다란 장점이 된다. 왜냐하면 다양한 음식을 섭취할 수 있게 되었기 때문이다.

아프리카, 인류의 발상지

지각의 움직임으로 대륙이 생긴 이후에 아프리카 대륙에서 인류의 먼 조상이 최초로 나타났다. 처음에는 불안정한 무릎 관절로 엉거주춤하게 걸었지만 뇌가 빠른 속도로 커지면서 환경에 적응하고 세상을 정복하게 된다.

홍해

오스트랄로피테쿠스 아파렌시스와 호모 하빌리스의 잔해가 발견된 곳은 남아프리카와 동아프리카이다.

아덴만

오스트랄로피테쿠스 아파렌시스

호모 에렉투스

호모 하빌리스

빅토리아 호수

인도양

2천만 년 전에는…

울창한 숲으로 덮여 있는 아프리카에는 영장류들이 산다. 이 동물은 열대림 속 생활에 완벽하게 적응했다. 이들은 민첩하고 긴 팔다리와 정확한 거리에 대한 판단력으로 이 나무에서 저 나무로 쉽게 옮겨 다닌다. 이들이 인간과 원숭이의 공통 조상이다.

케냐의 리프트 밸리 근처에 있는 킬리만자로산

8백만 년 전에는…

아주 커다란 사건이 일어났다. 지각의 붕괴가 리프트 밸리를 다시 활발하게 만들면서 아프리카가 둘로 나뉘었다. 숲으로 덮인 습한 서쪽 지역과 사바나(대초원)가 펼쳐진 더욱 건조한 동쪽 지역이다. 두 그룹의 영장류들은 서로 다른 두 환경에서 따로 진화했다. 이렇게 각자의 환경에 적응한 결과, 서쪽에서는 침팬지들이 되었고, 동쪽에서는 인류의 조상이 된 영장류과가 되었다.

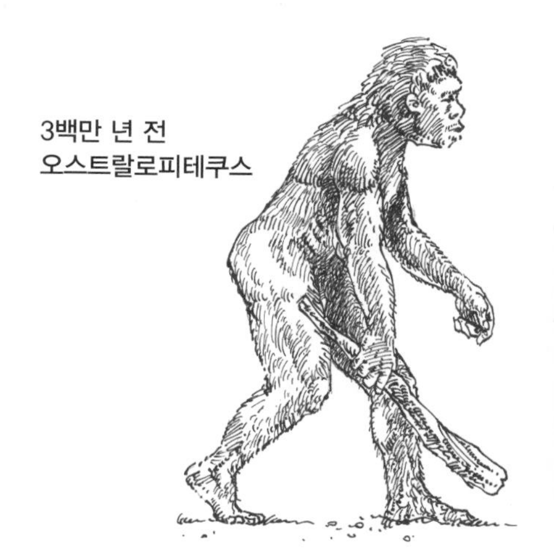

3백만 년 전
오스트랄로피테쿠스

루시의 발견

1974년에 에티오피아에서 국제 조사단에 의해 360만 년 전의 것으로 추정되는 호미니데(인류, 침팬지의 조상)의 뼈대가 발견되었다. 이 젊은 여성의 뼈는 루시라고 이름 붙여졌고, 오스트랄로피테쿠스 아파렌시스로 분류되었다. 루시는 불안정한 무릎을 가졌지만 튼튼한 팔꿈치로 기어오르고 나무에 매달릴 수도 있었다.

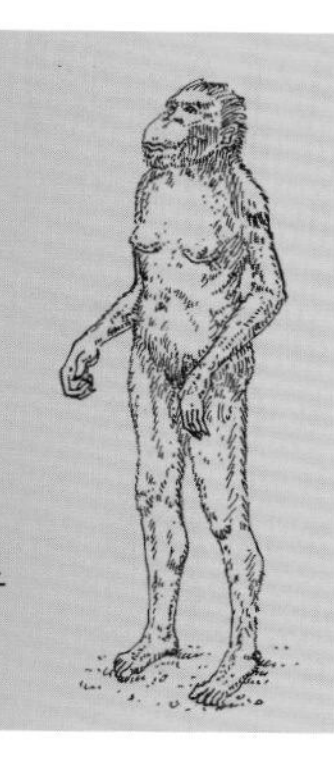

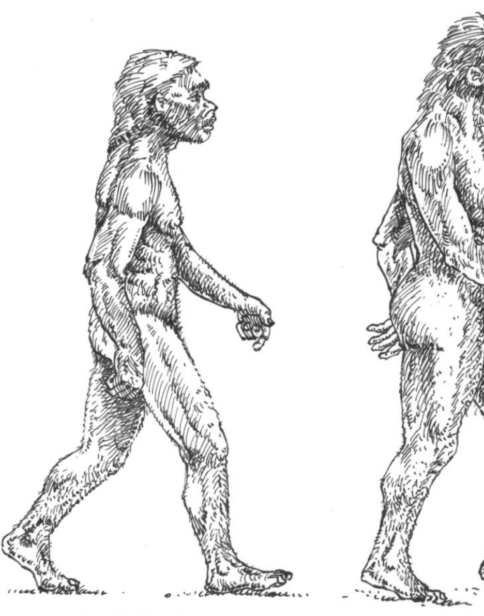

180만 년 전
호모 하빌리스

170만 년 전
호모 에렉투스

2백만에서 3백만 년 전에는…

대규모의 건기가 아프리카 동쪽을 덮쳤다. 당시에 두 종류의 호미니데가 있었는데, 하나는 파란트로푸스(로부스투스)로 그들은 두개골 용적이 더 이상 발달하지 못하고 멸종했다. 다른 하나인 호모는 더 큰 뇌와 다양한 음식을 먹을 수 있는 이빨을 가졌고, 행동이 빨랐다. 이들은 마지막까지 환경에 잘 적응하고 살아남았다.

직립 보행

직립(두발)보행은 네발로 뛰는 것보다 더 느리고 에너지도 더 많이 들지만 두 가지 커다란 장점이 있다. 직립 보행은 두 손을 자유롭게 해 줘서 도구와 무기들을 자유롭게 다룰 수 있고, 시야를 높여줘서 식물들 너머에 있는 약탈자나 먹잇감을 볼 수 있게 해 준다. 또한 서 있는 자세는 엄마의 자궁 속에 있는 태아의 머리에 압력을 가해서 조금 이른 출산을 하게 된다. 태어날 때 머리에 이상이 생기는 것을 방지하기 위해 태아는 완성되기 전에 나오고, 태어난 후에 뇌가 더 자란다.

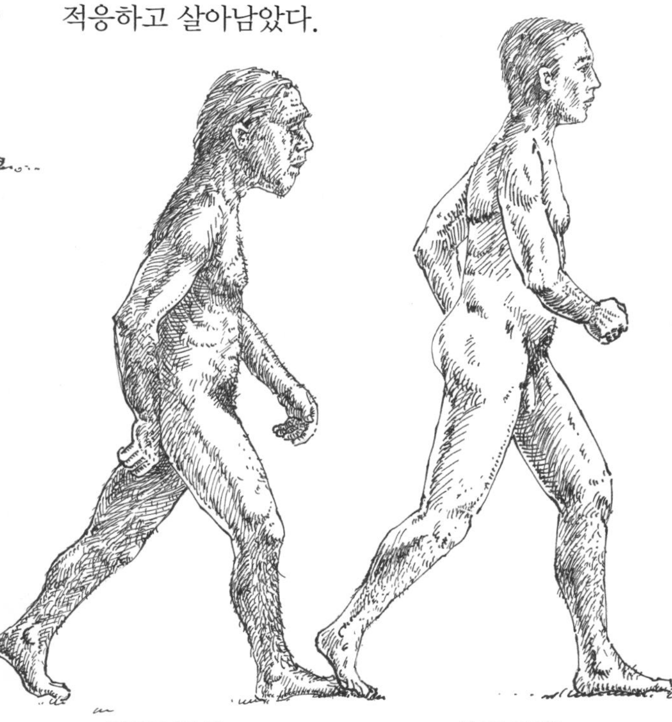

약 5만 년 전
네안데르탈인

(현생 인류)
호모 사피엔스 사피엔스

인류의 등장

2백만 년 전부터 인류는 점차 진화하여 불의 사용과 조상 숭배를 거쳐 도구의 사용에서 예술에 이르기까지 발전해 왔다.

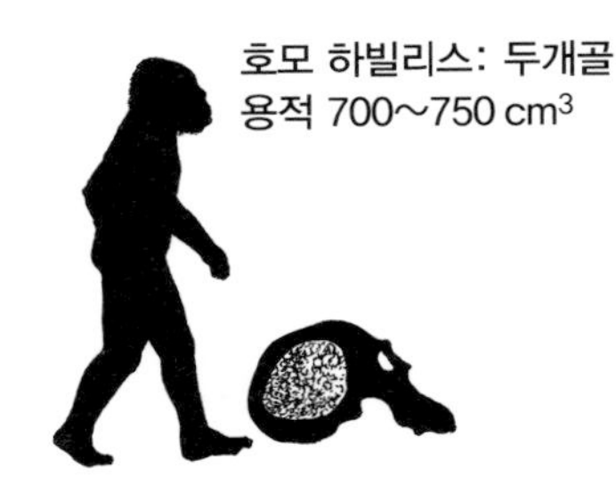

복잡한 인류의 역사

아프리카에서 시작한 영장류가 인간으로 진화한 과정은 그리 간단치 않았다. 예를 들어 오스트랄로피테쿠스 아파렌시스와 파란트로푸스들은 후손 없이 멸종하였다. 인류의 역사는 이렇게 유산된 시도들과 지금까지 내려온 명확한 성공들이 뒤섞여 있다. 더구나 새로운 화석이 발견될 때마다 우리는 인류의 역사를 다시 한번 되돌아본다. 이러한 것들이 현존하는 그리고 복잡한 인류의 역사에 대해 많은 관심을 가져야 하는 이유이다.

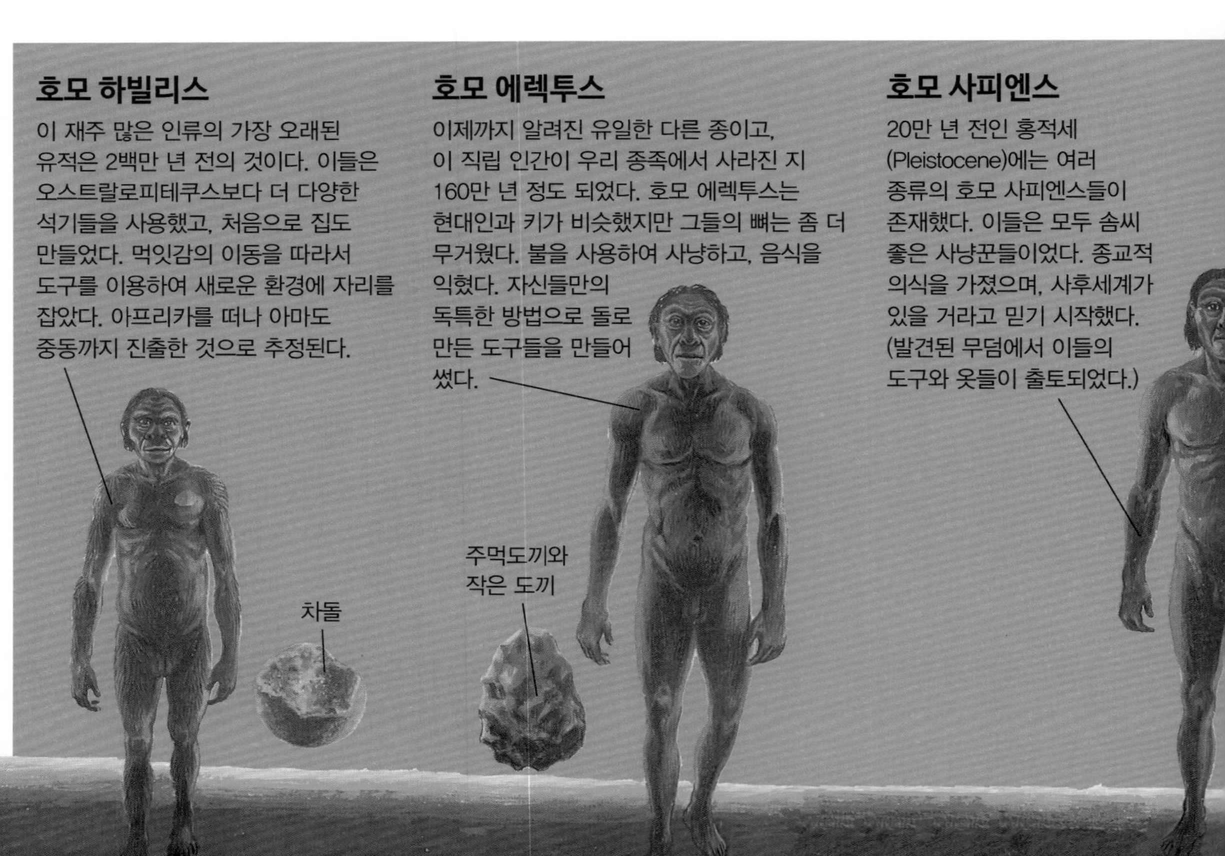

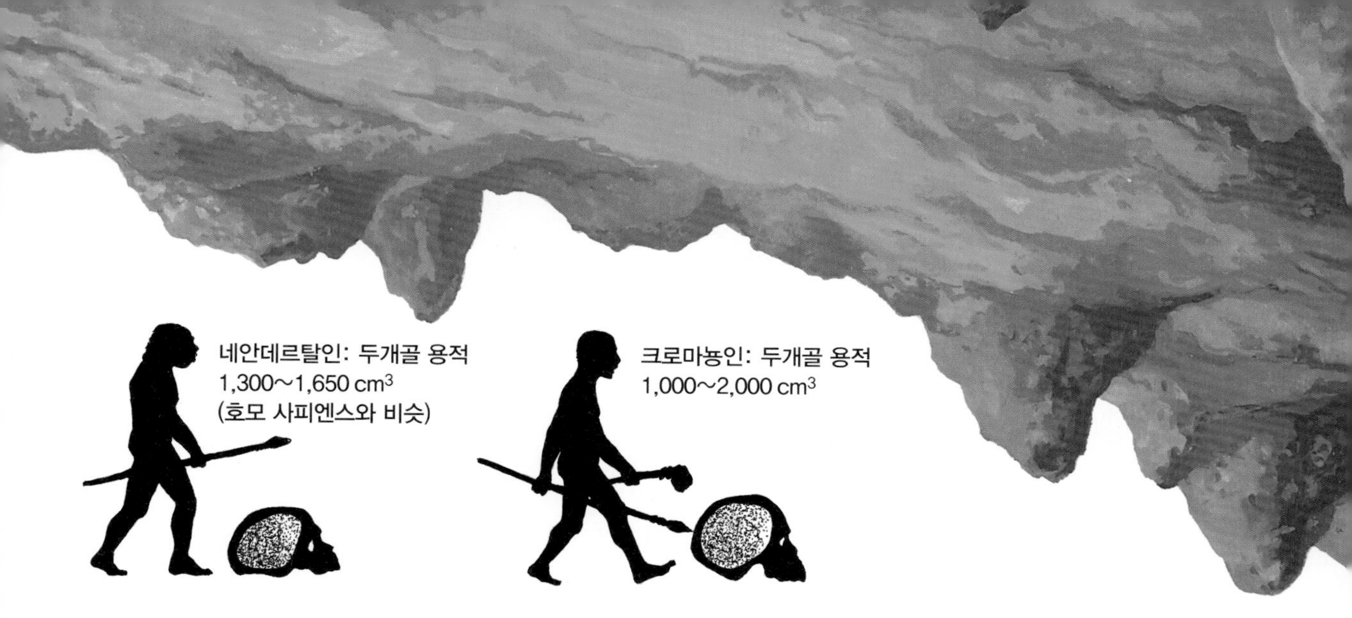

두뇌의 발달

대량으로 발견된 뼈의 잔해들을 보면 시간에 따라 두개골 용적의 크기가 꾸준히 커지는 것을 알 수 있다. 인류라는 종의 영향력이 점점 커진 것은 바로 이러한 두뇌의 발달 덕이었다. 그러나 이렇게 두개골 용적이 점점 커져서 태아를 빨리 출산해야 했다. 그래서 인간의 태아는 '완성'되지 못한 채 태어났고, 인간은 오랫동안 태아를 보살펴야 했다.

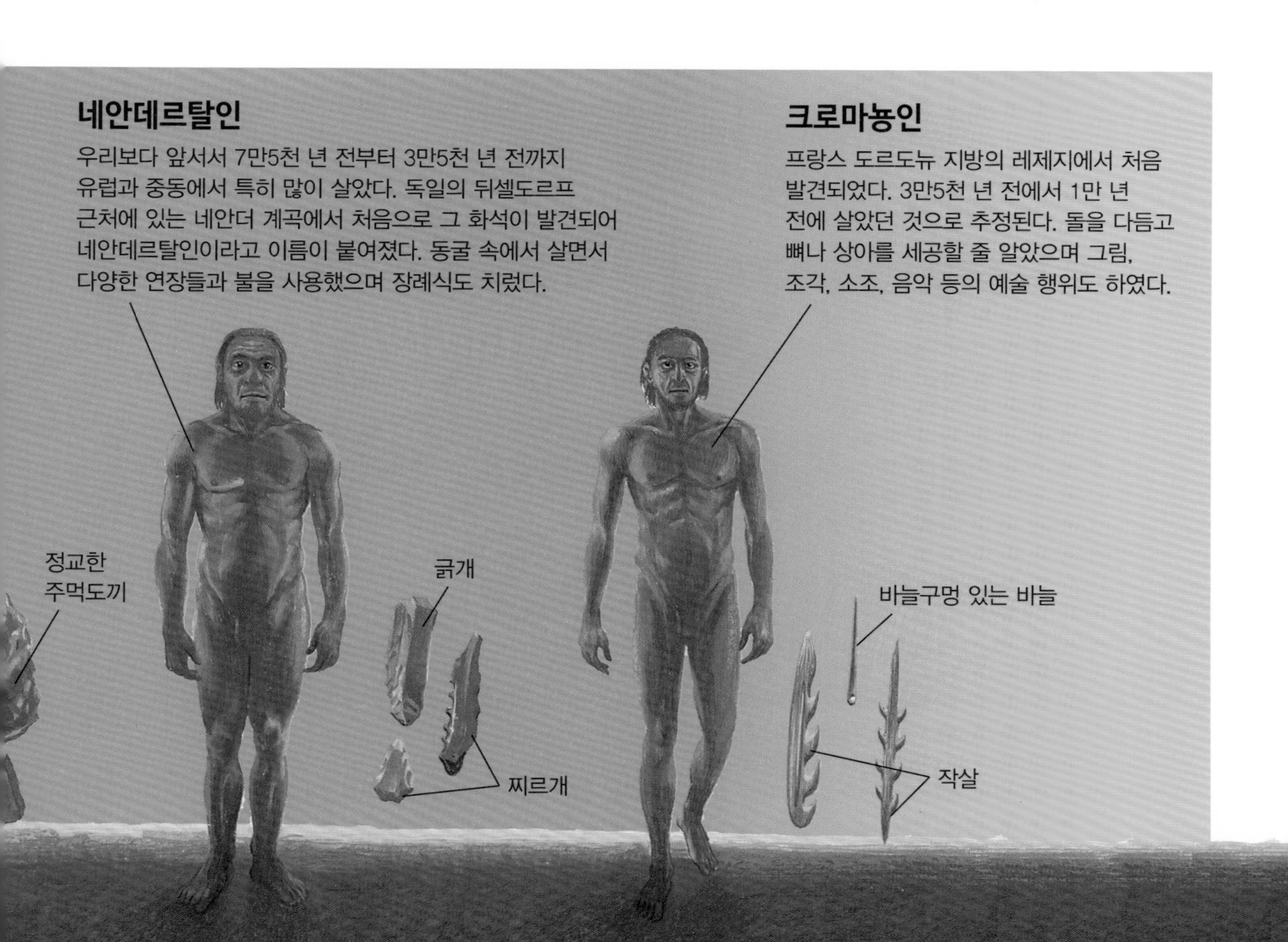

진화는 어떻게 일어날까?

생명의 많은 종이 존재했다가 사라지기도 하고, 또한 살아남은 것도 시간에 따라 진화를 한다. 이것이 영국의 자연주의 학자 찰스 다윈(1809~1882년)이 처음 주장한 자연 도태가 진화의 기원이라는 이론이다.

들쥐 한 쌍은 매년 40마리의 새끼들을 낳는다. 생존할 수 있는 숫자보다 훨씬 더 많은 새끼를 낳고, 이 새끼들은 서로서로 다 다르다. 만일 이 들쥐들이 죽지 않고 모두 이런 속도로 번식한다면 마을은 온통 들쥐들로 뒤덮일 것이다.

자연 도태설이란?

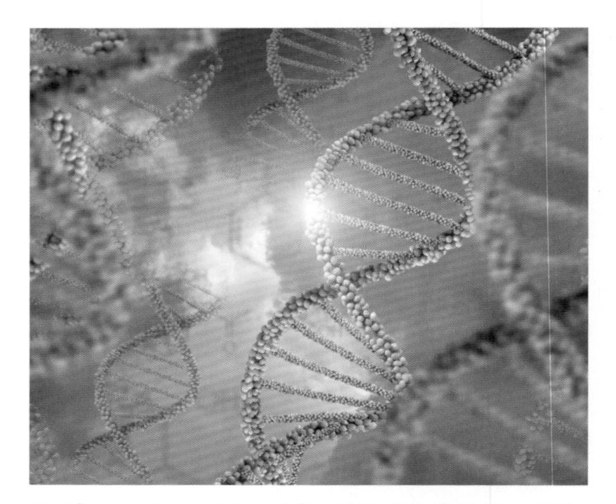

DNA(deoxyribonucleic acid)는 세포 속에 들어 있는 이중 나선형 구조의 분자이다. 이 DNA로 인해 한 생명체의 특성들이 다음 세대로 전해지게 된다.

새로운 종은 어떻게 출현할까?

종이란 외양이 비슷하며 자신들끼리 번식을 할 수 있는 동물이나 식물의 집단을 말한다. 넓은 지역을 차지한 한 종은 다른 그룹들과는 점점 달라질 수 있는데, 그룹별로 서로 다른 환경에서 적응하기 때문이다. 그 후 이들 다른 그룹끼리는 서로 번식할 수 없게 되는데, 이렇게 하여 서로 다른 종이 된다. 다윈은 갈라파고스 제도(19개의 섬들)에서 13종의 방울새들을 연구했다. 이 새들은 대륙에서부터 이 섬들로 건너온 단 하나의 같은 종으로부터 진화한 새들이다.

자연 도태의 설명

자연 도태는 진화를 이끄는 원리이다. 같은 종 내에서 각 구성원은 색깔이나 크기 등이 모두 다르다. 이런 다양한 구성원 중에서 계속 살아남아 번식을 하고 후손을 남기는 것은 그 환경에 가장 잘 적응한 개체들이다. 이렇게 생존에 유리한 특징들은 후손에게 유전되어 종은 시간에 따라 진화하며 환경에 더욱 잘 적응하게 된다.

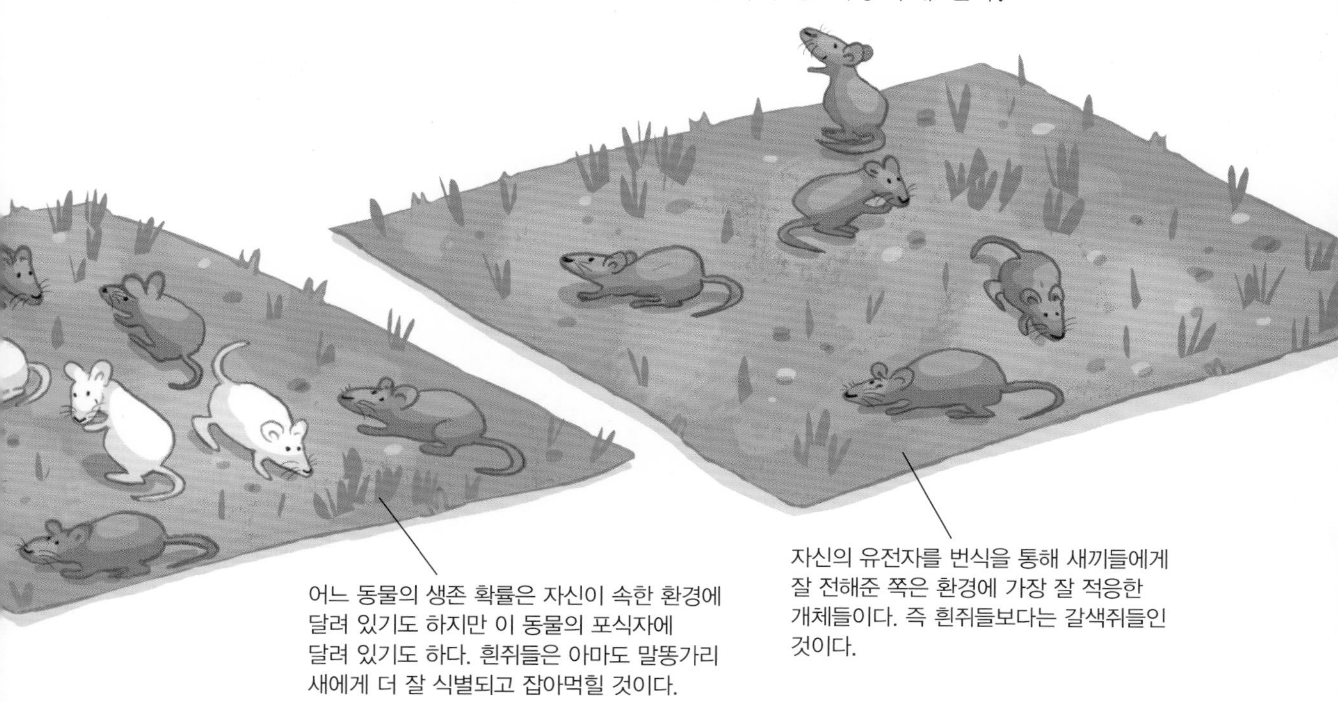

진화의 생생한 현장

자작나무 나방은 야행성으로 낮에는 하얀 자작나무에 붙어서 움직이지 않는다. (나방의 색깔도 나무와 같다.) 그러나 19세기부터 공장들에서 뿜어 나오는 검은 매연 탓에 자작나무들이 검게 변하여 검은색이 더 위장하기 유리한 색이 되었고, 결국 그때부터 지금까지 이렇게 오염된 지역에는 검은색 나방이 90%를 넘게 되었다.

오염된 지역에서의 위장

오염되지 않은 지역에서의 위장

식별을 위한 감각

밤을 꿰뚫는 듯이 집요한 올빼미의 야행성 눈

각 생명체는 자신의 감각기관을 이용해서 주변 환경을 식별한다.
또한 인간은 도구를 이용해서 들을 수 없는 것을 듣고 볼 수 없는 것을 보게 되어
자신의 활동 반경을 더욱 넓혔다.

눈과 빛

지구에 사는 모든 생명체는 빛에 의해 영향을 받는다. 빛은 풀과 꽃의 성장, 식사와 잠, 번식과 동물 이동의 주기 등을 결정한다. 시각은 우리의 주된 감각이다. 두뇌 용량의 3분의 2는 우리에게 오는 빛의 이미지들을 분석하는 데 사용된다.

빛과 고대 과학

고대 그리스 이래로 학자들은 빛에 대해 관심을 가져왔다. 기원후 150년경 프톨레마이오스는 빛의 반사와 굴절에 대한 실험을 했다. 중세 시대의 아랍인들은 이미 안경을 만들었다. 그러나 빛의 성질에 대한 이해에 커다란 진전을 이룬 것은 17세기에 와서였다.

홍채는 동공의 크기를 조절해서 눈에 들어오는 빛의 양을 통제한다. 수정체의 볼록렌즈를 통과한 빛은 망막에 모이게 되는데, 이 망막이 빛을 감지하는 부분이다. 시신경이 모여 눈에 연결된 부분은 맹점이다.

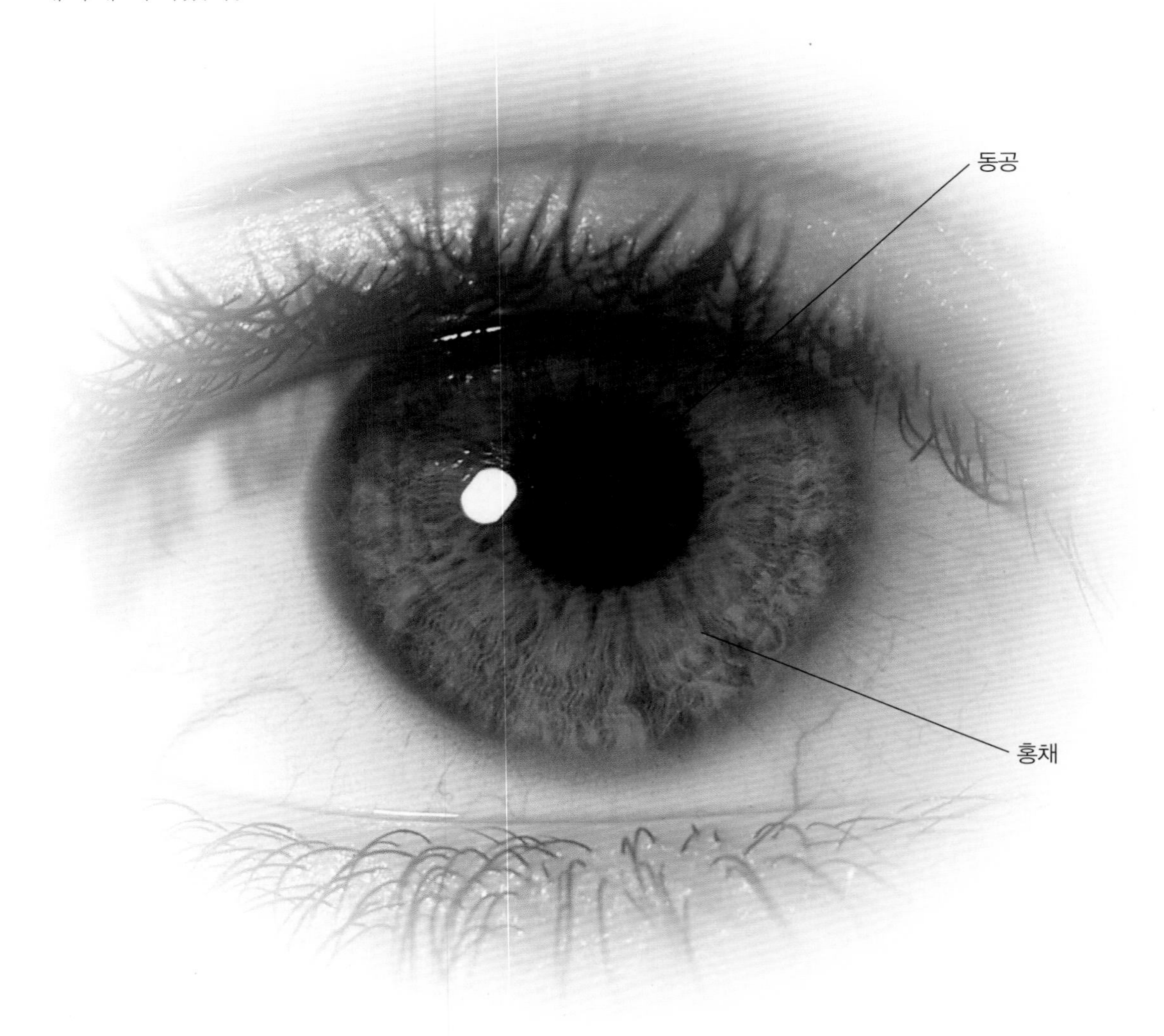

빛은 입자일까? 파동일까?

1670년에 뉴턴(Isaac Newton, 1642~1727년)과 호이겐스(Christiaan Huygens, 1629~1695년)는 거의 동시에 빛의 성질에 대한 서로 상충하는 이론을 제안했다. 뉴턴은 '입자설'을 선택했다. 즉 빛은 굉장히 빠른 속도로 움직이는 작은 입자들로 되어 있다는 것이다. 호이겐스는 그의 〈빛에 대한 논고〉에서 빛은 파동으로 이루어졌다고 주장하였다. 오늘날 과학자들은 빛은 때때로 작은 입자들처럼 행동하고(반사) 또는 때때로 파동처럼 행동한다(회절)고 생각한다.

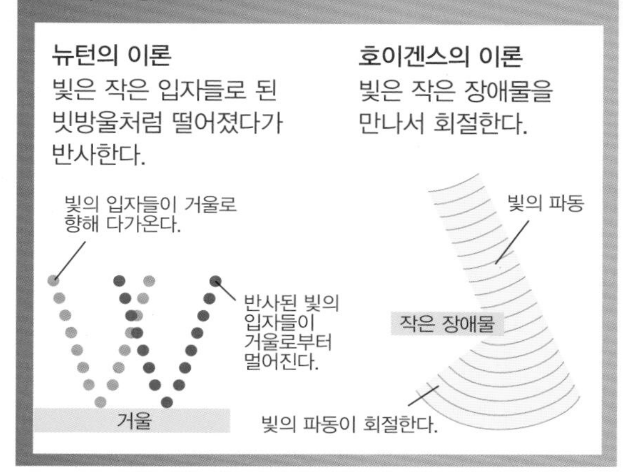

빛은 양면성을 가지고 있다!

20세기 초에 맥스웰(James Maxwell), 플랑크(Max Planck), 아인슈타인(Albert Einstein)에 의해 과학자들은 빛은 때때로 입자처럼 행동하고 때로는 파동처럼 행동한다는 사실을 받아들이게 되었다.

눈의 장애

근시

빛을 너무 꺾는다. 먼 물체의 상이 망막의 앞에 생긴다. 오목렌즈로 물체의 상이 정확하게 망막에 맺히면 잘 보인다.

원시

빛을 너무 적게 꺾는다. 가까운 물체의 상이 망막 뒤에 생긴다. 볼록렌즈로 빛을 더 꺾어서 물체의 깨끗한 상이 망막에 맺히도록 한다.

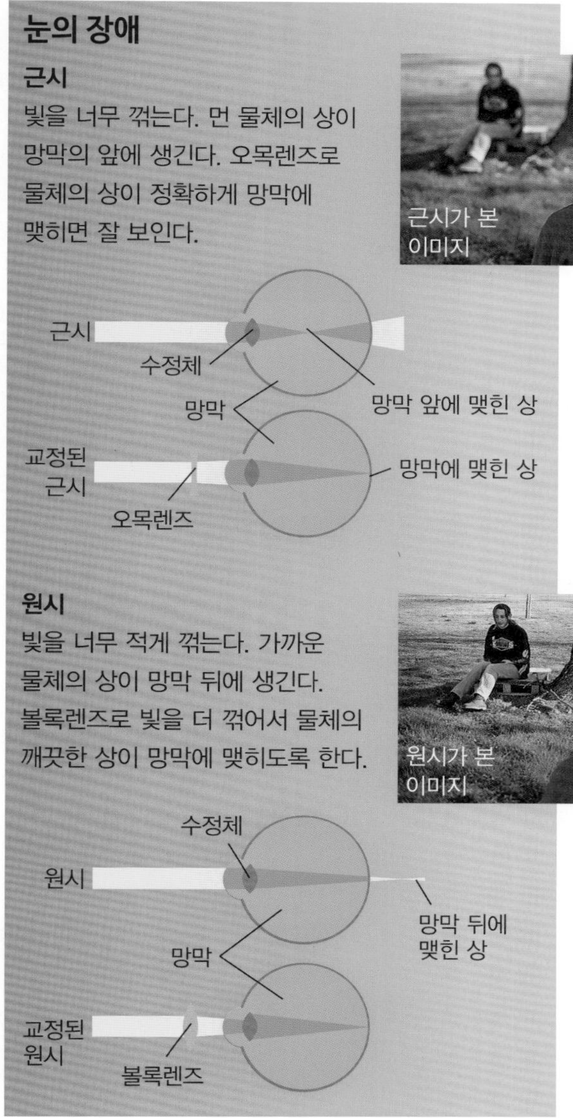

맹점 찾기

- 종이
- 펜
- 20 cm 자

1. 종이에 서로 약 5 cm 떨어진 십자가 2개를 표시한다.
2. 오른쪽 눈을 감고 종이를 든 팔을 쭉 편다.
3. 오른쪽 십자가를 보면서 종이를 천천히 가까이 오도록 한다. 왼쪽 십자가의 상이 눈의 맹점에 맺히면 왼쪽 십자가가 사라진다. 종이를 계속 다가오게 하면 왼쪽 십자가가 다시 보인다.

빛과 그림자

투명한 매질인 공기 중에서 빛은 직진으로 나아간다.
빛이 투명하지 않은 물체를 만나면 그림자가 생긴다.

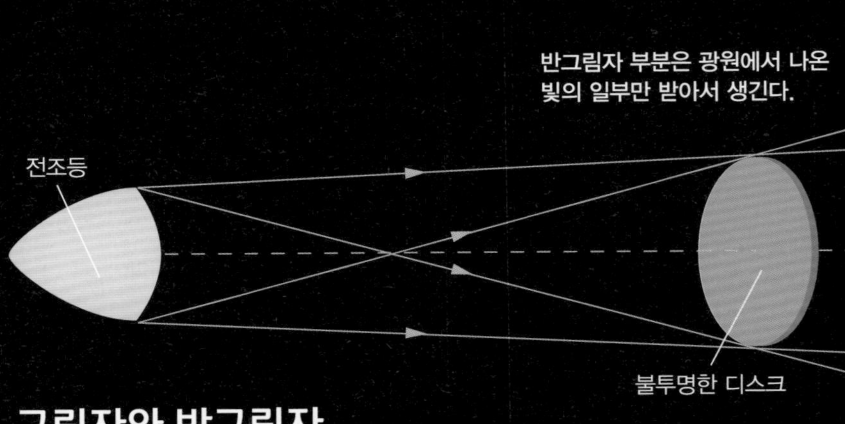

그림자와 반그림자

태양이나 촛불 같은 광원에서 나온 빛이 물체를 만나면 빛은 물체를 투과하거나(투명한 경우) 표면에서 반사하거나 아니면 흡수된다. 반사되거나 흡수될 때는 빛이 다다르지 못하는 부분이 생기는데, 이것이 그림자이다. 광원이 아주 작으면 그림자의 경계가 뚜렷하고, 광원이 매우 크면 그림자의 경계가 희미하다. 밝은 부분과 그림자 사이에 생기는 중간 지대는 반그림자라고 한다. 이 부분은 광원에서 나온 빛의 일부만 받은 곳이다.

일식이란?

일식은 달이 일직선상에서 태양과 지구 사이에 있을 때 일어난다. 달의 그림자에 있으면 완전한 밤같이 깜깜해지는 개기일식을 보고, 반그림자에 있으면 부분일식을 보게 된다. 월식은 태양과 지구 그리고 달이 일직선상에 있을 때 달이 지구의 그림자에 놓이게 될 때 생긴다.

1504년에 월식을 예견하는 데 성공한 콜럼버스는 원주민들을 놀라게 해 그들의 신임을 얻게 되었다.

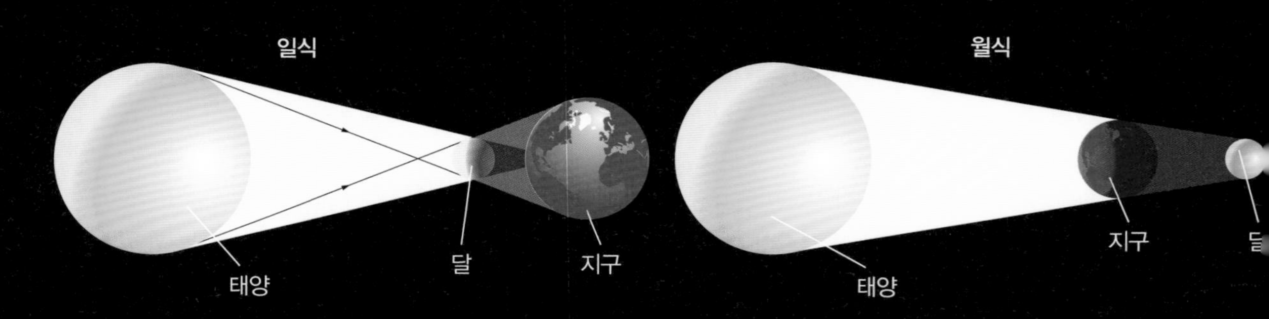

레오나르도 다빈치는
그의 스케치에서 빛과
그림자를 연구했다.

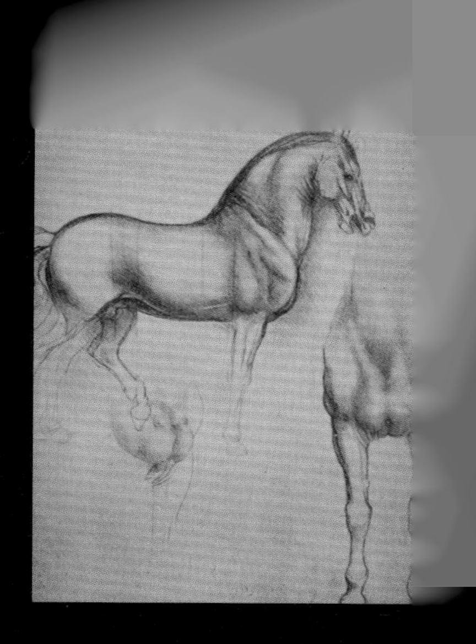

탈레스의 빛나는 아이디어

밀레의 탈레스는 고대 그리스의 7대 철학자 중 한 명으로, 기원전 600년경에 살았다. 어느 날 그는 이집트로 가서 케오프스왕의 피라미드를 보았다. 그 당시 약 2000년 정도 되었던 피라미드는 그가 이제까지 보았던 어떤 것보다도 훨씬 컸다. 이 피라미드의 크기를 어떻게 알 수 있을까? 탈레스는 피라미드의 그림자를 보고 다음과 같이 생각했다. '나와 내 그림자의 비율은 피라미드와 피라미드 그림자의 비율과 같을 것이다. 따라서 내 그림자가 내 키와 같아지는 순간에 피라미드의 그림자도 피라미드의 높이와 같을 것이다.' 이렇게 해서 그는 피라미드의 높이를 계산했다.

그림자로 초상화 그리기

- 도화지
- 환등기나 점광원
- 인내심 있는 친구

1. 커다란 도화지를 압정으로 벽에 고정한다.
2. 친구의 옆모습을 비춘다.
3. 펜으로 그림자의 윤곽을 따라간다.

💡 루이 15세의 재무부 장관이었던 실루엣(Etienne de Silhouette)은 사람들의 옆모습 초상화를 그리는데 촛불의 불빛에 비친 얼굴 그림자를 이용했다. 여러분도 친구의 옆모습을 그릴 때 그림자를 이용하면 편리하게 그릴 수 있다.

거울과 빛의 반사

빛을 발하지 않는 불투명한 물체에 빛이 부딪히면 빛은 그 표면에서 반사한다. 물체가 검거나 울퉁불퉁하면 조금만 반사하고 물체가 희고 반들거리면 많이 반사한다. 매끄러운 금속 표면이나 거울에서는 완전한 반사가 일어난다.

오목거울　　볼록거울

거울의 작용

평면거울은 빛을 반사해서 비친 이미지를 좌우가 반대로 보이게 한다. 우리 눈에는 마치 거울 뒤에 놓인 물체에서 빛이 나오는 것처럼 보인다. 이것을 허상이라고 한다. 오목거울(속이 패인 거울)은 아주 가깝게 서지 않으면 좌우와 아래위가 바뀌는 상을 만든다. 볼록거울(숟가락의 등 같은 거울)은 좌우가 바뀐 더 작은 상을 만든다.

빛의 반사와 마음의 반추?

17세기부터 저렴한 가격으로 거울을 만들기 시작했고, 많은 가정에서 거울을 사용했다. 같은 시대에 일기를 쓰는 습관이 유행하였는데, 어떤 역사학자는 이 둘을 묶어서 다음과 같이 설명하였다. 거울에 비친(reflect, 반사하다) 자신들의 모습을 본 후부터 사람들은 자신의 삶을 돌아보며(reflect, 반추하다) 일기를 쓰게 되었다고.

프랑스 피레네조리앙탈(Pyrenees-Orientales)주의 오데요(Odeillo)에 있는 태양로. 이 거대한 오목거울은 먼 경치는 거꾸로 된 상으로 보여주고, 가까운 탑은 똑바른 상으로 보여준다.

허상은 어떻게 생길까?

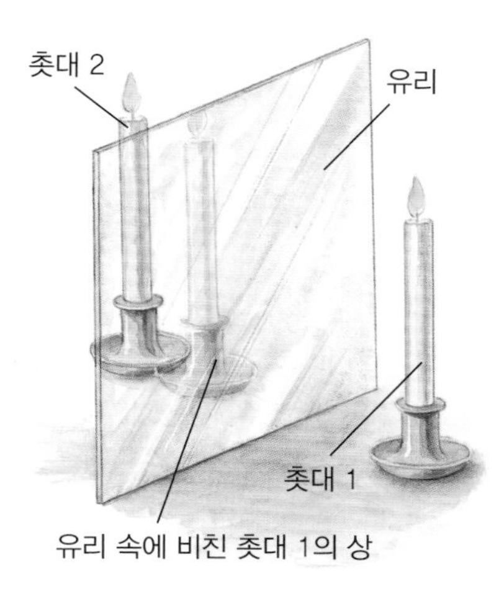

평면거울에 비친 자신의 모습을 보면 그 모습과 거울의 거리가 나와 거울의 거리와 같다고 느껴진다. 내가 앞으로 가거나 뒤로 가면 거울의 이미지도 똑같이 따라 한다. 이것에 대해 쉽게 알아보자. 거울 대신 유리 앞에 촛대를 놓고 그 유리 뒤에 다른 촛대를 놓는다. 초를 움직여 촛대 1의 유리에 비친 이미지가 투명한 유리 너머에 있는 촛대 2와 겹치게 한다. 이 둘이 겹칠 때 거리를 재보면 어떤 물체가 거울에 비쳤을 때 물체의 허상과 거울과의 거리는 그 물체와 거울과의 거리와 같다는 것을 알 수 있다.

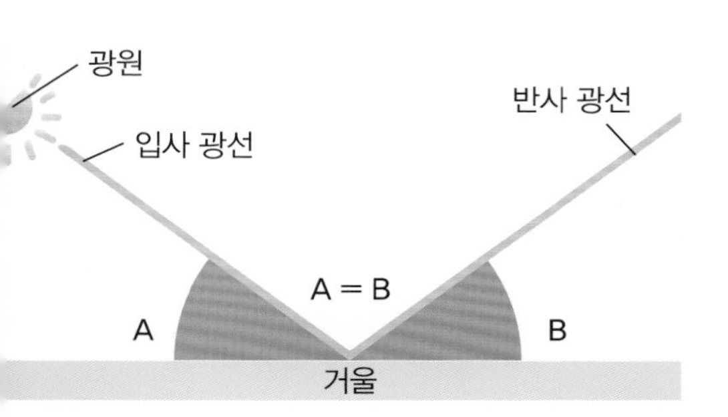

반사의 법칙: 반사각과 입사각은 항상 같다!

반사의 법칙을 확인하려면 어두운 방 안에서 바닥에 놓인 거울을 이용한다. 먼저 방에 파우더 가루를 약간 뿌려서 광선이 좀 더 잘 보이게 하고, 손전등으로 거울을 비춘다. 거울에 입사하는 광선이 입사하는 각 A를 바꿔도 반사 광선이 반사되는 각 B와 항상 같다는 것을 알 수 있다.

거울 속에 비친 전신을 보자

- 큰 거울
- 보드마커
- 친구

1. 수직인 거울에서 1 m 떨어진 곳에 선다.

2. 친구에게 거울에 머리와 발에 해당하는 곳에 표시해 달라고 부탁한다.

3. 2, 3 m 떨어진 곳에 서서 되풀이한다. 표시한 두 곳이 변동이 없으며, 두 곳의 길이가 자신의 키의 절반 정도가 됨을 알게 될 것이다. 따라서 내 키의 절반만한 거울만 있으면 전신을 비춰 보기에 충분하다!

여러분은 아마 거울 속에 비친 자신의 모습을 모두 보려면 내가 멀리 서면 상이 작아지고 내가 가까워지면 상이 커지는 것을 이용하면 된다고 생각할 것이다. 과연 그럴까?

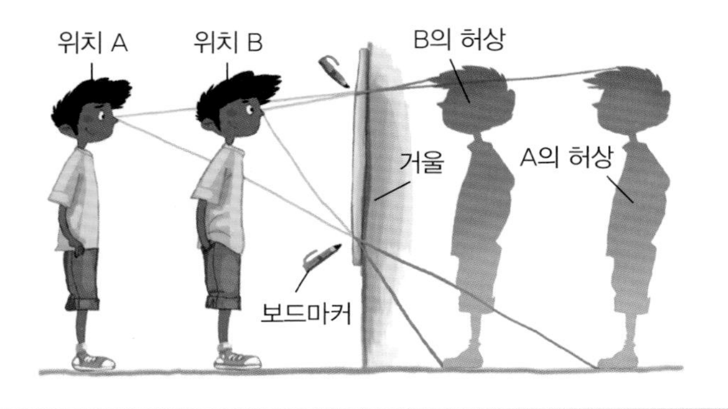

렌즈와 빛의 굴절

균일하고 투명한 매질 속에서 빛은 직진한다.
매질이 공기에서 물로 바뀌면, 빛은 속도가 느려지며
광선의 방향이 바뀌는데, 이를 빛의 굴절이라고 한다.

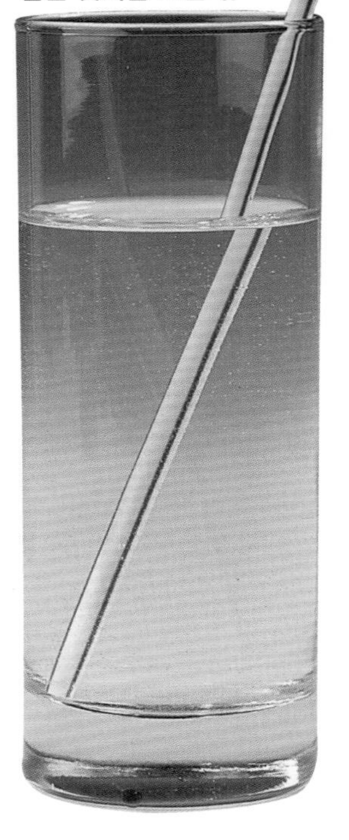

물 표면에서 빨대가 둘로 잘린 것처럼 보인다.

빛의 굴절의 이용

물에 잠긴 빨대나 풀장에서 관찰하면 빛이 공기에서 물로 들어갈 때 방향을 바꾼다는 것을 알 수 있다. 이 현상은 공기에서 유리로 지나갈 때도 마찬가지로 생긴다. 투명한 물체에서의 이러한 현상, 즉 빛의 굴절을 이용해서 볼록렌즈나 오목렌즈로 사진기나 현미경 그리고 망원경 등을 만드는데 쓸 수 있다.

굴절의 관찰

- 안쪽이 불투명한 대야
- 동전 1개
- 물

1. 동전 1개를 빈 대야의 바닥에 놓는다.

2. 뒤로 물러서다가 동전이 더 이상 보이지 않는 정확한 지점에서 멈춘다.

3. 머리를 움직이지 않고 주의해서 대야에 물을 채운다. 그러면 동전이 다시 보이게 된다. 왜냐하면 물이 빛을 굴절시켰기 때문이다.

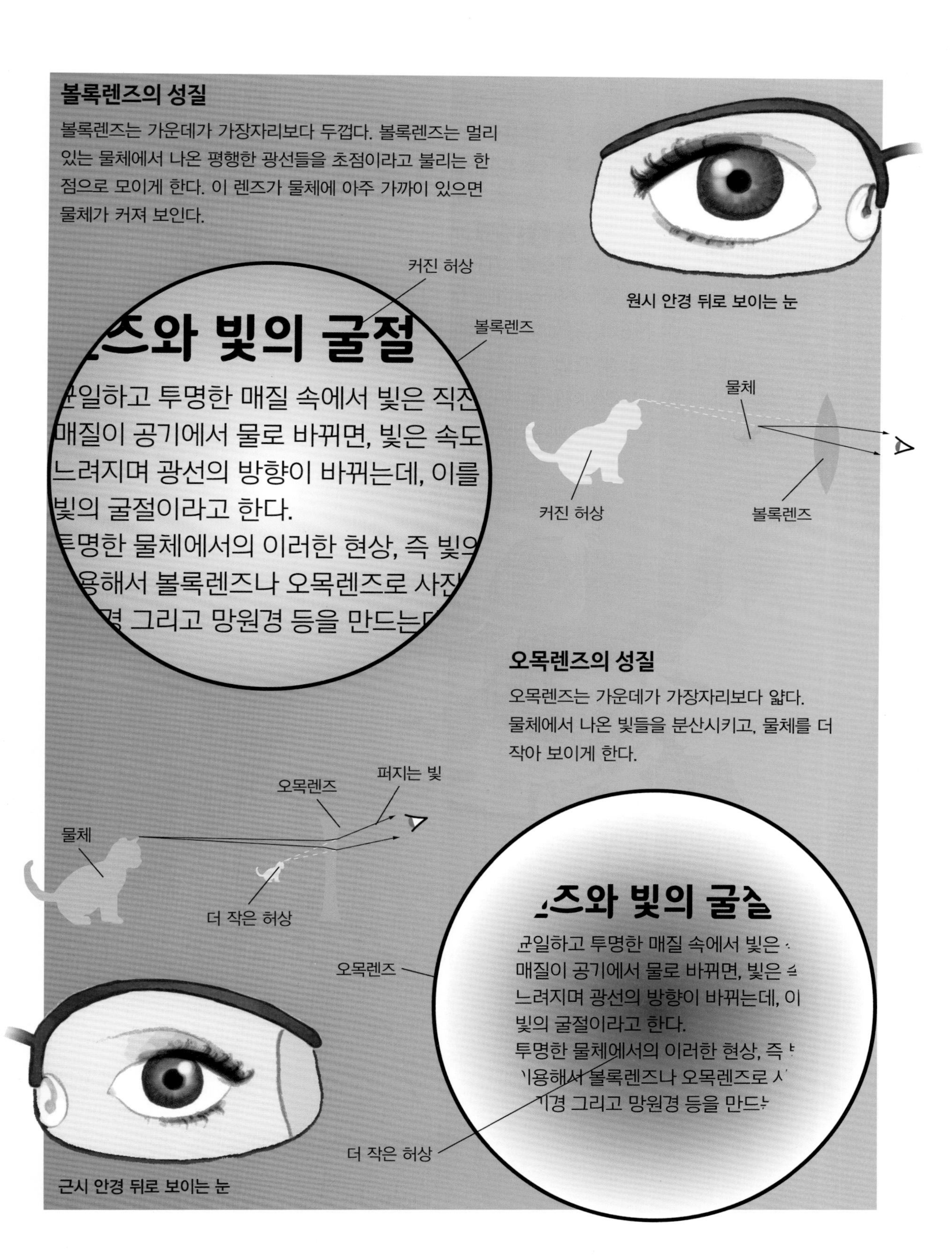
볼록렌즈의 성질
볼록렌즈는 가운데가 가장자리보다 두껍다. 볼록렌즈는 멀리 있는 물체에서 나온 평행한 광선들을 초점이라고 불리는 한 점으로 모이게 한다. 이 렌즈가 물체에 아주 가까이 있으면 물체가 커져 보인다.
원시 안경 뒤로 보이는 눈
커진 허상
볼록렌즈
즈와 빛의 굴절
일하고 투명한 매질 속에서 빛은 직
매질이 공기에서 물로 바뀌면, 빛은 속도
느려지며 광선의 방향이 바뀌는데, 이를
빛의 굴절이라고 한다.
명한 물체에서의 이러한 현상, 즉 빛
용해서 볼록렌즈나 오목렌즈로 사
경 그리고 망원경 등을 만드는
물체
커진 허상
볼록렌즈
오목렌즈의 성질
오목렌즈는 가운데가 가장자리보다 얇다. 물체에서 나온 빛들을 분산시키고, 물체를 더 작아 보이게 한다.
오목렌즈
퍼지는 빛
물체
더 작은 허상
즈와 빛의 굴
일하고 투명한 매질 속에서 빛은
매질이 공기에서 물로 바뀌면, 빛은
느려지며 광선의 방향이 바뀌는데, 이
빛의 굴절이라고 한다.
투명한 물체에서의 이러한 현상, 즉
용해서 볼록렌즈나 오목렌즈로
경 그리고 망원경 등을 만드
오목렌즈
더 작은 허상
근시 안경 뒤로 보이는 눈

망원경과 현미경

맨눈 관찰에서 도구를 이용한 관찰은 인류의 역사에서 커다란 진전이었다. 17세기에 우연히 망원경이 발명되면서 천문학 연구에 혁명을 가져와 우주에서 지구가 차지하는 자리도 바뀌게 되었다. 같은 시기에 현미경도 발명되어 아주 작은 미시세계에 대한 문이 활짝 열리게 되었다.

우연히 발명된 망원경

1600년경에 네덜란드의 미델부르에서 두 아이가 한스 리페르세이가 운영하는 안경원에서 놀고 있었다. 우연히 렌즈 두 개를 통해 교회의 종탑을 보며 놀던 아이들은 종탑의 풍향계가 더 커 보인다는 것을 알게 되었다. 이 안경사는 이 발견의 의미를 깨닫고 망원경의 제조에 뛰어들었다.

프랑스의 천문학자 카미유 플라마리옹

빠르게 확산되는 망원경

이후 10년 동안 망원경은 유럽 곳곳에 퍼지게 되었다. 갈릴레이는 이 발명을 알고 이를 개량하여 배율이 30배나 되는 망원경을 제작하였다. 이 굴절 망원경은 렌즈가 색을 분산시키는 단점이 있었다. 이렇게 색 수차를 가지면 이미지가 무지개처럼 색이 퍼져서 망원경으로 사용하기 어렵다.

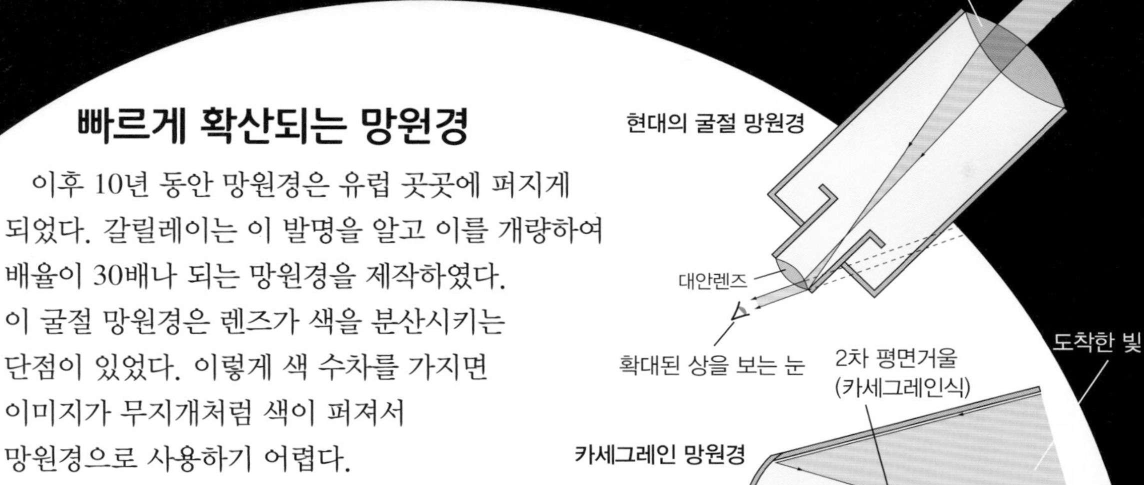

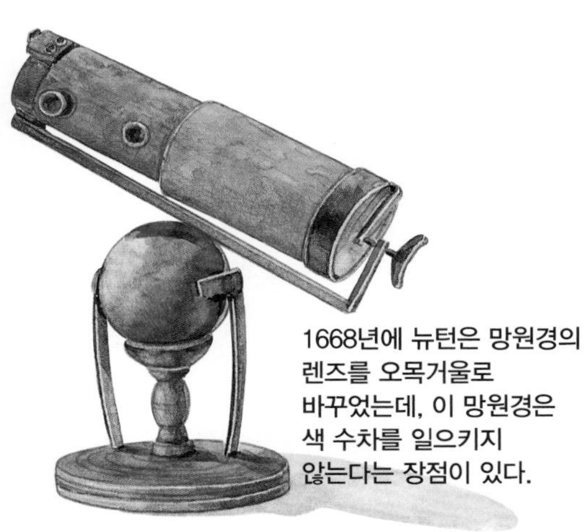

1668년에 뉴턴은 망원경의 렌즈를 오목거울로 바꾸었는데, 이 망원경은 색 수차를 일으키지 않는다는 장점이 있다.

현미경의 발명

망원경이 나온 후 사람들은 이것을 가까이 있는 물체를 확대하는 데에 사용하려고 했다. 그러나 망원경은 길이가 너무 길어서 사람들은 새로운 과학 도구, 즉 현미경을 개발하게 되었다. 가장 기본적인 현미경은 2개의 렌즈를 가졌다. 대물렌즈는 표본을 확대한 상을 만들고, 이 상은 대안렌즈에 의해서 다시 한 번 확대된다.

현미경 관찰의 선구자 로버트 후크

1665년에 로버트 후크(1635~1703년)가 쓴 〈마이크로그래피아(Micrographia)〉라는 책에서는 후크가 현미경으로 본 새로운 미시세계가 묘사되어 있다. 57개의 그림 중에는 파리의 눈, 벌의 침, 벼룩과 이의 해부 표본, 깃털의 구조 등이 있다.

2개의 렌즈로 된 현미경

낮의 햇빛

삼각형 프리즘

빛과 색깔

파장이 다른 빛들은 눈에 각기 다른 반응을 준다. 즉 색깔이다. 빛이 나지 않는 물체도 색을 띠는데, 이는 받은 빛의 일부를 흡수 또는 반사하기 때문이다.

판을 만나기 전에 넓어지는 스펙트럼

2세기가 넘는 동안 뉴턴의 업적은 물리학을 지배했다.

흰빛에 숨어있는 색깔들

햇빛은 매우 희게 보이지만 사실은 여러 색깔의 빛들로 혼합되어 있다. 햇빛이 여러 가지 색깔들의 띠(스펙트럼)로 이루어져 있다는 것을 프리즘을 이용해서 처음 밝힌 사람은 뉴턴이다. 무지개는 자연에서 햇빛이 다양한 색깔들의 띠로 분산되어 나타난 것이다.

빨강 주황 노랑 초록 파랑 남색 보라

물체의 색깔

태양이나 전구는 빛이 난다. 하지만 우리 주변의 대부분 물체는 그렇지 않다. 그런데도 이들도 색을 띤다. 그 물체가 자신에게 온 빛의 일부를 반사하고, 나머지 빛을 흡수하기 때문이다.

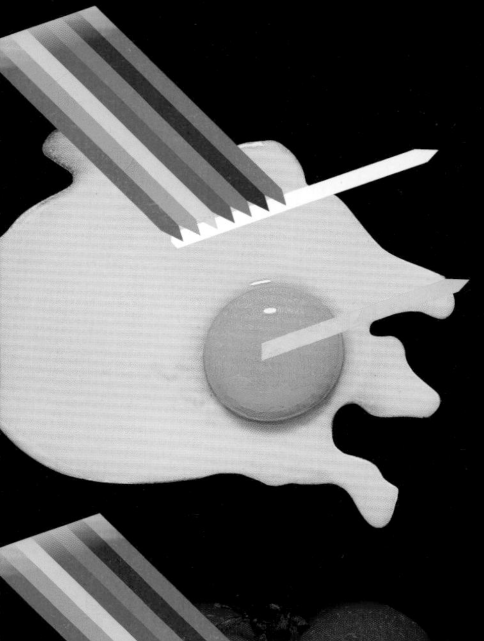

색깔은 빛에 달려 있다!

흰 물체는 햇빛을 받으면 모든 색깔을 똑같이 반사한다. 그러나 빨강 또는 노란 물체는 햇빛을 받으면 빨강 또는 노란색만 반사하고 다른 색들은 모두 흡수한다. 햇빛 아래에서 두 가지 색, 즉 빨간 부분과 흰 부분이 있는 물체에 빨간색 빛을 쪼이면 전체가 다 빨갛게 보인다. 물체의 색은 그 물체를 비추는 빛에 따라서도 달라지는 것이다.

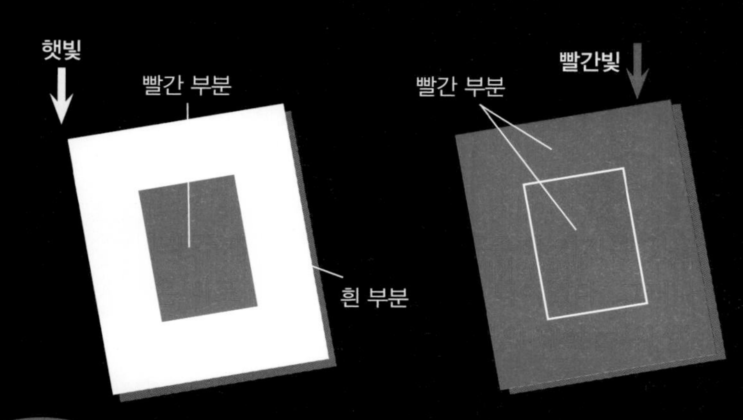

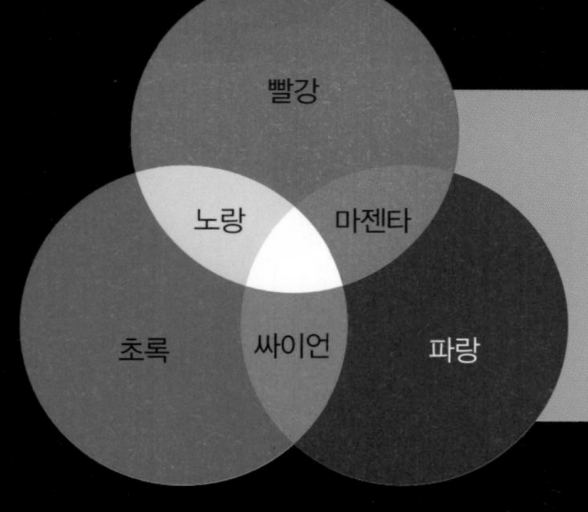

삼원색과 2차색이란?

어떤 색이라도 빨강, 초록, 파랑을 혼합해서 만들 수 있다. 이 세 가지 색깔을 원색이라고 한다. 이 삼원색을 둘씩 섞으면 세 가지의 2차색인 마젠타, 싸이언, 노랑을 얻을 수 있다.

무지개를 만들어 보자

- 분사 조절이 가능한 호스와 분사기
- 햇빛 좋은 날

1. 해를 등지고 선다.

2. 서 있는 앞쪽으로 공중에 물을 미세한 분무 형태로 분사한다. 무지개가 나타날 것이다!

투명하지 않은 판

슬릿(틈)을 통과한 빨간색 빛

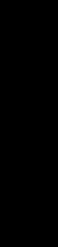

파동으로 이루어진 빛

자연에서 가장 아름다운 색들은 빛의 파동이 중첩하여 만들어진다. 빛의 간섭으로 화려한 색들을 만들기도 하고, 또한 보는 사람의 움직임에 따라 색이 변하기도 한다.

디스크 표면에서 반사된 빛이 간섭하여 여러 색이 만들어진다.

빛은 전자기의 파동이다

눈에 보이는 빛은 라디오파에서 감마선까지 다양한 전자기파 중의 작은 일부분이다. 이 파동은 마치 돌을 물에 던지면 수면에 이는 물결처럼 공간으로 퍼져 나간다.

전자기파의 스펙트럼

라디오파

TV파

레이더파

간섭은 무엇일까?

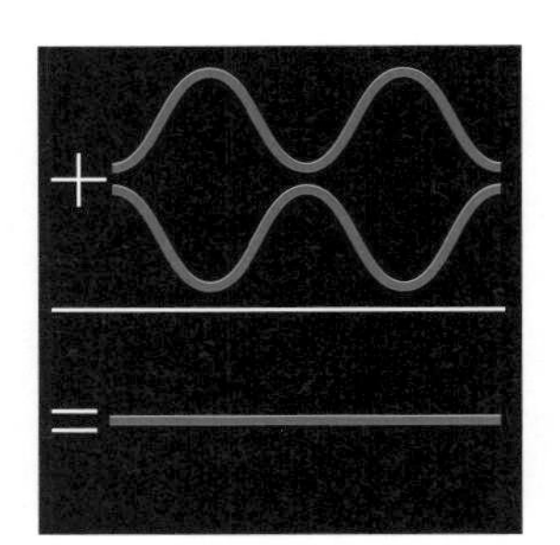

두 파동이 만나면 서로 간섭을 한다. 예를 들어 두 파동에 시차가 있어 한 파동의 마루가 다른 파동의 골과 만날 수 있다. 이렇게 되면 파동이 없어진다. 만일 두 파동의 마루와 마루가 합쳐지면 두 배 더 높은 파동이 생긴다. 두 빛의 파동이 간섭하면 파형의 배열에 따라 화려한 색깔들이 나타난다.

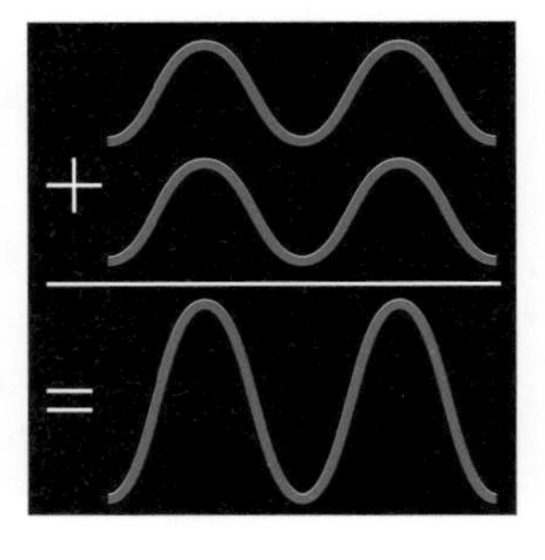

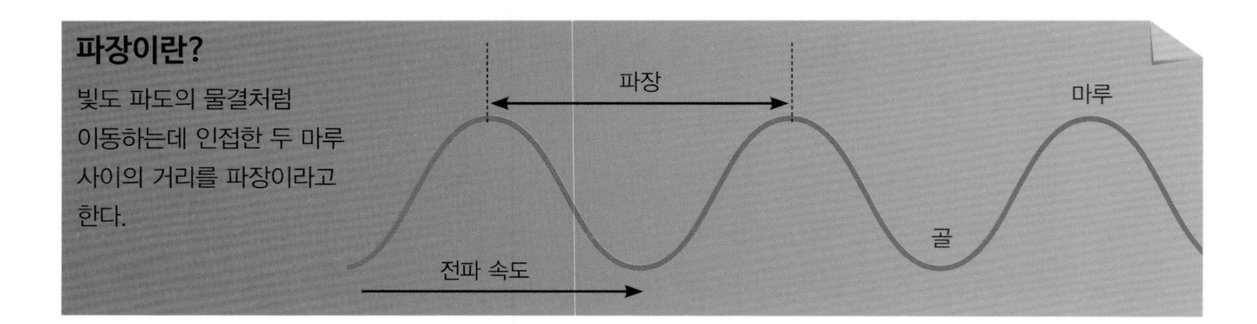

파장이란?

빛도 파도의 물결처럼 이동하는데 인접한 두 마루 사이의 거리를 파장이라고 한다.

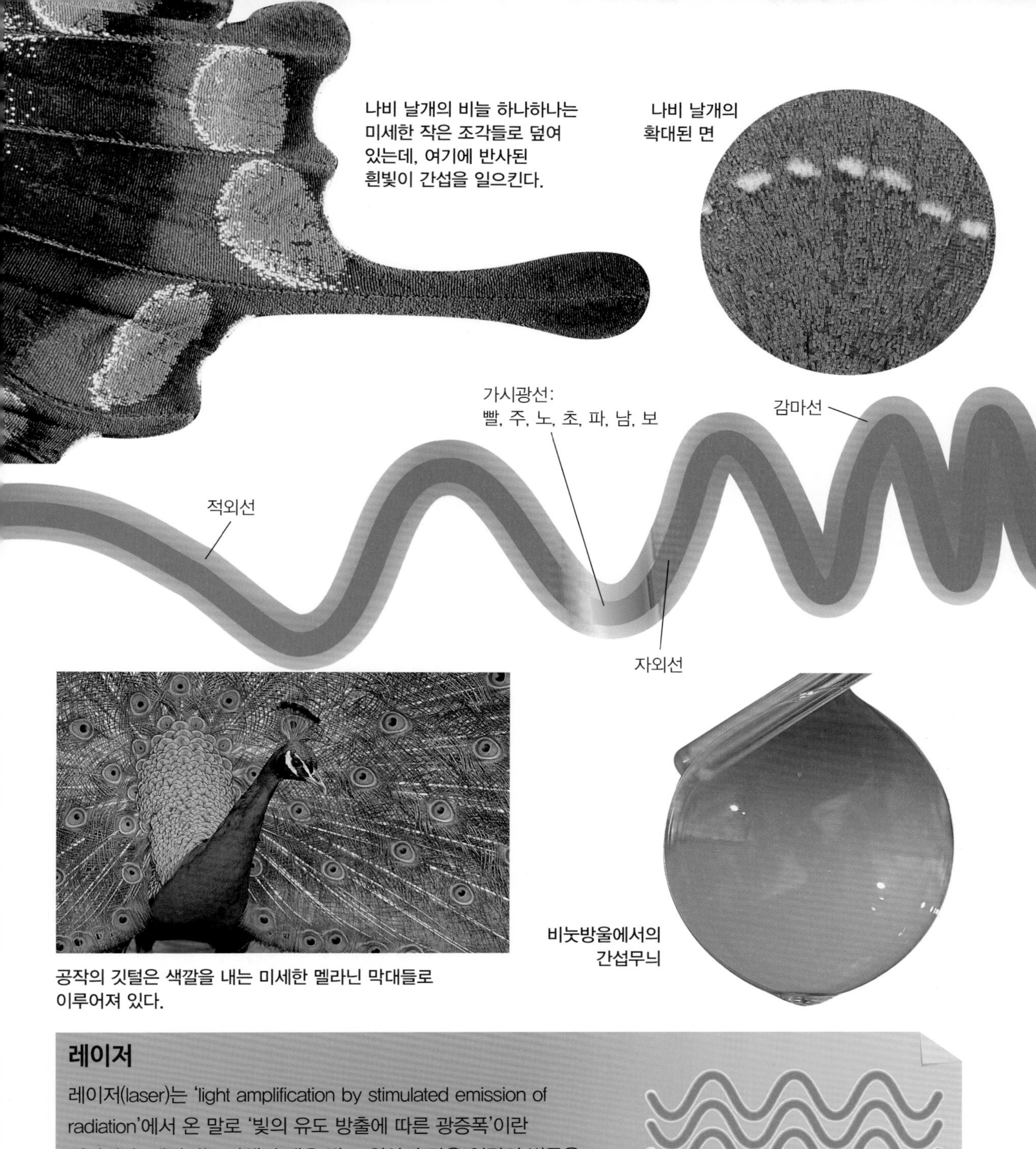

공작의 깃털은 색깔을 내는 미세한 멜라닌 막대들로 이루어져 있다.

레이저

레이저(laser)는 'light amplification by stimulated emission of radiation'에서 온 말로 '빛의 유도 방출에 따른 광증폭'이란 의미이다. 레이저는 단색의 매우 밝고 위상이 같은 일련의 빛들을 만드는 장치이다. 어떤 레이저는 연속적으로 방출을 하고, 또 어떤 것들은 짧은 임펄스들로 방출한다. 보통의 단색광과는 달리 레이저는 (옆의 그림 참고) 같은 파장의 빛들이 동기화되어 증폭된다. 레이저는 통신이나 음성 영상 기술, 거리의 측정, 외과적 수술 등 다양한 분야에 사용된다.

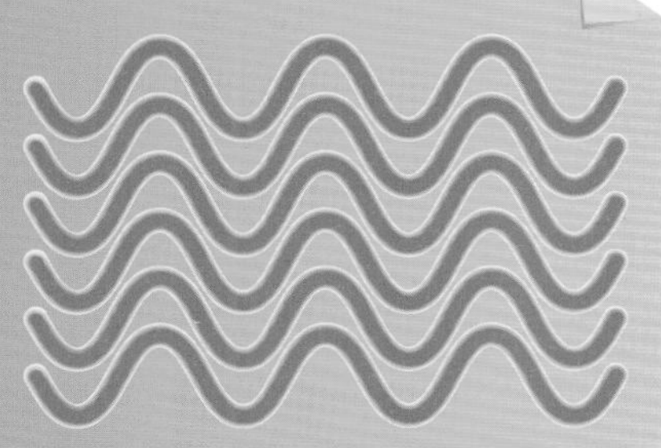

같은 파장을 갖고, 마루들이 일치하는 빛들

사진기의 원리

19세기에 발명된 사진기는 눈부시게 발전하여 우리들 생활 속의 순간들을 기록하고, 예술작품이 되기도 한다.

점심 식탁, 니세포어 니엡스 (Nicephore Niepce)가 찍은 유태역청을 이용한 사진의 첫 시도이다.

암실

기원전 4세기에 아리스토텔레스는 암실의 창문에 작은 구멍을 뚫으면 반대편 벽에 바깥 풍경의 상이 거꾸로 맺힌다는 것을 알았다. 1650년에는 구멍 대신 렌즈를 착용한 휴대용 암실이 발명되어 화가들이 사용하였다.

니엡스의 발명

화상을 정착하기 위해서 니세포어 니엡스는 유태역청(광선을 받으면 굳어지는 아스팔트의 일종) 용제를 은칠한 동판에 발라 사용하였다. 암실 속에서 오래 노출하고 이 판을 라벤더 오일 통 속에 담그면 음화(negative image, 밝은 곳은 까맣게 나오고 어두운 곳은 밝게 나온다)를 얻는다. 1828년부터 니엡스는 이 음화에 요오드 기체를 쏘여 이를 '정상 이미지'로 만드는 데 성공했다.

(인간을 포함한) 척추동물과 두족류 동물의 눈은 사진기와 같이 작용한다.

필름카메라

카메라는 단순화시킨 '기계적 눈'이다. 카메라의 대물렌즈는 눈의 수정체가 망막에 하듯이 물체의 거꾸로 된 이미지를 필름 위에 만든다. 조리개는 동공을 흉내 내어 카메라에 들어오는 빛의 양을 조절한다. 셔터는 아주 짧은 순간 동안 필름을 감광시킬 만큼의 빛을 들어오게 하는데, 이것은 눈과 똑같지는 않다. 사실 눈은 연속적으로 들어오는 정보들을 계속해서 받아들이고 있다.

디지털카메라

디지털카메라는 필름카메라와 같은 구조이지만 필름 대신에 감광소자를 쓴다. 디지털카메라는 더 경제적이고 편리하기 때문에 필름카메라를 대체시켰다. 촬영한 디지털 이미지는 디지털로 주고받을 수 있고 수정하거나 인쇄할 수도 있다.

암실 사진기를 만들어 보자!

- 두꺼운 종이 롤러(화장실 휴지심) 2개
- 반투명 종이 1장
- 알루미늄 포일
- 가위
- 접착테이프
- 바늘

1. 알루미늄 포일을 팽팽하게 펴서 첫 번째 종이 롤러의 한쪽 끝을 막아 테이프로 붙여서 빛이 못 들어오게 한다.

2. 첫 번째 종이 롤러의 다른 쪽 끝을 반투명 종이로 똑같이 막는다.

3. 두 번째 롤러를 첫 번째 롤러의 반투명 종이쪽에 맞춘다.

4. 알루미늄 포일과 테이프를 이용해서 두 롤러가 하나가 되도록 이어 붙인다.

5. 롤러의 끝을 막은 알루미늄 포일 한가운데에 바늘로 구멍을 낸다.

햇빛이 좋은 날에 이 암실 사진기로 물체를 보자. 물체가 거꾸로 보인다!

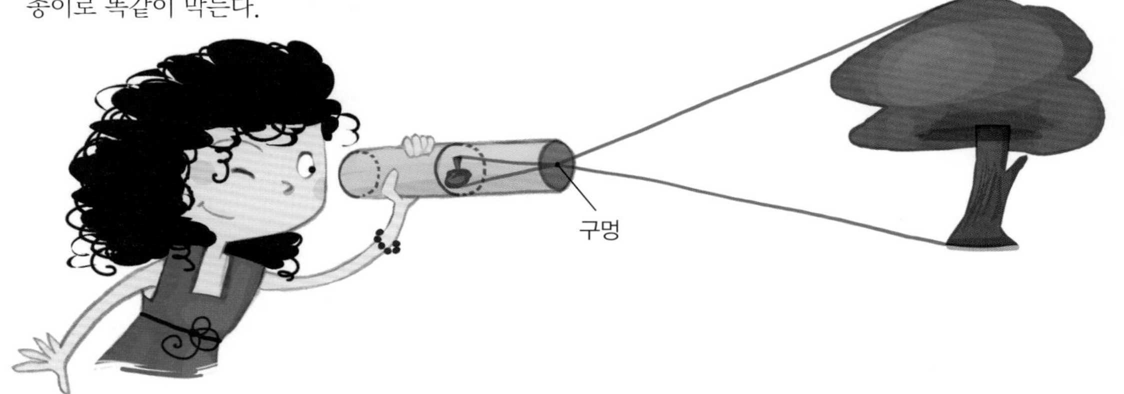

영화의 등장

19세기 말에 뤼미에르 형제의 노력으로 탄생한 영화는 처음의 무성영화에서 유성영화를 거쳐 컬러영화로 빠르게 발전했다.

영화의 원리: 망막의 잔상

이미지들이 연속해서 매우 빠르게 지나가면 영상이 움직이는 것으로 보인다! 왜냐하면 우리가 본 이미지의 잔상이 약 3분의 1초 동안 지속되어 우리가 그 불연속을 느끼지 못하기 때문이다. 이러한 눈의 착각을 이용해서 영화와 TV가 나오게 되었다. 영화는 1초에 24개의 이미지를, TV는 25개의 이미지를 보여준다.

영화의 촬영과 상영

움직이는 필름에 1초에 24장의 사진을 찍는 촬영기가 연속해서 사진을 찍는다. 사진을 찍을 때 멈췄던 필름은 셔터가 빛을 차단하는 동안 다음 필름으로 넘어간다. 반대로 이를 영사기로 보여 줄 때는 매우 밝은 광원에서 나온 빛이 필름을 비추는데, 이때 냉각팬이 전구를 식혀준다. 한 영상을 몇 분의 일초 동안 멈춘 채 보여준 후 돌고 있는 셔터 날개가 빛을 막는 잠깐 동안 갈고리가 잡아당겨 다음 필름 영상이 오도록 한다.

영화 〈E.T.〉의 한 장면

영화: 제7의 예술

한 세기 전으로 거슬러 올라가는 조르주 멜리에의 영화 이래로 영화는 진정한 예술, 즉 건축, 시, 그림, 조각, 음악 그리고 댄스 등 다른 예술에 이은 제7의 예술이 되었다. 채플린이나 아이젠슈타인의 영화들 그리고 더 최근의 〈시민 케인〉이나 〈자전거 도둑〉, 〈E.T.〉, 〈스타워즈〉 같은 영화들은 관객들을 웃고 울게 하고 또 꿈꾸게 했다.

영화의 원조

'소마트로프(thaumatrope)'는 1823년에 영국의 의사 파리스(Paris) 박사가 발명한 것으로 줄 두 개에 걸린 둥근 종이이다. 예를 들어 한 면에는 사람을, 그리고 다른 면에는 감옥을 그린다.

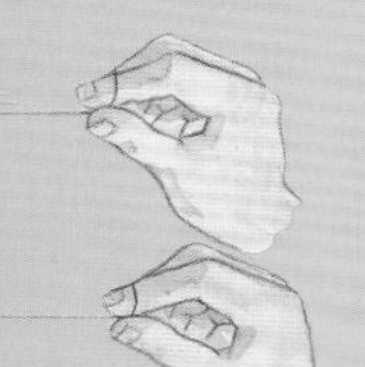

소마트로프의 다른 예들

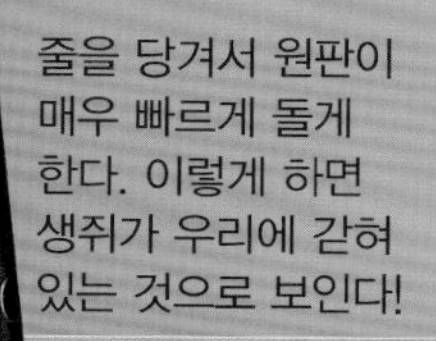

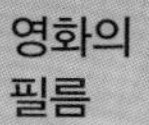

줄을 당겨서 원판이 매우 빠르게 돌게 한다. 이렇게 하면 생쥐가 우리에 갇혀 있는 것으로 보인다!

영화의 필름

움직이는 만화를 만들어 보자!

수첩의 각 페이지에 움직이는 동작들을 조금씩 변하게 그린다. 그리고 나서 페이지를 아주 빠르게 넘긴다. 그러면 그림이 움직인다!

움직이는 그림책의 예

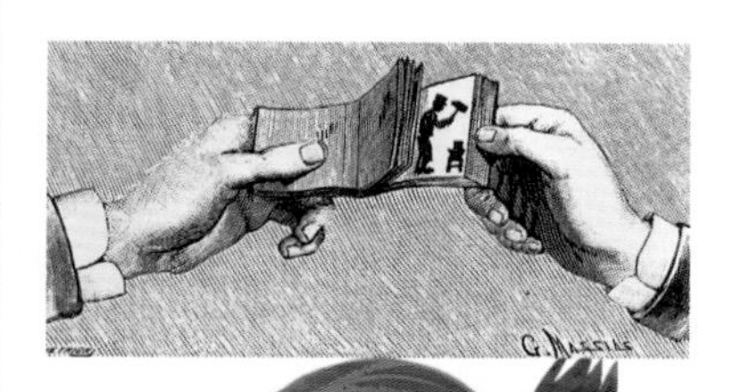

귀와 소리

우리는 다양한 소리에 둘러싸여 있다. 천둥 같이 아주 큰 소리부터 귓속에서 순환하는 혈액처럼 아주 미약한 소리까지. 이러한 소리는 고음이나 저음처럼 음의 높이도 서로 다르다.

소리: 공기의 떨림

우리가 듣는 소리는 공기의 떨림으로 생긴다. 심벌즈나 북 같은 음원이 진동하면 주변에 있는 공기 분자들을 떨게 만든다. 그러면 이 분자들이 그 옆에 있는 분자들을 또 떨게 만들고, 이런 식으로 진동이 옆으로 전해져 우리의 귀까지 전해지게 된다. 이러한 연속된 공기의 압력과 음압이 귀의 고막을 진동하게 만들면, 이것이 전기의 신호로 바뀌어 청신경을 따라 뇌로 전해지게 된다. 그러면 우리가 소리를 인식하게 된다.

귀의 단면

추골

침골

고막

등골

달팽이관

소리는 종파이다

음파는 빛의 파동과 같은 횡파가 아니고 종파이다. 음파는 공기를 번갈아 가면서 압축하고 확장시킨다. 이것을 철길 선로에서 멈추는 한 줄로 된 객차들과 비교할 수 있다. 기관차가 바로 뒤에 객차와 부딪히면 이 객차는 그 뒤의 객차와 부딪히고 그러면 이 객차는 그 뒤의 객차와 또 부딪히고… 충돌의 에너지가 일렬로 뒤로 전해진다.

고막의 떨림은 추골, 침골 그리고 등골의 세 뼈에 의해 증폭되어 전해진다. 달팽이관은 이 진동을 전기 신호로 바꾸고, 이것이 뇌로 전해진다.

dB(데시벨)은 음파 세기의 단위이다.

떨어지는 낙엽: 5 dB

지저귀는 새: 40 dB

자동차: 90 dB

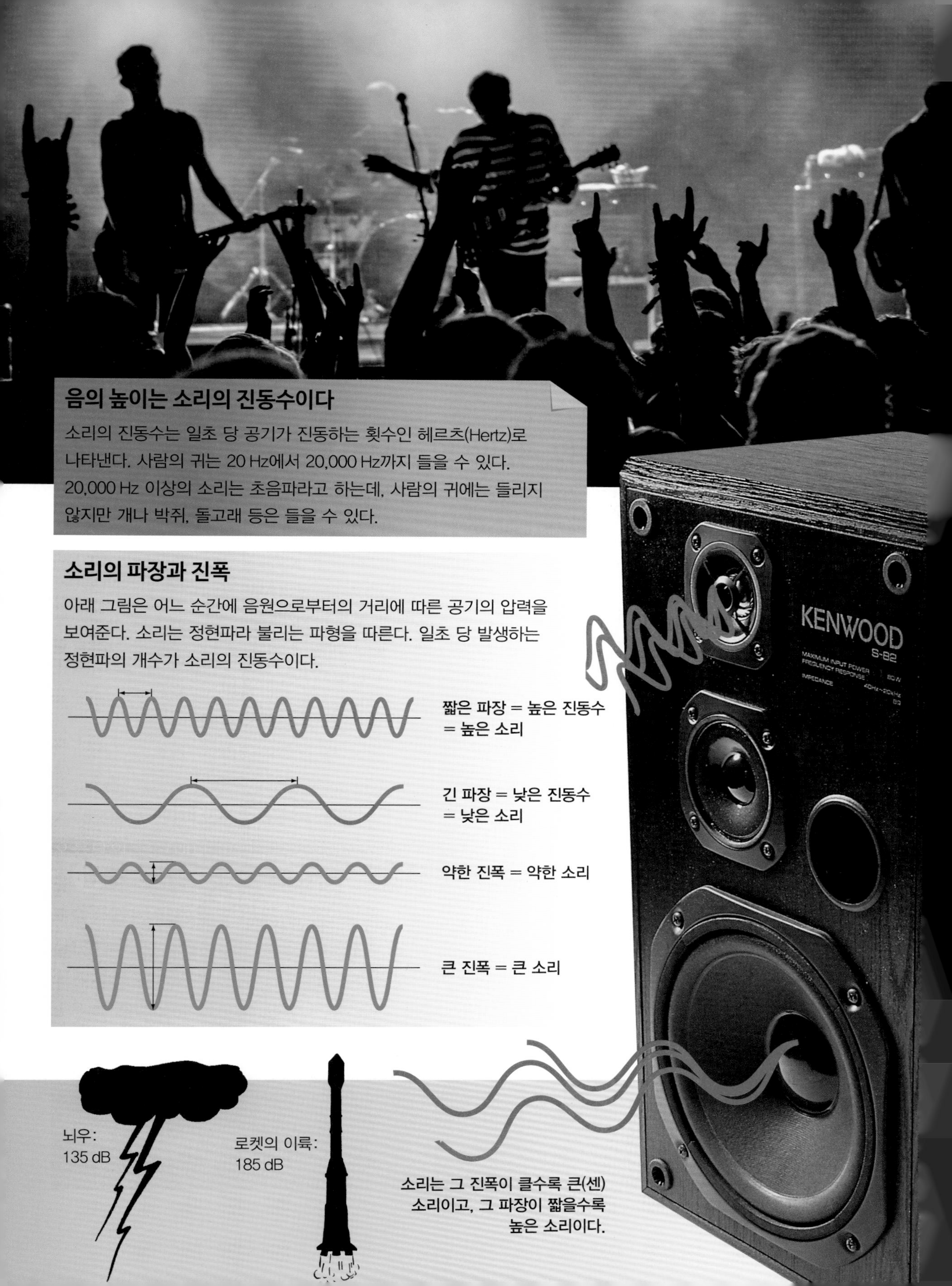

음의 높이는 소리의 진동수이다

소리의 진동수는 일초 당 공기가 진동하는 횟수인 헤르츠(Hertz)로 나타낸다. 사람의 귀는 20 Hz에서 20,000 Hz까지 들을 수 있다. 20,000 Hz 이상의 소리는 초음파라고 하는데, 사람의 귀에는 들리지 않지만 개나 박쥐, 돌고래 등은 들을 수 있다.

소리의 파장과 진폭

아래 그림은 어느 순간에 음원으로부터의 거리에 따른 공기의 압력을 보여준다. 소리는 정현파라 불리는 파형을 따른다. 일초 당 발생하는 정현파의 개수가 소리의 진동수이다.

짧은 파장 = 높은 진동수 = 높은 소리

긴 파장 = 낮은 진동수 = 낮은 소리

약한 진폭 = 약한 소리

큰 진폭 = 큰 소리

뇌우: 135 dB

로켓의 이륙: 185 dB

소리는 그 진폭이 클수록 큰(센) 소리이고, 그 파장이 짧을수록 높은 소리이다.

소리의 전파

빛과는 달리 소리는 공기 중에서보다 고체나 액체 속에서 더 빠르다. 그리고 빛이 거울에 반사되는 것처럼 소리도 단단한 암벽에 반사되어 메아리를 만든다.

공기 중에서 소리의 속도는?

폭우가 올 때 번개가 먼저 번쩍 치고 몇 초 후에 천둥소리를 들을 수 있다. 이것은 빛이 소리보다 더 빠르다는 것을 의미한다. 1738년에 프랑스에서 과학자들이 18 km 떨어진 곳에서 대포를 발사하고, 그 섬광과 소리의 시간 차이를 측정했다. 이때 계산한 소리의 속도는 332 m/s였다. 오늘날 측정한 공기 중에서의 소리의 속도는 기온이 20 ℃일 때 344 m/s이다.

비행기가 자신이 내는 소리보다 더 빨리 날 때는 비행기가 자신의 소리를 따라잡아 음파가 압축되어 충격파를 만드는데, 이것은 '쾅' 하는 충격음으로 잘 알려져 있다.

액체와 고체에서의 소리의 속도는?

소리는 공기 중에서보다 액체나 고체 속에서 훨씬 빠르게 전달되는데, 그 이유는 액체나 고체 속에서 분자들이 서로서로 더 가깝기 때문이다. 물속에서 소리의 속도는 1,430 m/s이고, 강철에서는 5,700 m/s이다. 그래서 인디언들은 귀를 철로에 대고서 기차가 다가오고 있다는 것을 공기 중의 소리보다도 훨씬 더 빨리 알 수 있었다.

메아리: 소리의 반사

빛이 거울에 반사되는 것처럼, 소리도 특히 단단하고 매끈한 벽면에서 반사된다. 이 성질이 바로 가끔 산에서 들리는 메아리이다. 뉴욕이나 파리의 지하철에서 철로의 한쪽에서 건너편 쪽으로 아주 분명히 들리는 대화 소리도 마찬가지이다. 한쪽 편에서 나는 사람들의 소리 음파가 둥근 천장에서 반사되어 반대편의 한 곳으로 모이게 되기 때문이다.

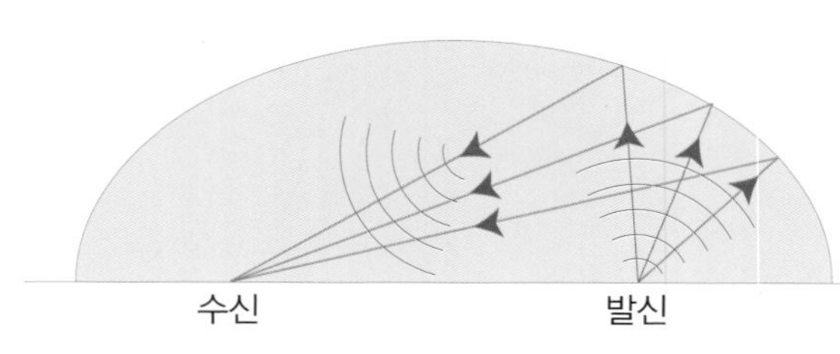

수중 음파 탐지기

반사된 메아리

초음파 탐지

소리로 본다!

소리는 어둠 속에서 또는 투명하지 않은 물체 너머를 볼 수 있게 한다. 이러한 성질은 돌고래나 박쥐들도 이용한다. 이들은 사냥할 때 연속적으로 초음파를 내어 자신에게 되돌아오는 메아리로 먹잇감의 위치를 알아낸다. 사람도 음파 탐지를 이용하여 물고기 떼나 잠수함 등을 찾을 수 있고, 초음파 검진기로 뱃속에 자라고 있는 태아의 사진도 찍을 수 있다.

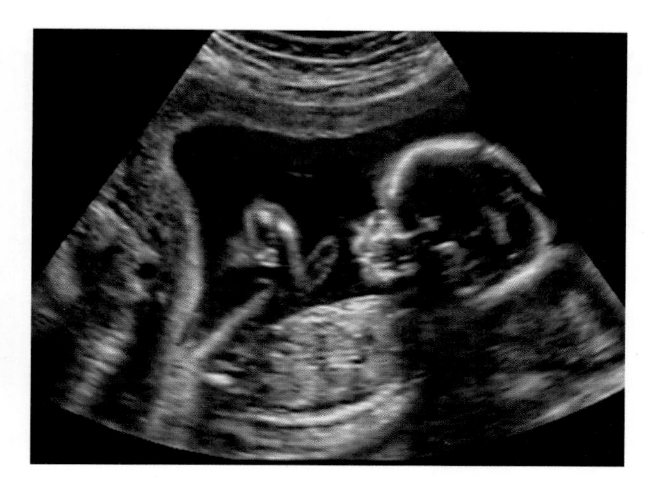

24주된 태아의 윤곽이 뚜렷하게 보인다.

청진기를 만들어 보자!

프랑스의 의사 라에네크(Rene Laennec, 1781~1826년)는 아이들이 빈 나무관을 통해 소리를 듣고 노는 것을 보고 청진기를 발명했다.

- 깔때기
- 고무 호스관

1. 깔때기 끝을 고무관의 한끝에 끼워 넣는다.

2. 깔때기를 시계나 심장처럼 약한 소리가 나는 곳에 갖다 댄다. 그러면 이 작은 소리가 뚜렷하게 들릴 것이다. 왜냐하면 깔때기를 통해 음파들이 고무관에 모여들어 관 내벽에 크게 울리기 때문이다.

후각: 화학 성분 탐지기

불이 나거나 가스 불 위에 끓는 냄비를 잊어버리면 코가 냄새를 맡아서 우리에게 가장 먼저 알려준다. 갓 구운 빵의 맛있는 냄새에 침을 흘리게 하고 기분 좋은 식욕을 유발하는 것도 또한 후각이다.

향기와 인간 생활

시각과 청각은 인간에게 가장 유용한 감각이다. 인간이 다른 동물들보다 후각에 덜 의존하는 것은 사실이지만, 우리의 후각 신경계는 매우 예민하고, 우리가 알아채지 못하는 순간에도 우리에게 많은 영향을 미친다. 이러한 냄새 탐지기들은 콧속을 덮은 세포들 속에 숨겨져 있다. 우리의 후각 기관은 항상 있어온 냄새보다는 냄새의 변화에 더 잘 반응한다. 따라서 우리가 방에 들어가면 즉각 냄새를 맡지만 몇 초 후에는 이 향기가 더 이상 잘 느껴지지 않는다.

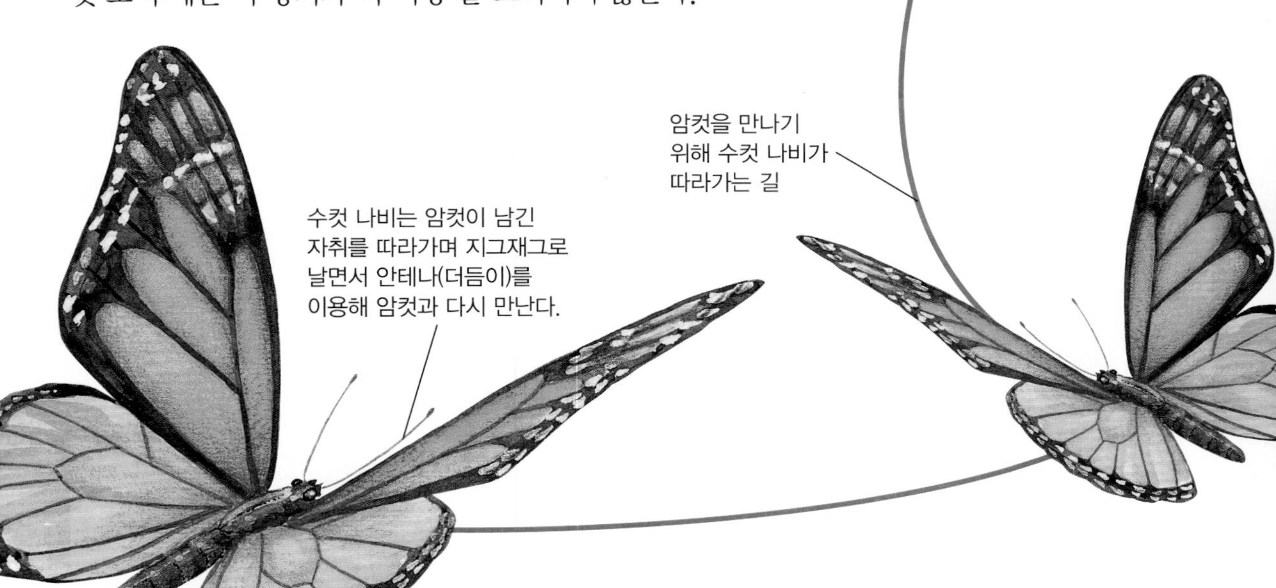

후각은 동물들에게 가장 중요한 감각?

포유류나 파충류, 어류, 곤충들 대부분에 있어서 후각은 가장 중요한 감각 기관이다. 후각으로 서로를 알아보고, 경계하고, 발자취를 남기며, 먹이를 찾고, 교미도 하게 된다. 그러나 고래나 돌고래처럼 후각 기관이 없어서 냄새를 맡지 못하는 동물들도 있다.

냄새의 메시지:
옥수수부터 말벌까지!

동물들은 냄새로 서로 소통한다. 또한 과학자들은 냄새로 식물과 곤충 사이에 위험 경보를 보내기도 한다는 것을 알아냈다. 옥수수의 한 종은 그 잎이 송충이의 공격을 받으면 자신을 보호하기 위해서 어떤 냄새를 내뿜는다. 그러면 이 냄새가 멀리 떨어져 있는 송충이의 천적인 말벌에게 전해진다! 이렇게 옥수수는 '내 적의 적은 내 친구'라는 법칙을 적용하는 것이다!

수컷 나비는 빗같이 생긴 안테나로 수 킬로미터 떨어져 있는
암컷을 탐지할 수 있다.

아기들의 후각은?

갓 태어난 아기는 냄새로 엄마와 매우 강한 유대를 만든다. 아기들을 대상으로 한 실험에 의하면, 여러 아기들을 엄마들로부터 떼어 놓고 한 방안에 두면 아기들이 격렬하게 울음을 터뜨린다. 그런데 아기에게 엄마의 냄새가 배어있는 옷을 주면 아기들은 금방 평온을 되찾는다. 만일 이 옷들을 서로 바꾸어서 주면 아기들의 울음소리는 다시 격렬해진다.

맛과 냄새

냄새 다음으로 우리가 사용하는 화학 성분 탐지기는 바로 맛이다. 미각은 설탕의 단맛부터 맥주의 쓴맛까지 음식의 맛을 알게 해 준다. 그렇다 하더라도 전체적인 미각은 또한 후각에 크게 의존한다.

우리가 느끼는 네 가지 맛을 감지하는 혀의 네 가지 영역

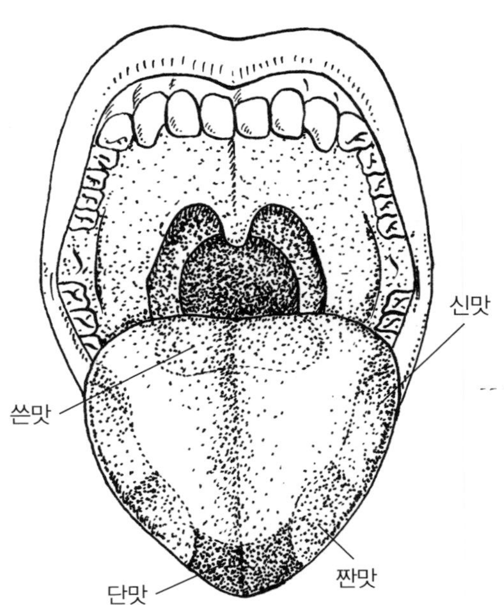

복합적인 감각

혀에 있는 1만여 개의 미뢰들은 돌기들로 무리 지어 있다. 혀의 표면이 오톨도톨 한 것도 이 때문이다! 우리는 혀의 각 부위에 해당하는 서로 다른 네 가지의 맛만 느낀다고 말하지만, 사실 이들 각 부위는 서로 겹치고 때때로 명확하게 구별하기가 어렵다.

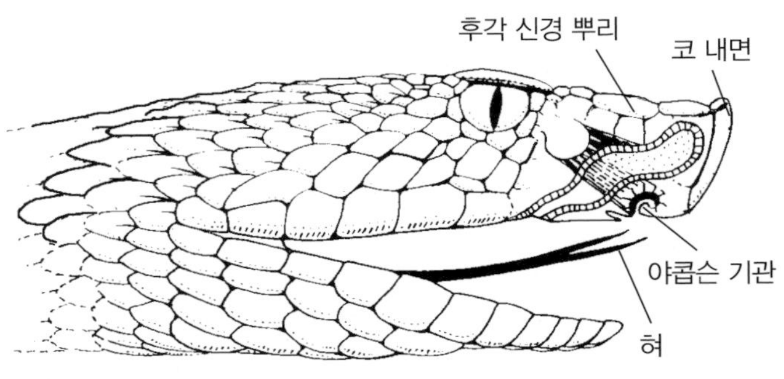

뱀은 혀로 냄새를 맡는다!

끊임없이 혀를 날름거리는 뱀은 혀로 공기를 맛보는 것이 아니라, 혀를 내밀어 공기의 샘플을 채취한 다음 혀의 갈라진 부분을 다양한 후각 수용체(야콥슨 기관)가 있는 입천장에 대고 음미를 한다. 이렇게 뱀은 혀로 주변 환경을 맛보는 것이 아니라 사실은 냄새를 맡는 것이다!

파리는 발로 맛을 본다.

파리의 발의 섬모를 확대한 그림

발로 맛을 보는 동물은?

게나 파리는 발에 화학적 반응을 하는 섬모들이 있다. 이들은 발을 이용해서 먹이를 밟을 때 맛을 느낀다. 즉 파리는 잼 자국 위에 앉았을 때 이런 방식으로 맛을 느끼고 먹기 시작한다.

'과일 속에 벌레가 있다는 것'을 어떻게 알까?

대부분의 벌레 먹은 과일 속에는 벌레가 한 마리만 있다. 버찌를 좋아하고, 알을 많이 낳는 파리도 과일마다 알을 하나씩만 낳는다. 알을 낳은 다음 버찌 표면에 (페로몬이라는) 화학물질을 분비해 과일 속에 알이 있다는 것을 알린다. 만일 다른 파리가 같은 과일에 나타나면 발로 페로몬의 존재를 느끼고 이 과일에는 이미 알이 있다는 것을 알아차린다.

파리는 과일 당 한 개의 알만 낳는다.

후각과 미각의 실험을 해 보자

- 자원자
- 손수건

- 무
- 셀러리 무
- 생감자

1. 자원자의 눈을 가리고 코를 막는다.

2. 위 세 가지 채소를 정육면체의 똑같은 모양으로 자르고, 자원자에게 알아맞혀 보라고 한다.

자원자가 알아맞히지 못할 때마다 우리의 미각이 후각에 굉장히 많이 의존하고 있다는 것을 알 수 있다. 감기에 걸리면 단지 냄새만 맡지 못하는 것이 아니라 미각도 잃게 된다.

요리의 비밀

아마도 여러분은 요리가 과학과는 거리가 멀다고 생각할지 모른다. 요리법들은 물리학이나 화학이 발전하기 훨씬 전부터 대대로 전해졌다. 오늘날 과학은 요리에 사용되는 많은 과정을 과학적으로 설명할 수 있고, 그것이 좋은 방법이라고 확인시켜 주거나 어떤 것들에 대해서는 그렇지 못하다고 말해줄 수도 있다.

달걀을 익히면

달걀은 단백질과 물의 혼합물이라고 생각할 수 있다. 단백질은 수많은 아미노산의 연결체로, 달걀의 흰자는 반투명색이다. 열을 가하면 여러 분자가 재결합하여 여러 단백질이 실로 된 섬유망같이 되는데, 흰자는 불투명하게 되고 잘 휘며 부드러워진다. 더 가열하면 섬유망들이 풀어지면서 물이 증발하고 응고되면서 단단해진다.

팬에 있는 달걀은 너무 가열하면 흰자가 고무처럼 질겨진다.

팬 위의 달걀을 요리하기

달걀을 팬 위에서 가열할 때 흰자가 딱딱해지지 않으려면 흰자가 불투명해질 때 가열을 멈춰야 한다. 노른자 가까이에 있는 흰자 부분은 익히기 더 어렵다. 왜냐하면 노른자는 오보뮤신이라는 단백질로 싸여 있어서 다른 부분보다 응고가 잘 안 되기 때문이다. 이때는 노른자 주변의 흰자에 소금을 뿌려서 가열한다. 소금 또는 산을 넣으면 단백질을 더 쉽게 익힐 수 있다. 전하를 띤 원자(이온)들이 단백질을 펼치고 더 잘 응고하게 만들기 때문이다.

마요네즈는 어떻게 만들까?

마요네즈는 유화, 즉 작은 기름방울들이 물속에 흩어져 있는 상태이다. 평소의 물과 기름은 아주 세게 휘저어도 섞이지 않지만, 마요네즈는 달걀노른자에 있는 레시틴이라는 계면활성제가 들어 있어 유화상태를 유지한다. 비누 같은 계면활성제는 물과 붙는 친수성 머리와 물과 붙지 않는 소수성 몸통을 가지고 있다. 레시틴이 기름방울들을 감싸며 물과 섞여 있어서 물과의 혼합이 계속 유지되는 것이다.

달걀노른자 하나로 꽤 많은 양의 마요네즈를 만들 수 있다.

마이야르 반응

마이야르 반응은 당과 단백질을 가지고 있는 식품이 충분히 가열될 때 일어나는 반응이다. 이 반응은 향이 좋은 갈색 화합물을 만드는데, 예를 들어 구운 빵 껍질이나 볶은 커피에서 나는 맛과 향 등이다. 마이야르 반응을 일으키려면 처음에는 세게 가열하여 반응이 일어나게 한 후 천천히 가열하며 서서히 익힌다.

샴페인에 작은 숟가락을 꽂으면 김이 안 빠진다?

사람들은 방금 연 샴페인 병 입구에 작은 숟가락을 꽂으면 기포 배출을 막아 준다고 말한다. 1995년에 세 명의 포도주 전문가가 엄밀하게 실험을 했다. 실험의 결론은 병 입구에 숟가락을 꽂는 것은 (그것이 은수저일지라도) 샴페인 병의 김이 빠지는 것을 조금도 막지 못한다는 것이었다. 따라서 오래된 비결이 언제나 좋은 것은 아니라는 사실을 알 수 있다.

에너지, 힘,

그리고 운동

바람으로 전기를 만드는 풍력 발전기

에너지는 우주의 모든 것들을 변화시키는 힘을 만든다.
지구에서 에너지의 주된 근원은 태양이다.

에너지와 에너지의 변환

물체가 움직이거나 변화하는 것은 에너지의 작용이다. 에너지는 햇빛, 전기, 바람, 그리고 엔진을 움직이는 탄화수소 연료 등 다양한 형태로 나타난다. 지구상에 존재하는 거의 모든 에너지는 태양으로부터 온다.

위와 같은 댐은 터빈을 이용해서 높은 곳에 있는 물의 위치에너지를 전기로 변환한다. 이 전기를 이용해서 각 가정에서는 불을 켜고 난방을 하며 모터를 돌린다.

다양한 형태를 띠는 에너지

과학자들은 에너지를 여러 형태로 분류한다. 역학적 에너지(운동에너지와 위치에너지), 열에너지, 전기에너지, 화학에너지, 핵에너지 등이다. 움직이지는 않고 있지만 언제라도 움직일 준비가 되어 있는 물체는 위치에너지를 가지고 있다고 말한다. 즉 늘어난 고무줄이나 압축된 용수철 또는 높은 곳에 있는 무거운 물체 등의 경우이다. 운동에너지는 물체가 움직일 때 가지고 있는 에너지이다.

광합성을 통해 숲을 성장하도록 하는 것은 바로 태양의 에너지다.

전기에너지는 곳곳에 있다. 이 다리에서는 전기에너지가 날렵한 다리의 모양을 돋보이게 해 준다.

에너지의 끊임없는 변환

자동차의 엔진에서 타는 휘발유는 열에너지를 공급한다. 자동차가 브레이크를 밟으면 운동에너지가 열로 바뀐다. 수력발전의 경우에는 물의 위치에너지가 전기로 바뀐다. 전기에너지는 토스터에서 빛과 열로 바뀌고, 오디오에서는 소리에너지 등으로 바뀐다.

에너지는 보존된다!

에너지 보존 법칙은 물리학 전반을 지배한다. 이 법칙은 변함없는 총량에 에너지를 새로 만들어 내거나 없앨 수 없다는 것을 의미한다. 단지 한 형태에서 다른 형태로 바뀔 뿐, 변환 후의 에너지의 합은 처음의 에너지의 합과 정확히 같다.

마찰열에 의한 에너지

자전거를 타고 언덕에서 내려올 때는 높은 곳에서의 위치에너지가 운동에너지로 바뀐다. 페달을 밟지 않고 다음 언덕에 오르려면 충분한 속도에 도달해야 한다. 사실 마찰열에 의한 에너지의 손실 때문에 같은 높이의 언덕에 다시 도달할 수는 없을 것이다. 이 마찰열에 의한 에너지의 손실(사실은 손실이 아니고 주변 공기를 덥힌다)까지 고려하면 에너지의 보존은 완벽하게 성립한다.

온도와 열에 대해서 알아보자

물체가 열을 받으면 온도가 올라가거나 물리적 상태를 바꾼다. 이러한 변화를 이용해 온도를 잴 수 있다.

태양의 내부:
1,400만 ℃

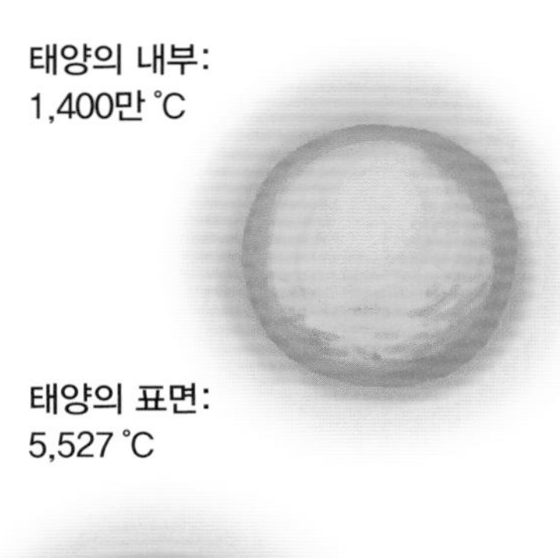

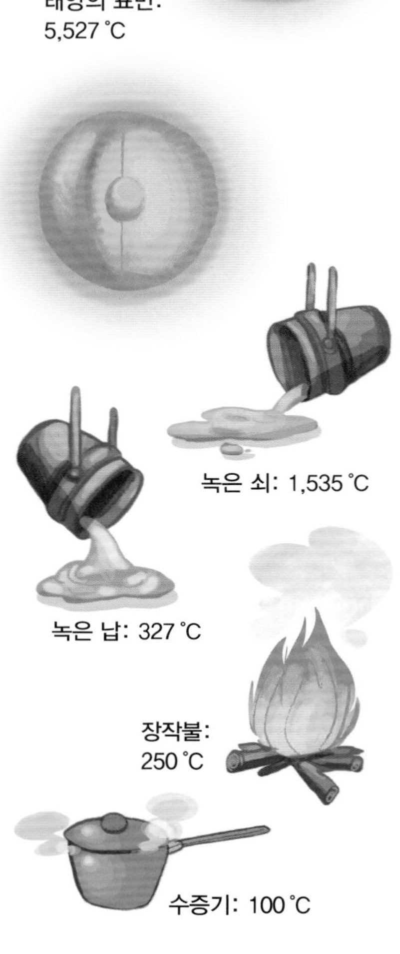

온도란?

고체, 액체 또는 기체 상태의 물질은 움직이는 분자나 원자들로 이루어져 있다. 이 물질에 열을 가하면 그 분자들은 에너지를 얻게 되고, 그 결과 움직임이 가속된다. 분자 또는 원자들은 −273 ℃에서 움직임을 완전히 멈추는데, 이 온도를 '절대온도 0'이라고 한다.

온도와 팽창

철도 레일의 이음매

물체는 열을 받으면 팽창하고, 차가워지면 수축한다. 나무나 플라스틱은 덜 팽창하지만 금속은 많이 팽창하기 때문에, 더운 날씨에 철로를 만들 때는 이음매 부분이 팽창하는 것을 미리 고려해야 한다. 액체는 고체보다 더 많이 팽창해서, 액체가 팽창하는 것을 이용해 (알코올 또는 수은 온도계 등과 같이) 온도를 재는 데 이용한다. 기체는 고체나 액체보다 훨씬 더 많이 팽창하고, 예를 들어 압력솥의 압력을 올라가게 한다.

얼음: 0 ℃

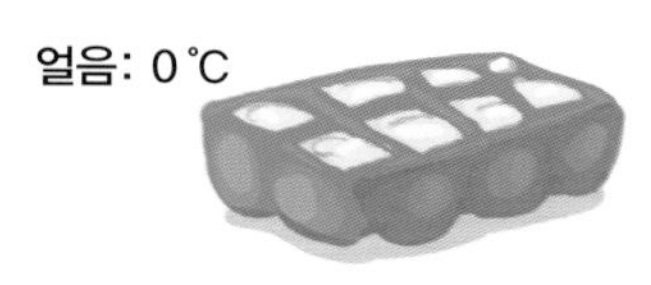

지구 표면에서 가장 낮은 온도:
−89 ℃

온도의 측정

온도를 잴 때, 즉 움직이는 분자나 원자의 빠르기를 재려면 섭씨(℃) 온도계를 사용한다. 섭씨 눈금에서는 0 ℃는 얼음이 녹는 온도이고, 100 ℃는 정상적인 대기압에서 물이 끓는 온도이다.

기체의 팽창을 이용한 열기구

공중으로 올라간 사상 첫 기구인 뜨거운 공기 풍선은 몽골피에 형제가 처음 만들었고, 1783년 6월 4일에 대중 앞에서 시연되었다. 1783년 9월에 닭과 오리와 양이 첫 번째 승객이 되었다. 마침내 1783년 11월에 달랑드 후작과 필라트르 드 로지에는 이 열기구로 파리의 상공을 25분 동안 날았다.

풍선 속의 뜨거운 공기는 주변의 공기보다 가볍다.

열에너지

열은 에너지의 한 형태로 다양하게 사용될 수 있고 자동차, 기차, 비행기 등을 나아가게 한다. 또한 증기기관에서는 엔진 밖에서 연료가 타면서 연기를 내뿜는다. 증기기관은 피스톤을 움직이게 하고, 이 움직임이 크랭크에 연결된 바퀴로 전해져 바퀴가 돌게 된다.

열의 이동

열은 한 곳에서 다른 곳으로 전도, 대류 그리고 복사(방사)에 의해 이동한다. 열의 이동을 막으면 에너지를 절약할 수 있다.

모래 위에 누워 일광욕하는 사람은 태양으로부터 복사(방사)에 의해 직접 열을 받는다.

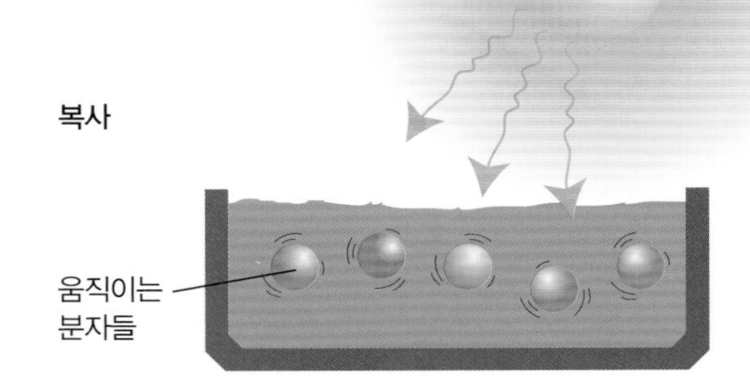

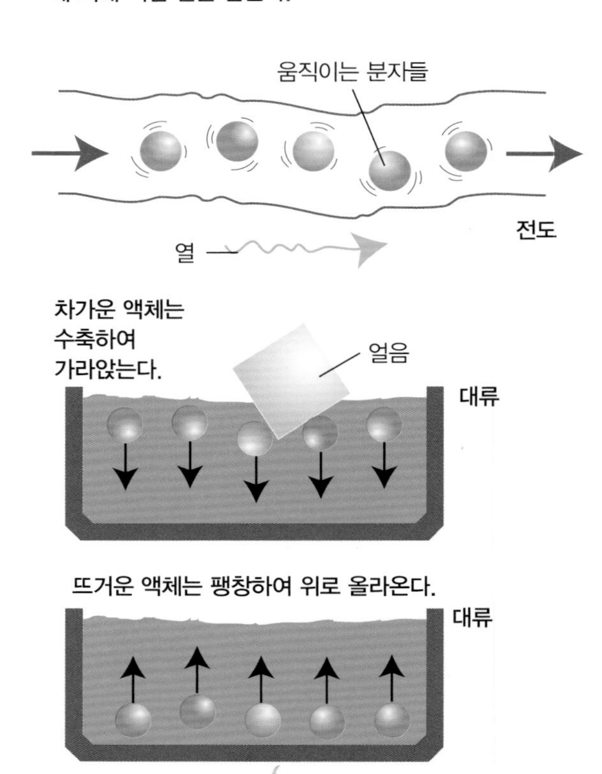

복사

복사는 열을 직접 받는 방식으로 방사 또는 radiation이라고도 한다. 불은 그 열을 빛의 방사로 전달하는데, 이러한 전달은 아주 먼 거리에 있는 곳까지 도달한다. 태양은 복사를 통해 지구를 데운다!

전도

전도는 옆으로 접촉해서 전달하는 것으로, 릴레이 계주와 비슷하다. 심하게 진동하는 분자는 옆에 있는 분자를 움직이게 하고, 옆에 분자는 또 그 옆의 분자를 움직이게 한다. 금속이 아주 좋은 열 전도체지만 공기나 스티로폼 등은 나쁜 열 전도체이므로 매우 좋은 단열재라고 할 수 있다!

대류

대류는 공기의 흐름으로 뜨거워지면 팽창하여 밀도가 작아져 위로 올라가 찬 기체와 자리를 바꾸는 현상이다. 대류에 의한 이동은 전도에 의한 방법보다 열이 더 빠르게 이동하도록 한다.

지붕
25%

창문
10%

벽
35%

문
15%

지하
15%

집에서의 열 손실

집에서 열의 보존

집에서 열의 손실은 대부분 벽과 지붕, 창문과 문에서 일어난다. 그러므로 벽과 지붕을 유리 섬유 등으로, 그리고 창과 문을 이중 유리 등으로 차단해야 한다.

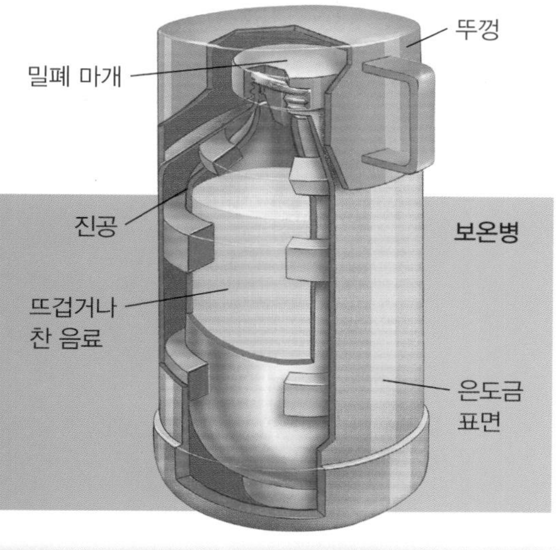

보온병의 원리

보온병은 뜨겁거나 찬 물을 넣어서 몇 시간이고 보존할 수 있다. 보온병 안에 있는 용기는 은도금된 이중 유리로 되어 있어 열적외선을 반사한다. 보온병 안은 진공으로 되어 있어 모든 열전도를 차단한다. 또한 뚜껑과 마개는 아주 좋은 절연체인 코르크나 스티로폼으로 되어 있어 전도에 의한 손실을 막는다.

에너지를 절약해 보자

- **냄비 2개**
- **달걀 2개**
- **시계**

1. 두 냄비에 같은 양의 물을 넣고 가열한다. 물이 끓으면 각 냄비에 달걀을 하나씩 조심해서 넣는다.

2. 물이 다시 끓으면 냄비 1의 뚜껑을 닫고 불을 낮춘다. 반면 냄비 2는 불을 강하게 유지한다.

3. 10분 후에 달걀을 꺼내서 식힌 후에 껍질을 깐다. 놀랍게도 둘은 똑같이 익었다!

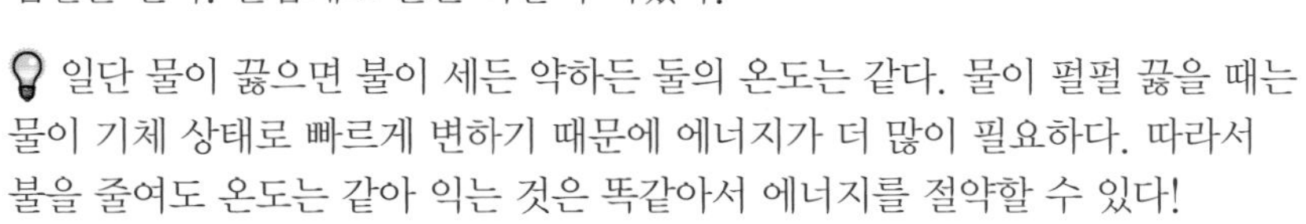

일단 물이 끓으면 불이 세든 약하든 둘의 온도는 같다. 물이 펄펄 끓을 때는 물이 기체 상태로 빠르게 변하기 때문에 에너지가 더 많이 필요하다. 따라서 불을 줄여도 온도는 같아 익는 것은 똑같아서 에너지를 절약할 수 있다!

핵에너지

각각의 원자핵은 놀랄 만큼 많은 양의 에너지를 가지고 있다. 원자력 발전소에서 우라늄 핵의 분열로 나오는 에너지는 수증기를 만들고, 이는 다시 전기로 바뀐다.

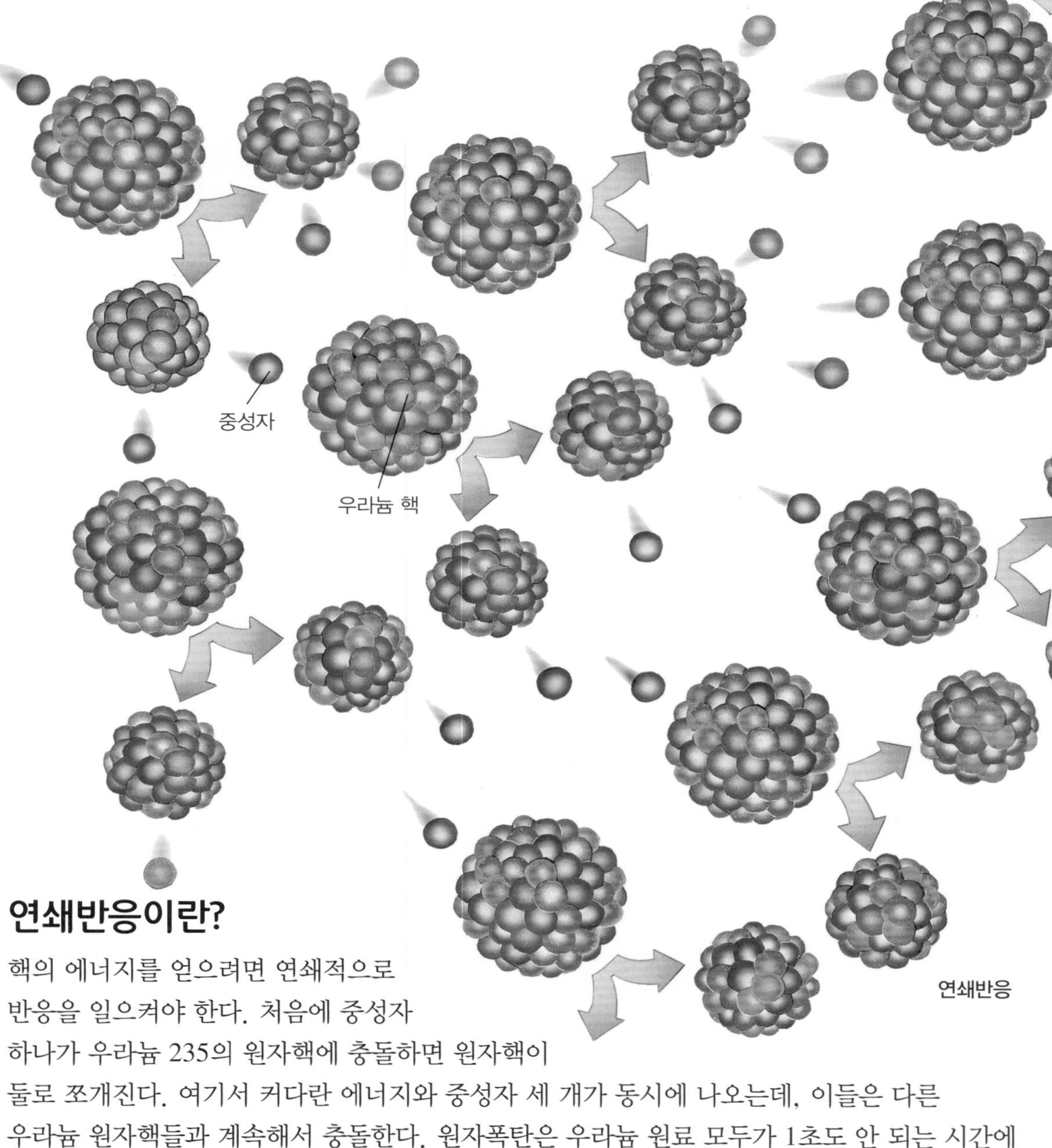

연쇄반응

연쇄반응이란?

핵의 에너지를 얻으려면 연쇄적으로 반응을 일으켜야 한다. 처음에 중성자 하나가 우라늄 235의 원자핵에 충돌하면 원자핵이 둘로 쪼개진다. 여기서 커다란 에너지와 중성자 세 개가 동시에 나오는데, 이들은 다른 우라늄 원자핵들과 계속해서 충돌한다. 원자폭탄은 우라늄 원료 모두가 1초도 안 되는 시간에 한꺼번에 소모되어 엄청난 피해가 일어난다. 핵발전소에서는 이와 반대로 반응이 늦춰져서 연쇄반응이 천천히 일어나게 된다.

핵발전소

핵발전소는 핵분열에서 나오는 열을 이용해 물을 수증기로 바꾸는데, 핵발전소의 나머지 부분은 석탄이나 기름을 때는 화력 발전소와 똑같다. 원자로에는 연료봉(우라늄을 포함한 금속 튜브)과 제어봉들이 있다. 제어봉은 중성자들을 흡수해서 원자로의 운행 속도를 제어한다. 즉 제어봉을 깊숙이 넣으면 연쇄반응이 느려지게 된다.

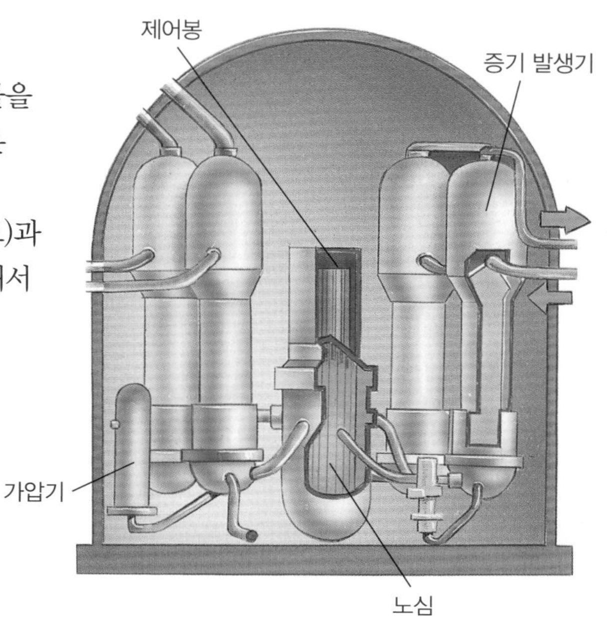

오염된 폐연료봉의 매립

발전소에서 다 쓰고 폐기된 연료봉에서는 고준위 방사능이 나오는데, 그 구성 물질 대부분은 천 년 이상 위험물질로 남는다. 처음에는 폐기물들을 바닷속에 넣었지만, 지금은 생명체나 환경에 해를 끼치지 않으면서 방사능이 서서히 약화되도록 특정한 구역에만 매립하고 있다. 핵폐기물들이 후손들에게까지 남겨져 그들에게 폐기물들을 계속 감시해야 하는 부담을 준다는 것과 이에 대한 아무런 보상도 주지 못한다는 것은 우리에게 남겨진 숙제이다.

핵의 안전

핵산업은 위험하다. 취급하는 물질들의 방사능이 매우 긴 세월 동안 고준위이기 때문에 이들을 취급할 때는 커다란 주의가 필요하다. 콘크리트 벽으로 싸인 금속실 내에 들어 있는 노심, 최고의 안전규칙, 폐기물의 감독 등등. 그런데도 1986년에 체르노빌에서 일어난 핵사고는 잘못된 개념(차단벽이 없었다!)에 인간의 실수가 더해지면 광대한 지역을 방사능으로 오염시키는 커다란 재앙을 가져올 수 있다는 교훈을 주었다.

프랑스 타른에가론주의 골프슈 지역에 있는 핵발전소

뉴턴의 세 가지 법칙

우주는 얼핏 보면 아무것도 움직이지 않는 것 같지만 아주 작은 입자들에서부터 거대한 은하까지 모두가 움직이고 있다. 이러한 움직임들은 뉴턴이 정립한 법칙들을 따른다.

뉴턴의 제1법칙: 힘을 가하지 않으면 움직임에는 변화가 없다

물리학의 법칙 중 가장 중요한 하나는 뉴턴의 제1법칙으로, 모든 물체에는 관성이 있다는 것이다. 물체는 힘을 가하지 않으면 움직이지 않고, 움직이는 물체는 외부에서 힘을 가하지 않는 한 같은 속도와 같은 방향으로 계속해서 움직인다. 한마디로 외부에서 힘을 가하지 않으면 움직임이나 정지 상태는 변화가 없이 계속된다는 것이다.

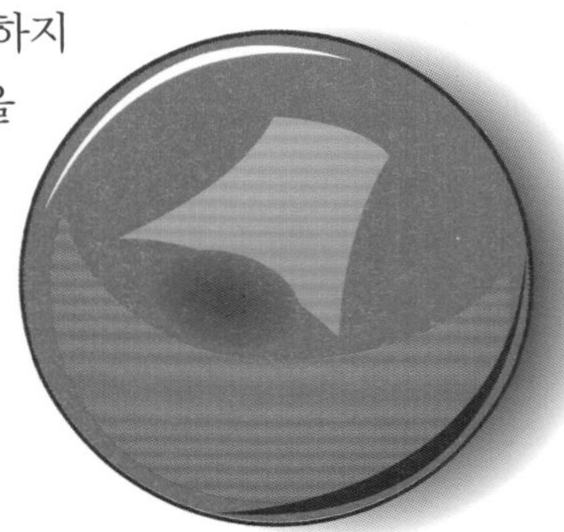

아이작 뉴턴

힘을 가하지 않으면 공들은 정지 상태를 유지한다.

뉴턴의 제2법칙: 가속과 감속

뉴턴의 제2법칙은 힘을 받는 물체에 대해서이다. 힘을 받으면 움직임, 즉 속도가 변한다. 가한 힘에 따라서 물체는 가속 또는 감속하게 된다. 이 가속도는 힘이 클수록 그리고 물체가 가벼울수록 비례해서 커진다.

속도와 가속도를 구별하자!

속도는 단위시간 동안 물체가 움직인 거리를 말한다. 과학에서 속도는 주로 초당 미터, 즉 m/s로 나타낸다. 가속도는 주어진 시간 동안 속도의 증가를 나타낸다. 예를 들어 어떤 사람이 빠른 속도(2 m/s)로 걷다가 1초 만에 달리는 속도(4 m/s)로 빨라졌다면, 속도가 1초에 2 m/s가 증가했으므로 이 사람의 가속도는 2 m/s/s이다.

스케이트 선수가 파트너를 잡아당길 때 이 힘은 파트너가 자신을 잡아당기는 힘과 같다.

뉴턴의 제3법칙: 작용과 반작용

어떤 힘이 A에서 B로 가해지면 똑같은 크기인데 방향이 반대인 힘이 B에서 A로 가해진다. 즉 작용력과 반작용력은 항상 크기가 같고 반대 방향이다. 총을 쏠 때 총의 반동이나 연료의 추진에 의해서 그 반작용으로 나아가는 비행기나 로켓, 당구공의 충돌 등이 이 법칙으로 설명된다.

풍선으로 반작용 실험을 해 보자

 • 고무풍선

풍선을 불었다가 놓아보자. 입으로 불어 넣은 풍선의 공기가 뒤로 분출하면서 그 반작용으로 풍선이 빠르게 앞으로 나아간다. 여기서 우리는 작용과 반작용의 법칙을 확인할 수 있다!

로켓의 추진도 작용과 반작용을 이용한 것이다.

마찰력

완전히 수평이고 똑바른 길 위에서 자전거를 타다가 페달을 밟지 않으면 얼마 후 멈추게 된다. 자전거의 움직임에 반대되는 마찰력이 작용하기 때문이다.

낙하산은 낙하를 20 km/h의 속도로 늦춰준다.

마찰이란 무엇일까?

마찰력은 맞닿은 두 물체 사이에 작용하는 힘이다. 마찰력은 서로의 상대적인 움직임에 반대로 작용하여 움직임을 늦추는데, 이때 운동에너지의 일부가 열로 바뀌게 된다. 자전거의 브레이크를 잡으면, 브레이크 패드와 바퀴의 림 사이에 생긴 마찰로 패드와 림 모두 뜨거워진다. 물체가 공기 중에서 움직일 때도 마찰은 생긴다. 이때의 마찰은 물체와 공기 분자 간의 계속되는 충돌에 의한 것이다.

마찰력은 어떻게 이용될까?

자동차에서 마찰은 정지할 때, 출발할 때 또는 방향을 바꿀 때 등 매우 유용하게 쓰인다. 빙판처럼 마찰이 너무 없으면 바퀴가 미끄러져 출발하거나 정지하기도 어렵고 또한 방향을 바꾸기도 어렵다. 낙하산은 커다란 천에 공기를 가두어 낙하 속도를 늦춘다. 이러한 공기의 마찰은 낙하 속도를 200 km/h에서 약 20 km/h로 늦추어 준다.

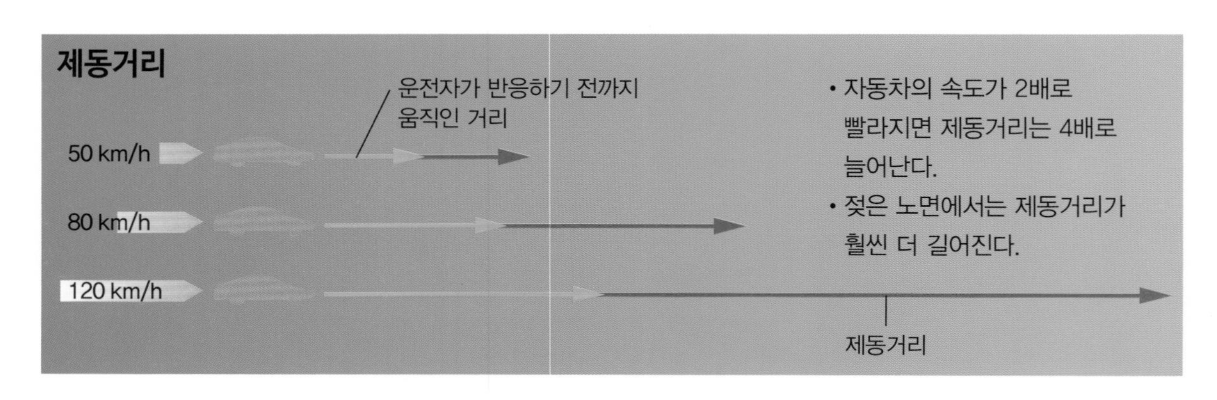

공기 역학이란?

마찰을 줄이기 위해서는 움직임을 방해하는 소용돌이를 만들지 않으면서 미끄러져 나아가야 한다. 공기의 저항은 움직이는 물체의 형태나 단면 혹은 물체 표면의 상태 등에 달려있다. 공기를 뚫고 지나가는 것은 단면이 작을수록, 표면이 매끈할수록 쉬워진다. 300 km/h 이하의 속도에서 가장 좋은 형태는 앞부분은 둥글고 뒷부분은 끝이 뾰족하게 끝나는 '물방울 형태'이다.

부가티 베이런의 공기 역학적 외형

1 km 레이스 경주에서 스키어가 200 km/h 이상의 속도로 내려오고 있다.

마찰을 줄여 보자

- 자전거
- 분필
- 완만한 경사로

1. 타이어 바람이 약간 빠진 자전거로 경사면의 높은 곳으로부터 페달을 밟지 않고 내려와서 자전거가 멈춘 지점에 분필로 선을 표시한다.

2. 이번에는 타이어에 바람을 최대한 넣고서 다시 실험하고 멈춘 지점에 표시한다.

3. 마지막으로 타이어 바람을 최대한으로 두고 상체를 앞으로 굽혀 공기 역학적인 자세를 취한다. 제일 멀리 간 경우는 이 마지막 경우이다. 왜냐하면 땅과 타이어 사이의 마찰을 줄이고, 몸과 공기와의 마찰도 훨씬 줄였기 때문이다.

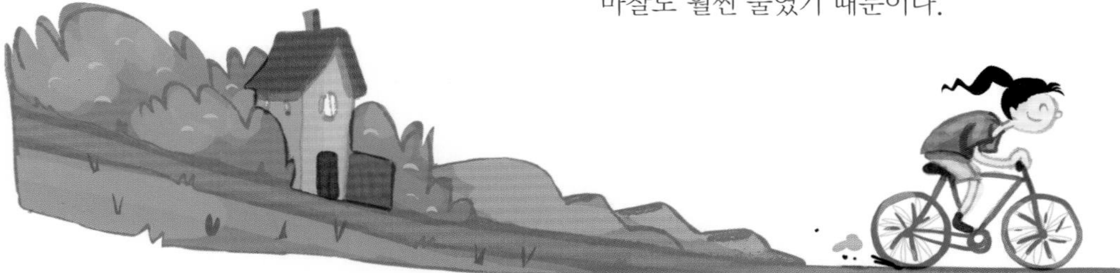

뉴턴은 사과가 떨어지는 것을 보고 중력의 법칙을 생각해 내었다.

중력과 평형

어떤 물체를 놓으면 물체는 떨어진다. 왜냐하면 눈에 보이지 않는 인력, 즉 중력이 모든 물체를 지구의 중심으로 잡아당기기 때문이다. 중력의 법칙에 따르면 우주의 모든 물체 사이에는 서로 잡아당기는 힘이 작용한다.

중력이란 무엇일까?

중력(또는 인력)은 두 물체 사이에 서로 잡아끄는 힘이다. 각 물체는 서로 다른 물체에 각각 다른 인력을 작용한다. 지구 표면에서 중력은 물체의 무게로 나타난다. 따라서 물체의 무게는 지구가 그 물체를 잡아당기는 힘이다. 반대로 지구도 그 물체가 잡아당기는 똑같은 크기의 힘을 반대 방향으로 받는다.

다른 별에서의 중력은?

어느 별의 표면에서의 중력은 그 별의 질량과 반지름에 달려 있다. 달 표면에서의 중력은 지구 표면에서의 중력보다 6배 정도 작다. 따라서 우주비행사들은 무거운 우주복을 입고도 걷는 데 별로 불편함을 느끼지 않는다.

코르크 마개를 세워 보자

끝이 휜 포크를 코르크 마개에 꽂고 테이블 가장자리의 끝에 놓는다. 그래도 마개가 떨어지지 않는다. 왜냐하면 무게중심이 포크 때문에 아래로 내려갔기 때문이다.

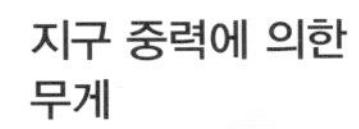

뉴턴의 유명한 만유인력 공식

1687년에 뉴턴은 〈철학의 원리〉에서 만유인력의 법칙을 설명했다. 그는 떨어지는 사과를 보고서 이 법칙의 ‘영감’을 얻게 되었다. 이 법칙의 파급력은 대단했다. 왜냐하면 만유인력의 법칙으로 천체에서 일어나는 거의 모든 일을 예측할 수 있었기 때문이다.

갈릴레이의 낙하 실험

갈릴레이는 물체의 낙하를 연구하기 위해 여러 실험을 했다. 그는 실험을 위해 기울어진 것으로 유명한 피사의 탑 꼭대기에 올라 모양은 같지만 질량은 다른 여러 개의 공을 떨어뜨렸다고 한다. 사실 그가 한 것은 기울어진 평면에 공들을 굴러 내려오게 해서 공의 질량에 상관없이 공들이 땅에 내려오는 시간이 모두 같다는 것을 확인한 것이다. 이것은 아주 일찍부터 내려오던 아리스토텔레스의 주장과는 다른 것이었다.

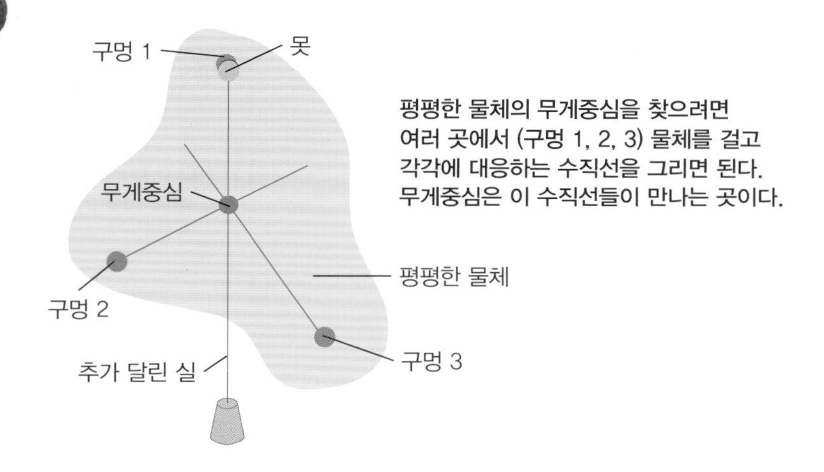

평평한 물체의 무게중심을 찾으려면 여러 곳에서 (구멍 1, 2, 3) 물체를 걸고 각각에 대응하는 수직선을 그리면 된다. 무게중심은 이 수직선들이 만나는 곳이다.

무게중심과 평형

중력은 물체의 각 점에 작용한다. 그렇지만 물체는 마치 물체의 모든 무게가 무게중심에 모여 있는 것처럼 행동한다. 물체의 평형은 이 무게중심의 위치에 달려있다. 즉 무게중심을 지나는 수직선이 물체가 바닥과 닿은 바닥면의 안쪽에 있어야 한다. 또한 무게중심의 위치가 낮을수록 물체는 더 안정된다.

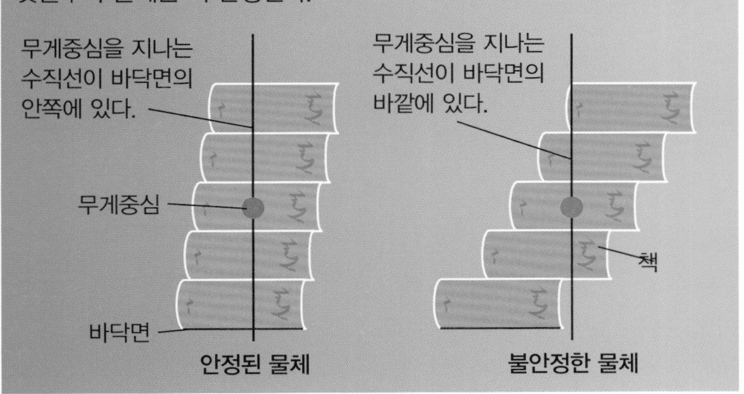

이탈리아에 있는 피사의 탑

원운동

많은 물체가 원운동을 한다. 바퀴나 회전목마, 선풍기, 음반 또는 지구를 도는 위성들이나 달, 태양을 도는 지구도!

회전그네의 구심력은 그네에 탄 사람들이 원운동을 하게 한다.

구심력과 그 효과는?

외부에서 힘을 가하지 않으면 움직이는 모든 물체는 일직선으로 나아간다. 원운동을 하기 위해서는 물체가 계속해서 방향을 바꾸도록 해 주는 힘이 필요하다. 이 힘을 구심력이라고 부르는데, 실에 돌을 묶어서 돌려보면 알 수 있다. 돌의 원운동 속도는 줄로 전해지는 구심력이 원심력과 정확히 같도록 정해진다. 만일 줄을 끊으면 원운동을 하던 물체는 원의 접선 방향으로 똑바르게 날아갈 것이다.

원심력이란?

어떤 사람이 원운동 하는 자동차의 차창에 있다고 했을 때, 이 사람의 관성은 이 사람을 직선운동하게 하려 하지만 구심력은 자동차를 안쪽으로 당겨서 자동차가 원 위에 머물게 하려고 한다. 마찬가지로 자동차가 우회전을 하면 이 사람은 왼쪽 문에 달라붙게 된다. 이것이 우리가 말하는 원심력이다.

위성과 태양계의 행성들

태양계의 9개 행성에 대해 미치는 태양의 중력은 그들의 원심력에 대해 균형을 잡아서 행성들이 제 궤도를 유지하도록 한다. 지구 상공에 떠 있는 위성도 궤도에 머무르려면 위성을 잡아당기는 지구의 중력을 상쇄할 수 있도록 충분히 빠른 속도로 돌아야 한다. 즉 속도가 28,000 km/h 이상이어야 한다.

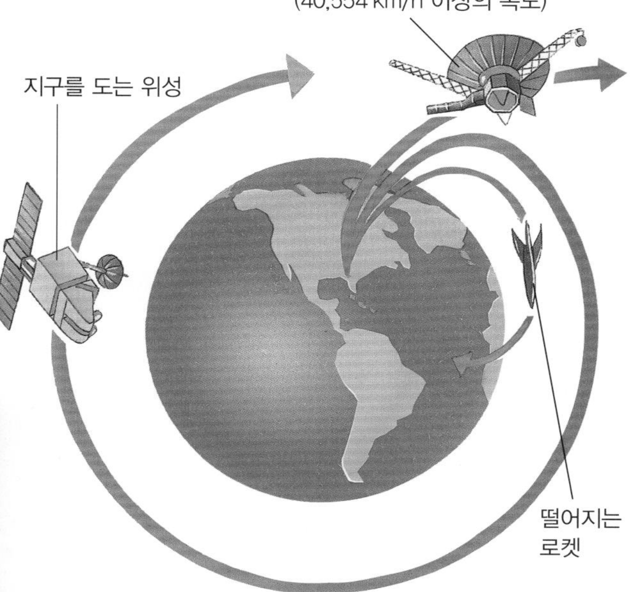

자전거의 균형은 바퀴의 원운동에서 온다.

원운동을 하는 물체의 관성

직선운동을 하는 물체가 그 관성에 의해서 방향이 바뀌는 데에 대해 저항하면서 계속해서 직선으로 나아가려 하듯이 빠르게 회전하는 물체도 방향을 바꾸려 하면 이에 저항한다. 자전거나 오토바이가 그 속도가 빨라질수록 더욱 안정적이 되는 것도 바로 이 이유이다. 이 현상을 이용한 것이 바로 자이로스코프이다.

자이로스코프

자이로스코프는 자유롭게 움직이는 회전축에 장착된 무거운 바퀴(회전자)로 구성되어 있다. 회전자가 빠르게 회전하면 자이로스코프는 자신에게 가해지는 힘에 저항한다. 따라서 만일 회전자가 돌고 있을 때 회전축이 북쪽을 가리키고 있었다면 자이로스코프는 계속 같은 방향을 유지하려 한다. 그래서 자이로스코프는 로켓에서 지리적 북쪽을 찾는 데 이용된다.

자이로스코프

빗면과 바퀴

처음에는 맨손으로 일을 하거나 또는 동물의 힘만 빌려 쓸 줄 알았던 인간은 힘든 일을 할 때 빗면이나 바퀴 등을 이용해 일을 쉽게 하는 등 점차 기계들을 사용하게 되었다.

피라미드는 빗면을 이용해 만들었다.

빗면의 이용

여러분은 산에 오를 때 다음과 같은 일을 경험했을 것이다. 경사가 급한 길로 오르면 힘은 많이 들지만 시간이 짧게 걸리는 반면, 경사가 완만한 길로 오르면 힘은 덜 들지만 시간은 오래 걸린다. 어떻게 하든 여러분이 한 일은 같다! 이러한 관찰의 논리에는 빗면이 있다. 즉 빗면은 힘은 덜 들지만 거리는 멀어진다. 움직이는 경사면인 쐐기도 도끼나 가위 또는 대패나 쟁기처럼 자르는 기계에 많이 쓰인다.

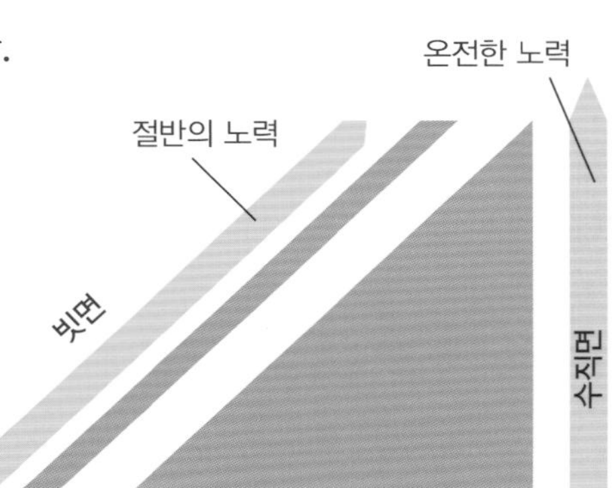

바퀴의 이용

아주 무거운 짐을 옮길 때는 마찰을 줄여야 한다. 옛날에는 마찰을 줄이려고 통나무를 사용했다. 이 방법은 짐을 바닥에서 그냥 끌기보다는 쉽지만, 맨 뒤의 통나무를 다시 맨 앞으로 가져와 끼워야 한다. 바퀴는 이 문제를 해결했다. 바퀴는 항상 짐 밑에 있으면서 마찰을 크게 줄여준다. 바퀴는 또한 힘(돌림힘)을 증대시킨다. 바퀴 겉 부분을 적당한 힘으로 미는 것은 바퀴축 부근을 힘껏 미는 것과 같은 효과가 난다. 바퀴는 크랭크에서 열쇠나 톱니바퀴, 방아, 핸들까지 다양하게 이용된다.

빻을 곡물
맷돌
물
곡물 분말
축
수평 물받이판

그리스의 제분기: 옆에서 물이 와서 흐르며 수평 물받이판을 돌린다.

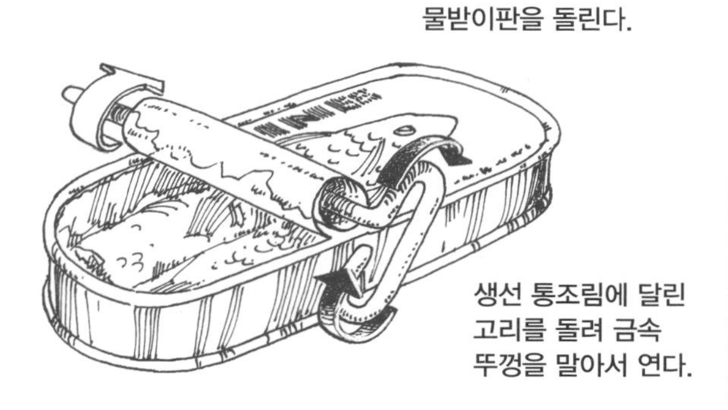

생선 통조림에 달린 고리를 돌려 금속 뚜껑을 말아서 연다.

드라이버의 손잡이는 회전력을 크게 만든다.

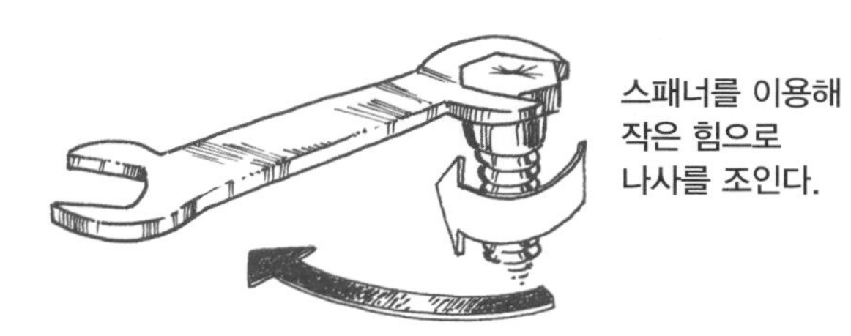

스패너를 이용해 작은 힘으로 나사를 조인다.

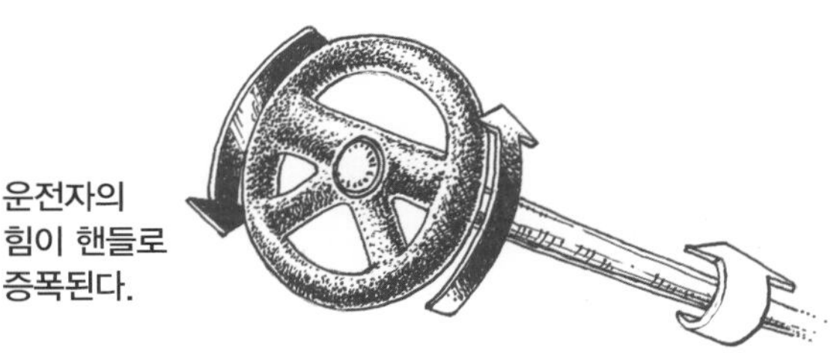

운전자의 힘이 핸들로 증폭된다.

빗면에서의 힘을 테스트해 보자

- 매끄러운 표지로 된 책
- 끈
- 알루미늄 포일로 감싼 정육면체 2개

1. 끈을 40 cm 길이로 잘라서 정육면체 A와 B를 양 끝에 각각 묶는다. 처음 그림처럼 책을 수직으로 두면 두 정육면체는 움직이지 않는다.

2. 천천히 책을 기울인다. 어느 정도 기울이면 책 위에 놓인 A가 미끄러지면서 책의 경사면을 올라가기 시작한다. B의 무게는 당연히 변하지 않았으므로, 이 실험은 A가 올라가는데 필요한 힘이 줄어들었다는 것을 보여준다.

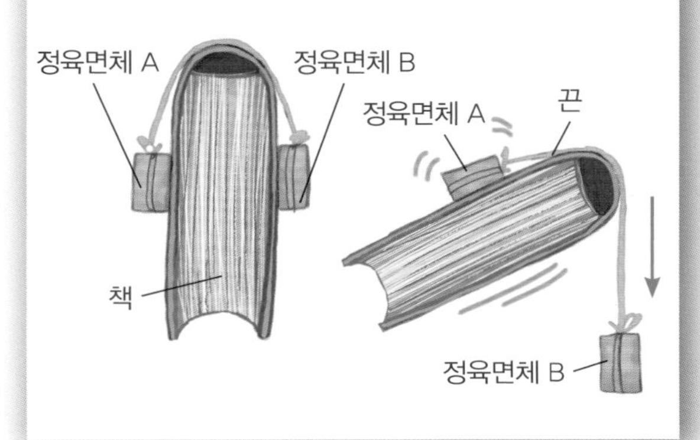

지렛대와 도르래

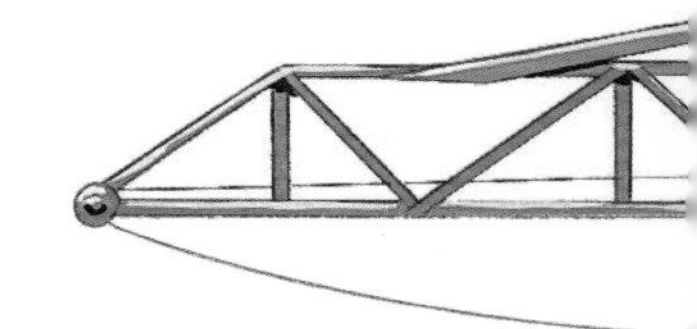

지렛대와 도르래는 물체의 움직임을 느리게 하여 인간의 육체적인 힘 또는 기계의 힘을 최대한 잘 이용할 수 있게 해 준다.

고정, 움직, 복합도르래란 무엇일까?

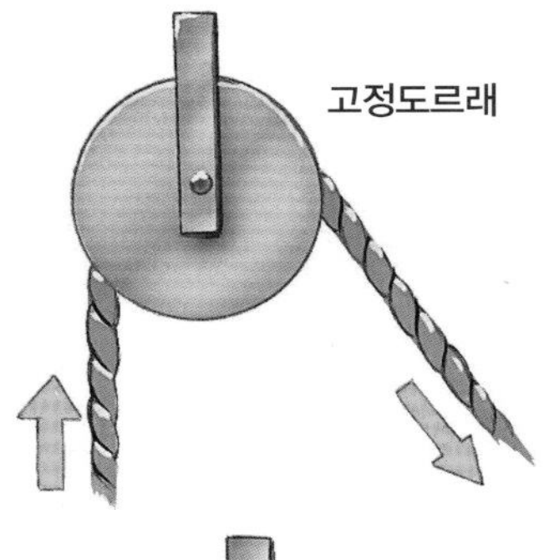

고정도르래: 당기는 것을 더 수월하게 하지는 않고, 단지 힘의 방향만 바꾸어 작용하게 만든다. 아래로 잡아당기면 물체를 끌어 올리는 데 자신의 몸무게를 이용할 수 있다.

움직도르래: 힘의 방향만 바꾸는 것이 아니라 당기는 것을 수월하게 해 준다. 짐은 당기는 힘이 잡아당기는 거리의 반밖에 움직이지 않는다. 그러나 이 방법으로 두 배 더 무거운 짐을 올릴 수 있다.

복합도르래: 여러 개의 도르래를 이용해서 작용하는 힘을 늦추어 더 무거운 짐을 올릴 수 있다.

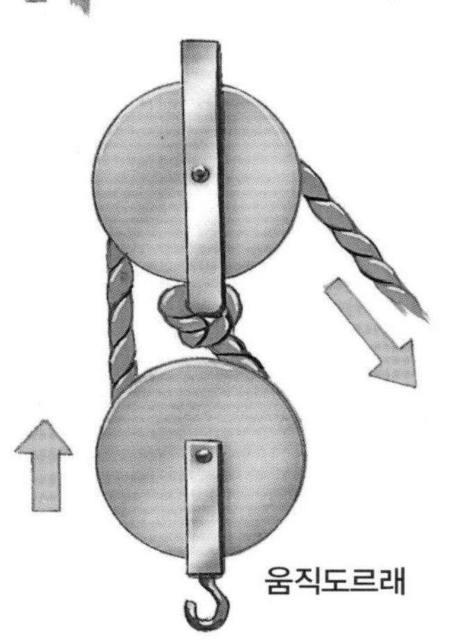

지렛대의 세 가지 종류

시소는 지렛대의 원리를 이용한다. 타는 두 사람이 무게가 같다면 괜찮지만, 다르다면 무거운 쪽이 앞으로 와야 균형을 이룰수 있다.

1종 지렛대: 받침점이 힘점과 작용점 사이에 있다. 작은 힘으로 작용할 수 있다.

2종 지렛대: 받침점과 힘점이 양 끝에 위치하고 작용점이 그 사이에 있다.

3종 지렛대: 힘점이 받침점과 작용점 사이에 있다. 큰 힘으로 힘점을 작게 움직이면 작용점이 크게 움직인다.

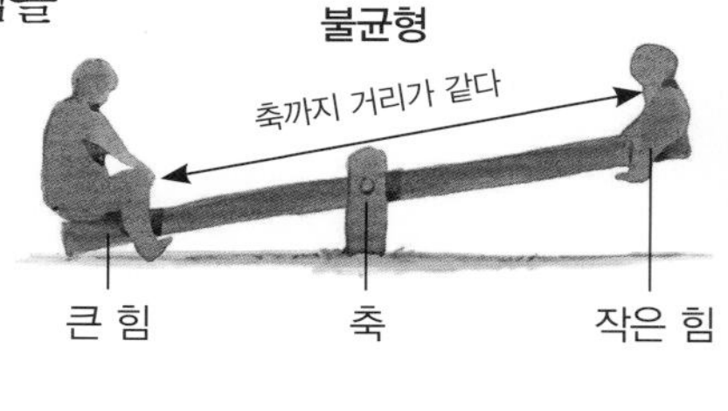

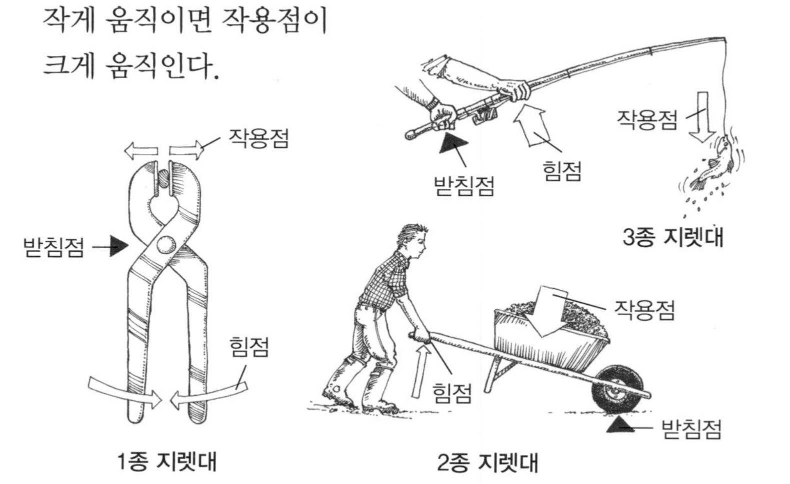

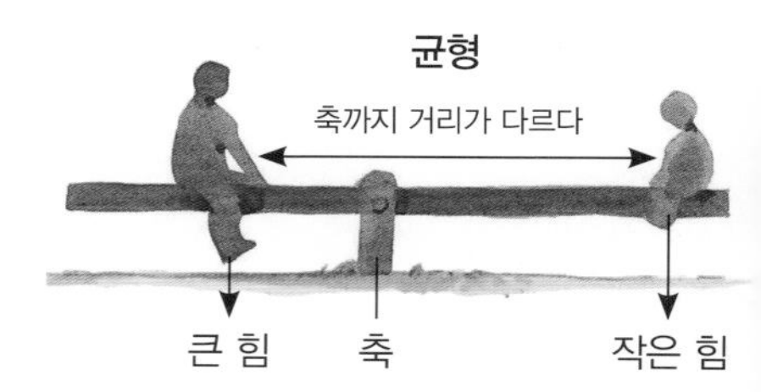

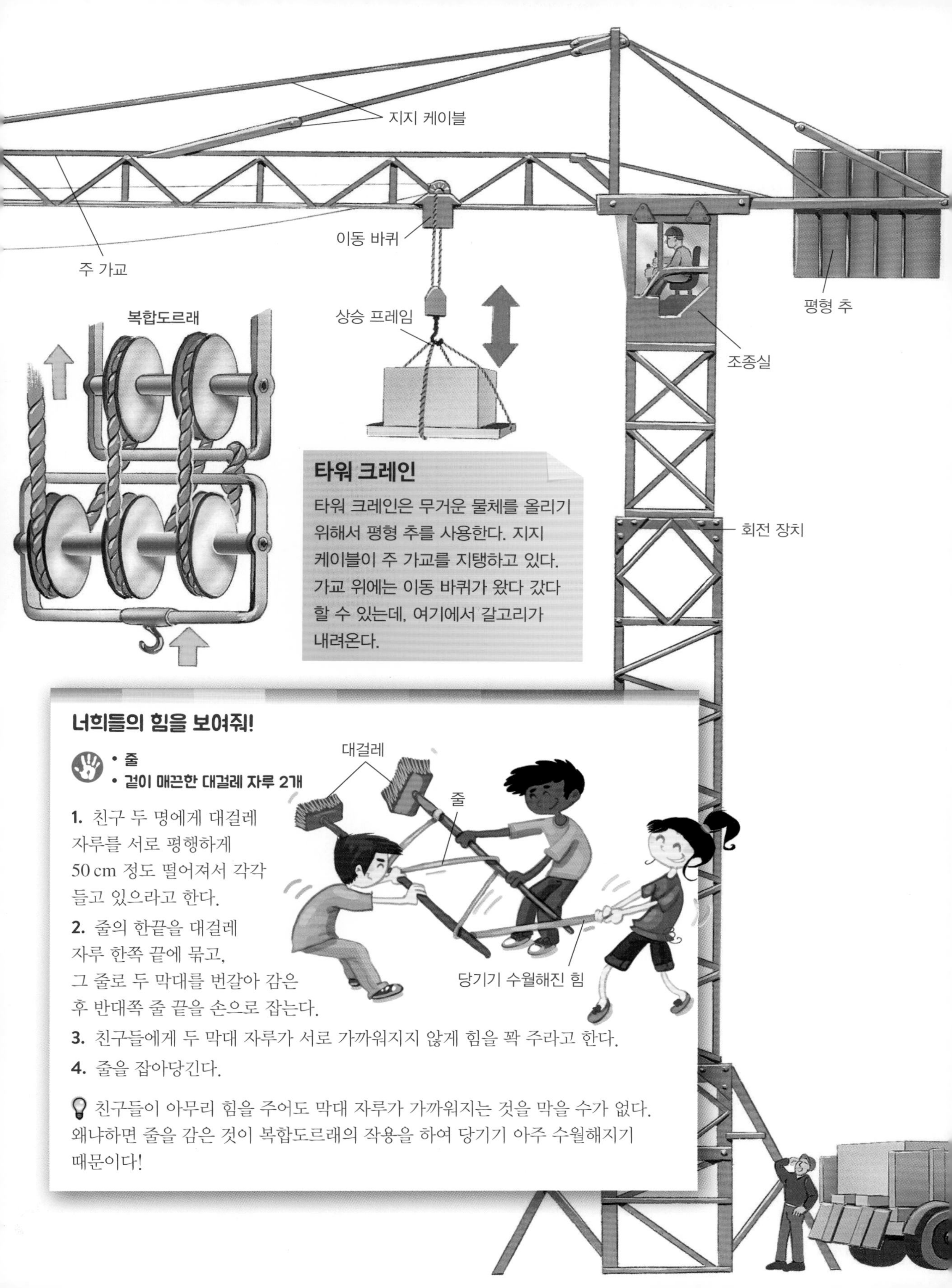

타워 크레인

타워 크레인은 무거운 물체를 올리기 위해서 평형 추를 사용한다. 지지 케이블이 주 가교를 지탱하고 있다. 가교 위에는 이동 바퀴가 왔다 갔다 할 수 있는데, 여기에서 갈고리가 내려온다.

너희들의 힘을 보여줘!

- 줄
- 겉이 매끈한 대걸레 자루 2개

1. 친구 두 명에게 대걸레 자루를 서로 평행하게 50 cm 정도 떨어져서 각각 들고 있으라고 한다.

2. 줄의 한끝을 대걸레 자루 한쪽 끝에 묶고, 그 줄로 두 막대를 번갈아 감은 후 반대쪽 줄 끝을 손으로 잡는다.

3. 친구들에게 두 막대 자루가 서로 가까워지지 않게 힘을 꽉 주라고 한다.

4. 줄을 잡아당긴다.

친구들이 아무리 힘을 주어도 막대 자루가 가까워지는 것을 막을 수가 없다. 왜냐하면 줄을 감은 것이 복합도르래의 작용을 하여 당기기 아주 수월해지기 때문이다!

톱니바퀴와 체인 그리고 벨트

래크

운동을 전달하려고 할 때, 특히 때에 따라서 그 속도나 힘을 조절하면서 전달하려고 할 때는 톱니바퀴나 체인 그리고 벨트 등을 사용한다.

평톱니

피니언
(톱니바퀴)

래크와 피니언: 피니언 톱니바퀴의 톱니가 직선 형태의 래크의 홈에 물려 동력을 전달한다.

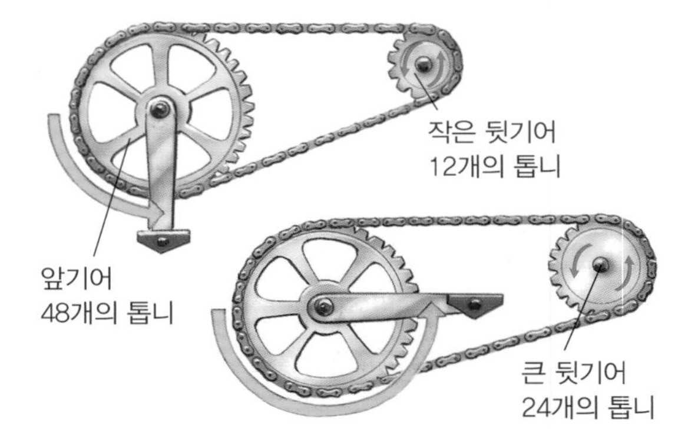

체인과 벨트의 이용

자전거 속도의 조절은 앞기어와 뒷기어의 크기의 비율로 결정된다. 평탄한 길에서 앞기어는 48개의 톱니, 뒷기어는 12개의 톱니를 선택하면 페달을 4분의 1만 돌려도 뒷바퀴가 한 바퀴 돌게 된다. 왜냐하면 페달 쪽의 앞기어가 뒷기어보다 톱니가 4배 더 많기 때문이다. 경사면을 오를 때에는 뒷기어를 더 큰 24개의 톱니로 선택한다. 이번에는 페달을 반 바퀴 돌리면 뒷바퀴가 한 번 회전한다. 이렇게 하면 힘이 덜 들면서 경사면을 오를 수 있지만 속도는 아까의 반으로 느려진다!

톱니바퀴는 2개의 톱니로 된 바퀴를 이용하는데, 이 두 바퀴의 지름이 서로 다르면 한 바퀴에서 다른 바퀴로 전달되는 회전 속도가 달라진다.

응용

탈수기는 매우 빨리 돌아서 통 속의 내용물을 탈수시킨다. 작동 원리는 간단하다. 구동축에 연결된 톱니바퀴가 안의 아주 작은 톱니바퀴와 연결되어 통을 돌리는데, 구동축이 한 바퀴 돌 때 탈수기 통은 7바퀴를 돌게 되어 원하는 만큼의 매우 빠른 회전 속도를 얻을 수 있다.

자동차의 방향

자동차의 핸들이 움직이면 운전대의 축이 회전하고, 이에 따라 래크가 오른쪽 또는 왼쪽으로 움직인다. 자동차 바퀴도 따라서 방향이 바뀐다.

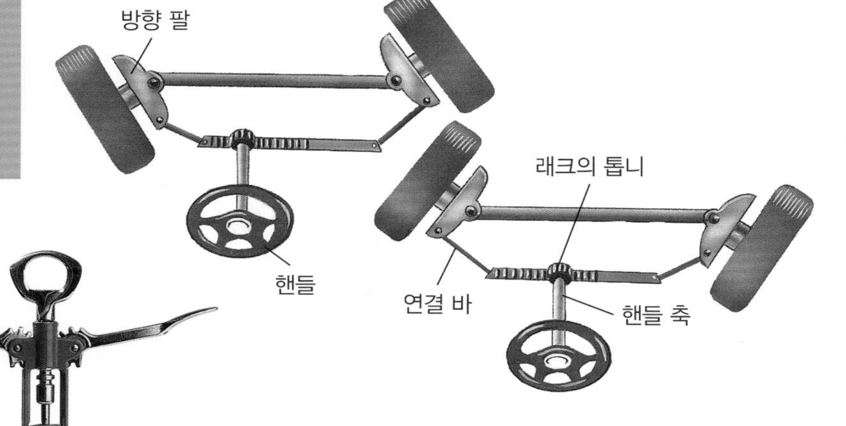

1 2 3

1. 코르크 병따개는 레버를 가진 웜기어를 이용한다. 병따개를 병 입구에 놓는다.

2. 스크류를 돌리면서 코르크에 밀어 넣으면 팔이 올라간다.

3. 스크류가 코르크에 완전히 들어가면 레버 팔의 끝을 작은 힘만으로 눌러도 코르크가 올라온다. 이 힘은 코르크 위에서 래크에 작용하는 지렛대의 원리에 의해 얻어진다.

원추형 톱니

웜기어와 톱니바퀴는 회전의 방향과 속도를 바꾼다.

웜기어

이 드레지엔 자전거를 선전하는 문구는 '60 km를 15일에'였다.

자전거

초기의 자전거들, 즉 (발로 땅을 차며 달리는) 셀레리페르나 드레지엔은 19세기에 비약적인 발전을 거쳐 인간의 힘을 움직임으로 바꾸는 가장 효율적인 기계인 오늘날의 자전거로 진화하였다.

최초의 자전거: 셀레리페르와 드레지엔

최초의 자전거는 나무 틀에 바퀴 두 개를 달아서 발로 땅을 차면서 나아가는 셀레리페르였다. 1819년에 독일의 칼 드레스는 이 자전거의 앞바퀴 축 위에 손잡이를 달아 앞바퀴가 좌우로 회전하게 만들었는데, 이것이 최초의 드레지엔 자전거이다.

1950년대의 한 카탈로그는 제비같이 날렵한 자전거를 선전한다.

1936년: 여행과 자전거!

현대의 자전거로의 진화

1861년부터 피에르와 에르네 미쇼는 드레지엔의 앞바퀴 축에 쇠로 된 크랭크 한 쌍, 즉 페달을 달았다. 1870년에는 자전거의 앞바퀴가 1.5 m, 뒷바퀴가 60 cm여서 운전이 쉽지 않았다. 1880년에 미국인 스탠리가 체인으로 자전거 뒷바퀴를 움직이게 했다. 오늘날의 현대적 자전거는 20세기 초에 나왔다.

오늘날의 자전거는 페달에 보조시스템을 갖추고 있어 전기에너지로 운전자의 힘을 덜어 준다.

복합적이고 효율적인 기계: 자전거

자전거의 페달은 지렛대처럼 작용해서 앞기어를 움직인다. 체인은 앞기어를 크기가 다른 뒷기어와 연결하여 뒷바퀴를 움직이게 한다. 즉 앞기어와 뒷기어는 체인으로 연결된 톱니바퀴들이다. 따라서 페달을 밟는 힘은 뒤로 전달되어 뒷바퀴를 돌린다. 가볍고 날렵한 외형의 경주용 자전거는 매우 효율적이어서, 사람이 발로 뛰면 한 시간에 20 km를 뛰지만 경주용 자전거 우승자는 한 시간에 50 km를 주파할 수 있다.

도시의 자전거

많은 도시에서는 사람들이 자유롭게 이용하도록 자전거를 무료로 제공하고 있다. 1974년에 로셸 주에서는 350대의 노란 자전거를, 1995년에 코펜하겐에서는 120곳의 정류장에 1000여 대의 자전거를, 1998년에 레느 지방에서는 처음으로 정보화된 셀프서비스를, 2007년에는 바르셀로나와 파리에서 자전거 서비스를 시행하였다. 2008년에 파리에서는 세계에서 가장 큰 규모인 '벨리브'라는 무인 자전거 대여 서비스를 운영하여 무려 1,451곳의 정류장에 20,600대의 자전거를 지원하고 있다.

산악자전거를 타면 예전에는 갈 수 없었던 울퉁불퉁한 길도 얼마든지 달릴 수 있다.

범선과 요트

수많은 소형 보트들이 돛을 이용해 바람의 힘으로 나아간다. 윈드서핑, 돛을 단 범선이나 요트, 낚싯배 등등. 이러한 무공해의 자연 에너지는 5000년도 넘는 세월 동안 배들을 움직였다.

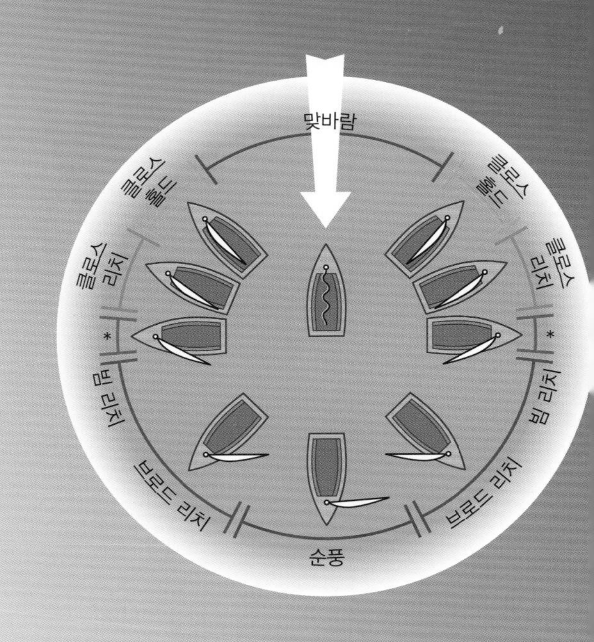

세 가지 바람

순풍: 돛이 바람에 수직이고, 따라서 배의 앞뒤 축에도 수직이다. 바람의 힘이 돛을 뒤에서 곧바로 밀어서 돛이 부풀고 편류가 없다.

횡풍: 돛이 바람과 45°를 이룬다. 돛에 대한 바람의 공기 역학적인 힘이 두 방향으로 나뉜다. 한 힘은 추진력으로 배를 앞으로 나아가게 하고, 다른 힘은 옆으로 편류하게 한다.

클로스 홀드: 돛이 배의 축과 최대로 다가간다. 돛의 방향을 조정해 추진력은 최소가 되고 편류는 최대가 된다. 가장 어려운 바람 방향이다.

맞바람으로 나아가기

요트는 바람이 불어오는 쪽으로 나아갈 수 없다. 실제로 가장 경험 많은 선수가 바람과 취할 수 있는 각은 약 45 °이다. 만일 바람 쪽으로 나아가려면 옆을 당겨서 지그재그로 나아가야 한다. 사프란이라는 키의 밑판을 이용하는데, 이것을 돌려서 배의 밑을 지나는 물의 흐름을 빗나가게 한다.

캐러벨: 바람을 향해 나아갈 수 있는 배!

르네상스 시대에 캐러벨을 발명하기 전에는 가장 좋은 배도 바람과 67 °까지만 나아갈 수 있었다. 캐러벨은 55 °까지 가능했다. 따라서 같은 거리를 5 에지(edge, 배가 진로를 바꾸지 않고 비스듬히 한 번에 간 거리)에서 3 에지로 갈 수 있어 항해의 거리와 시간을 크게 단축시켰다.

고대 이집트인들의 항해

고대 이집트인들은 훌륭한 항해자였으며, 5000년 전 배들의 설계도를 보여주는 그림들을 많이 남겼다. 독특하고 네모난 돛을 단 그들의 배는 바람을 향해서는 항해할 수 없었다.

이집트의 배

새로운 세상

장거리 항해를 위해서 건조된 범선들은 그 시대에 가장 빠른 배들이었다. 이 배들은 특히 1850년에서 1870년 사이에 많이 건조되어 유럽의 이민자들을 케이프 혼을 거쳐 캘리포니아로, 호주의 양모를 영국으로, 중국의 차를 런던으로 운송했다. 그 당시 런던에서 호주까지의 횡단 기록은 60일이었다.

범선

글라이더

엔진 없이 대기의 흐름을 이용하는 것만으로도 날 수 있다. 글라이더나 소형 삼각 비행기뿐만 아니라 갈매기나 가마우지, 알바트로스 등의 새들도 같은 흐름을 이용한다.

양력을 받는 날개는 길쭉하게 뻗어 있다.

대기의 흐름을 이용한다

글라이더는 대기의 상승기류를 이용하여 높은 고도로 올라갈 수 있고, 상당한 거리를 비행할 수도 있다. 또한 열 상승기류나 경사면 상승기류를 이용하기도 한다.

날개

공기는 날개 위와 날개 아래를 다른 속도로 지나가는데, 이는 압력의 차이를 만들어 위로 빨려 올라가게 만든다. 그러나 공기가 매우 빨라야 날개에 이러한 양력이 생긴다. 그렇지 않으면 공기의 흐름이 교란되어 양력을 잃고 추락하게 된다.

유리 섬유로 된 동체는 공기 역학적인 표면을 가졌다.

결국은 내려오게 되어 있다!

글라이더가 비행기에 의해 줄에 매달려 띄워진다. 적절한 고도에서 놓이면 자신의 무게에 의해 천천히 내려오기 때문에 일정한 속도로 서서히 이동한다. 1 m 고도가 낮아지는 동안 움직인 수평거리를 활공비(양항비)라고 한다. 활공비가 50인 글라이더는 1 m 내려갈 때 50 m 앞으로 나아간다.

베르누이 효과란?

만일 종이 한 장을 입 앞에 놓고 그 위를 불면 종이가 올라간다. 스위스의 과학자 베르누이 (Daniel Bernouilli, 1700~1782년)는 이렇게 기체 또는 액체가 빠르게 지나갈수록 압력이 더 작아진다는 것을 발견했다.

종이로 글라이더를 만들어 보자

- 21×29.7 cm 종이
- 접착테이프
- 20 cm 자
- 연필

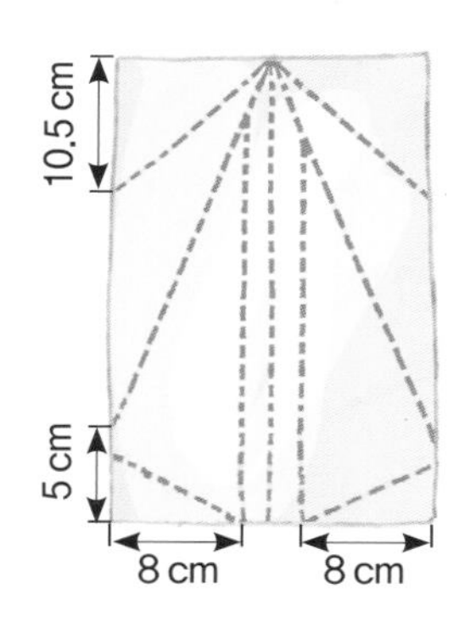

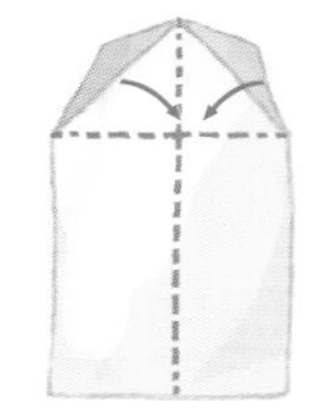

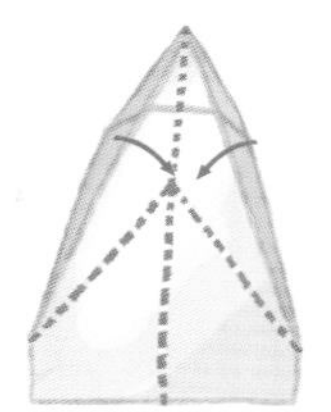

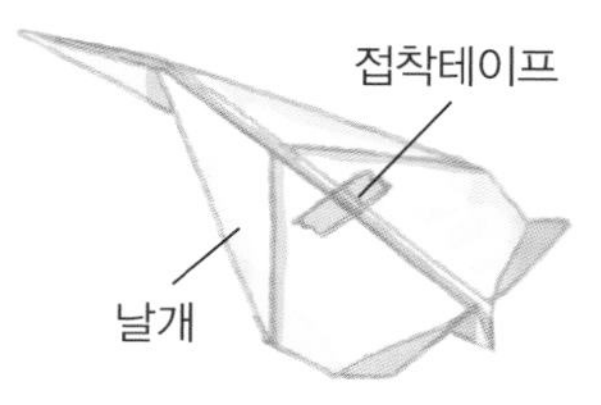

1. 종이의 짧은 두 변의 중앙을 서로를 잇는 직선을 그리고, 그 중앙에서부터 종이의 긴 변의 끝에서부터 10.5 cm 떨어진 두 점에 직선을 긋는다. 그리고 그 두 직선을 따라 접는다.

2. 다시 그 중앙의 점으로부터 긴 변의 다른 쪽 끝에서 5 cm 떨어진 두 점에 선을 긋고, 다시 이 선들을 따라 접는다.

3. 종이의 짧은 변의 끝에서 8 cm 되는 두 곳에서 각각 중앙의 직선에 평행하게 선을 긋는다. 옆의 그림과 같이 접는다.

4. 접착테이프로 날개를 고정한다. 날개 모양으로 선을 따라 접으면 글라이더가 완성된다! 만일 글라이더가 너무 높게 올라가면 날개의 경사를 낮추어 바르게 날도록 한다.

황새는 대기의 열 상승을 타고 날아 날개를 움직이지 않고도 높이 올라갈 수 있다.

알바트로스는 상승기류를 이용하기 때문에 바람이 없으면 날지 못한다.

글라이더처럼 활공하는 새들

갈매기나 가마우지는 경사면의 상승기류를 이용하는 반면, 황새나 맹금류들은 열 상승기류를 이용한다. 알바트로스는 활공비가 24로 자연에서는 가장 훌륭한 글라이더이지만, 인간이 만든 글라이더는 양항비 60으로 이보다 훨씬 앞선다!

엔진

에너지를 이용해서 움직이려면 엔진이 필요하다. 그 중 내연 기관과 제트 엔진은 가장 많이 사용되는 엔진이다.

4사이클(행정) 내연 기관이란?

이 엔진은 연소실에서 공기와 휘발유 혼합기체를 태운다. 발생한 열은 공기를 팽창시키고 피스톤을 밀어내 크랭크축을 돌게 한다. 따라서 열을 역학적 에너지로 바꾸는 것이다. 4행정 엔진에서는 한 행정에서만 엔진이 일을 한다. 즉 전체 사이클의 4분의 1에서만 한다. 그러므로 연소 기관이 대부분 4, 6, 또는 8개의 실린더로 되어 있고, 각 실린더의 순서대로 점화가 이루어져 크랭크축의 회전을 훨씬 부드럽게 하고 있다.

1. 피스톤이 내려갈 때 휘발유와 공기의 혼합기체가 흡기 밸브를 통해서 실린더로 들어온다.

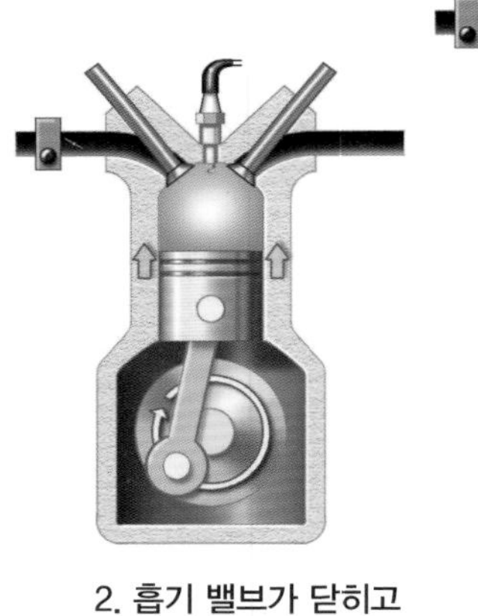

2. 흡기 밸브가 닫히고 피스톤이 올라가며 혼합기체를 압축한다.

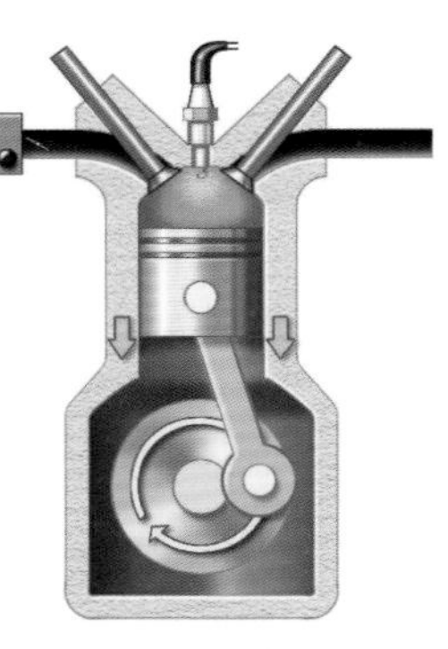

3. 점화 플러그가 불꽃을 일으켜 혼합기체를 태운다. 이 폭발로 피스톤이 밑으로 내려간다.

4. 배기 밸브가 열리고 배기가스를 밖으로 배출한다.

비행기의 제트 엔진

대부분의 비행기 엔진은 터보제트 엔진으로, 등유(석유)를 연소시켜 뉴턴의 제3법칙인 반작용의 법칙을 이용해 비행기를 앞으로 추진한다. 즉 모든 힘의 작용은 힘의 크기가 같고 방향이 반대인 반작용을 일으킨다. 터보제트 엔진은 앞에서 공기를 받아들여 이를 매우 빠른 속력으로 뒤로 분사해서 비행기를 앞으로 추진시킨다. 이 경제적이고도 고성능인 강력한 엔진은 비행기에 혁명을 가져왔다.

터보제트 엔진

터빈 축
연료 주입
회전 날개로
공기를 압축
공기
공기
공기-연료의
혼합기체를 연소
배출가스로
추진력을 얻는다.

터보프로펠러 엔진

연소실
공기
공기
배출가스가
추진력을 더한다.
프로펠러가 추진력
일부를 일으킨다.

자동차 경주는 엔진의 발전을 촉발시켰다.

터보제트 엔진이란?

회전하는 터빈이 엔진에 공기를 빨아들인다. 공기의 일부가 콤프레셔로 들어가 압축되면서 등유와 혼합되어 폭발한다. 뜨거운 기체가 팽창하면서 터빈 뒤로 뿜어져 터빈을 돌리며 분사되어 추진력을 얻는다. 나머지 차가운 공기는 뜨거워진 엔진을 감싸며 엔진을 냉각시킨다. 이 기체는 뜨거워지면서 뒤로 배출되어 또 다른 추진력이 생긴다.

터보프로펠러 엔진이란?

터보프로펠러 엔진은 터보제트 엔진처럼 작동하지만 프로펠러가 있어 또 다른 추진력을 제공한다. 연료는 적게 들지만 터보제트 엔진보다 속도가 느리다.

자동차

수많은 부품으로 이루어진 오늘날의 자동차는
엔진, 브레이크, 서스펜션, 변속기 등 많은 요소의 복합체이다.

서스펜션

고르지 못한 도로 때문에 생기는 덜컹거림과
충격을 완화하기 위해서 용수철과
충격 완화 장치 등을
사용한다.

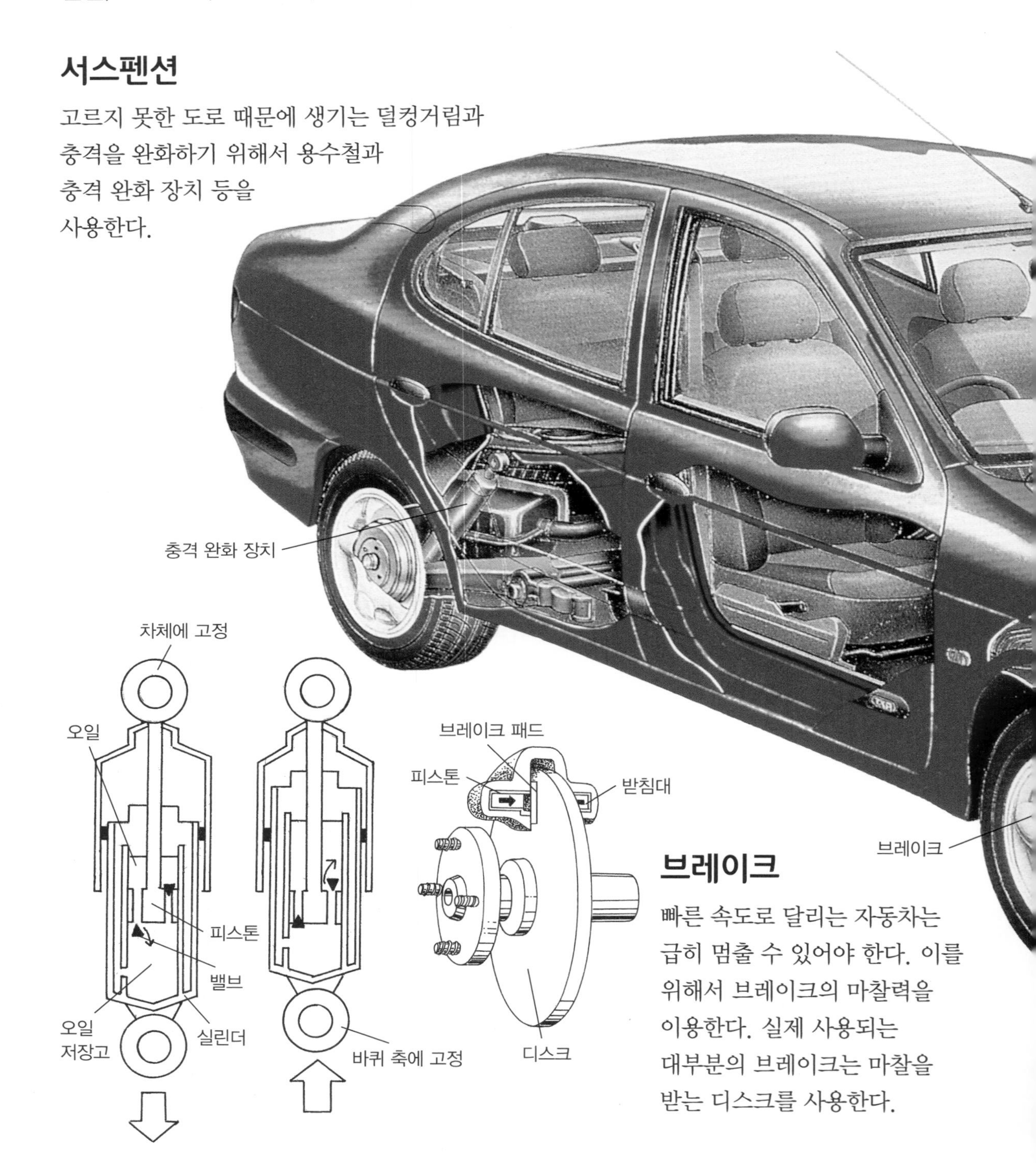

브레이크

빠른 속도로 달리는 자동차는
급히 멈출 수 있어야 한다. 이를
위해서 브레이크의 마찰력을
이용한다. 실제 사용되는
대부분의 브레이크는 마찰을
받는 디스크를 사용한다.

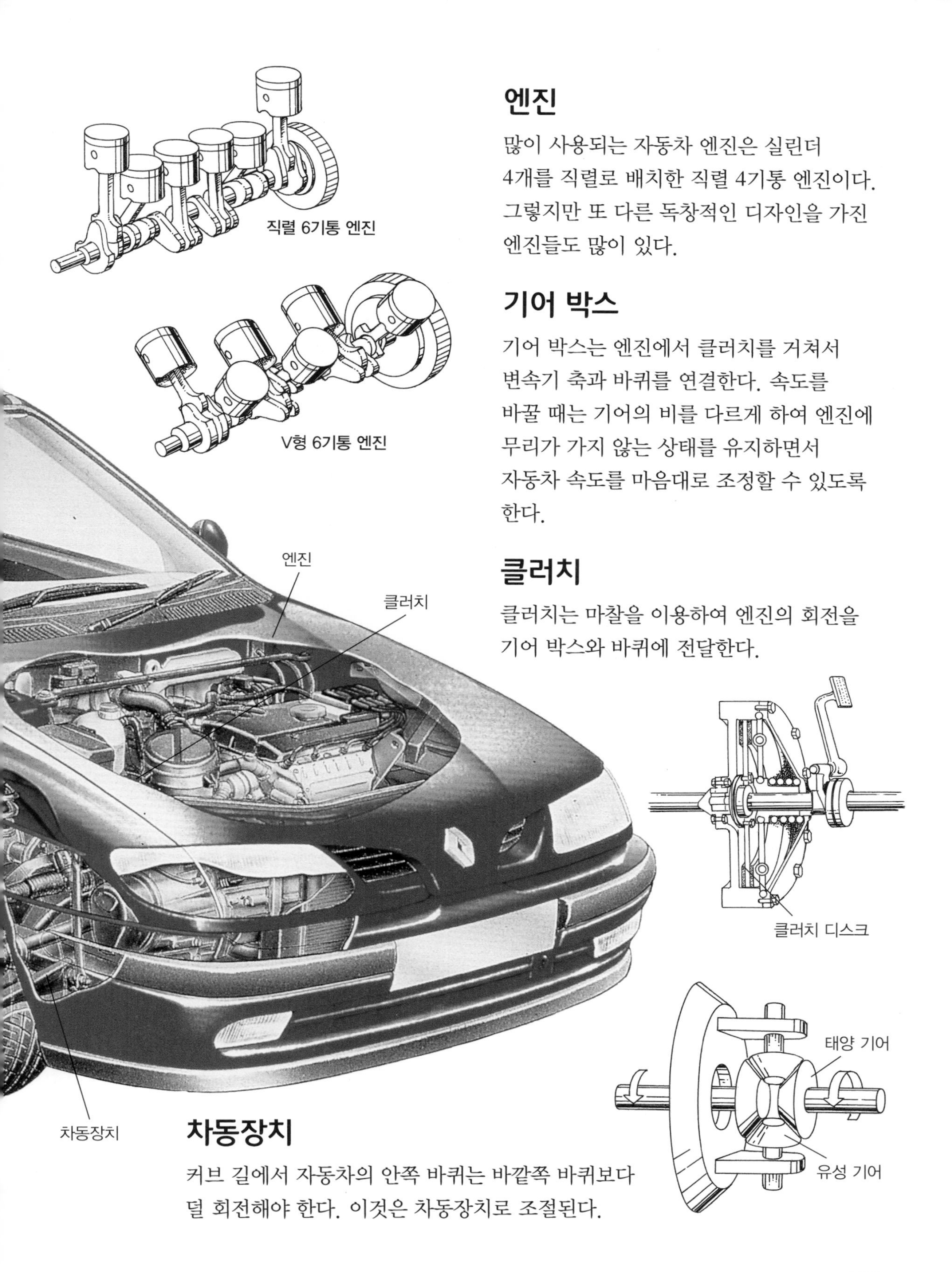

엔진

많이 사용되는 자동차 엔진은 실린더 4개를 직렬로 배치한 직렬 4기통 엔진이다. 그렇지만 또 다른 독창적인 디자인을 가진 엔진들도 많이 있다.

기어 박스

기어 박스는 엔진에서 클러치를 거쳐서 변속기 축과 바퀴를 연결한다. 속도를 바꿀 때는 기어의 비를 다르게 하여 엔진에 무리가 가지 않는 상태를 유지하면서 자동차 속도를 마음대로 조정할 수 있도록 한다.

클러치

클러치는 마찰을 이용하여 엔진의 회전을 기어 박스와 바퀴에 전달한다.

차동장치

커브 길에서 자동차의 안쪽 바퀴는 바깥쪽 바퀴보다 덜 회전해야 한다. 이것은 차동장치로 조절된다.

비행기

음속의 세 배 가까이 나는 초음속 전투기부터 속도가 60 km/h를 넘지 않는 초경량 엔진 비행기(ULM)까지 또는 무게가 무려 400 t이 넘는 대형 수송기에서부터 페달로 가는 가벼운 200 kg 비행기까지 수많은 비행기가 하늘을 날아다닌다. 이 모든 비행기는 1890년에 처음으로 하늘을 날았던 클레망 아더(Clement Ader)의 비행기인 에올(Eole)의 후손들이라고 할 수 있다.

구름 위에 떠 있는 일렬 4제트 엔진을 가진 장거리 화물 비행기

움직이는 날개

초현대적 전투기 중 일부는 변화하는 날개를 가졌다. 이 전투기들은 속도가 굉장히 빨라지면 날개를 뒤로 움직여 공기 중으로 진입하기 더 쉽게 만든다. 사실 이러한 비행기들은 매의 동작을 본뜬 것이다. 이 맹금류는 350 km/h의 속력으로 수직 강하할 수 있는데, 이때 날개를 뒤로 접어 자신의 몸에 바짝 붙인다.

비행기에 작용하는 네 가지 힘들은?

추진력: 엔진으로 도는 프로펠러에 의해 만들어지는 힘이다.

저항력: 날개와 동체에 부딪히는 공기의 마찰이 비행기가 앞으로 나아가는데 저항하는 힘을 만든다.

양력: 날개의 형태에 의해서 생기는 위 방향의 힘이다.

중력: 양력이 중력과 같고 추진력이 저항력과 같을 때 비행기는 균형을 이룬다.

조종 날개

조종 날개는 날개에 있는 보조 날개처럼 방향과 높이를 조종한다. 조종 날개는 조종간, 방향타, 케이블, 도르래로 연결되어 있다. 조종사가 조종간을 좌우로 움직이면 보조 날개도 그쪽으로 움직인다. 조종사가 조종간을 동체 축 방향으로 밀거나 당겨서 높이 조종 날개를 움직일 수 있다. 마지막으로 방향타를 좌우로 밀어 넣어 좌우 방향을 조종하게 된다.

전투기는 매우 정교한 기술의 산물이다.

피칭: 조종간을 앞으로 민다. 높이 조종 날개가 아래로 내려간다. 공기의 흐름이 뒷부분을 올리면 비행기는 내려간다.

롤링: 조종간을 왼쪽으로 밀면 오른쪽 보조 날개가 아래로 내려가고 왼쪽 보조 날개가 올라간다. 공기의 흐름으로 오른쪽 날개가 올라가고 왼쪽 날개는 내려간다.

요잉: 방향타가 오른쪽으로 움직이면 공기의 흐름이 비행기의 꼬리 부분을 왼쪽으로 밀고 따라서 비행기는 오른쪽으로 돈다.

피칭

롤링

비행기의 세 가지 움직임: 롤링, 피칭 그리고 요잉

롤링: 조종사가 조종간을 밀면 한 보조 날개는 올라가고 반대편 보조 날개는 내려가는데, 이러한 움직임을 롤링이라고 한다.

피칭: 조종사가 조종간을 밀거나 당기면 높이 조종 날개가 움직이고 비행기는 이에 따라 올라가거나 내려간다.

요잉: 조종사가 방향타를 움직이면 방향 조종 날개도 따라서 움직여 비행기의 진행 방향이 바뀌게 된다.

초경량 엔진 비행기는 작은 엔진을 가진 델타 비행기와 비슷하다.

로켓

우주선이나 인공위성은 아주 강한 로켓으로 공중에 쏘아 올리는데, 이 원리는 제트 엔진의 원리와 같다. 즉 연료를 태워서 분사가스를 뒤로 내뿜는 것이다.

우주, 진공 속으로!

산소 없이는 아무것도 탈 수 없다. 우주에는 공기가 없기 때문에 로켓은 액체 산소나 산화제(산소를 포함하는 화학 물질) 탱크를 싣고 가야 한다. 이것이 산화 연료이다. 그러나 이러한 불편함은 장점이 되기도 한다. 공기가 없다는 것은 마찰이 없다는 것을 의미하기 때문이다. 따라서 비행기와는 달리 우주선은 대기 밖으로 올라가서 본궤도에 진입할 때까지의 추진력만 있으면 된다. 우주에서는 극복해야 할 저항이 더 이상 없기 때문에 엔진을 꺼도 되는 것이다.

부스터: 끝까지 태운다!

고체 연료 추진체, 즉 부스터는 연료와 산화제의 혼합물로부터 에너지를 얻는다. 이 추진체 중앙에는 통로가 있어서 연료의 연소가 그 내부 벽면을 따라 이루어지는데, 한 번 불이 붙으면 끝까지 탄다.

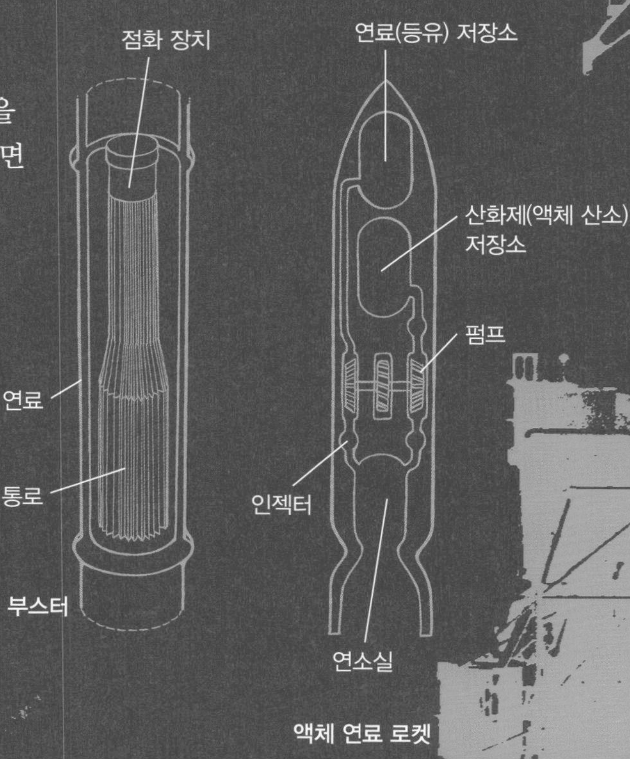

로켓의 선구자

연구소와는 거리가 멀었던 러시아의 교사 콘스탄틴 치올코프스키(Konstantin Tsiolkovski, 1857~1935년)는 독서로 혼자 수학과 물리학을 깨우쳤다. 그는 1880년경 우주 비행학에 대한 기본적인 계산을 하고 액체 연료를 사용하는 현대적인 로켓을 꿈꾸었다! 자금이 부족하여 자신의 이론을 실현시키지는 못했지만 2권의 공상 과학 소설을 써서 그 아쉬움을 달랬다. 이 위대한 이론가는 또한 앞날의 예언자였다. 그는 "땅은 인류에게 요람이지만 인류는 항상 그 요람 속에서만 살 수는 없을 것이다"라고 말했다.

치올코프스키

액체 연료

인젝터에 의해 혼합된 등유와 액체 산소의 혼합체는 연소실에서 점화되어 분사구로 분사된다. 이 액체 연료를 사용한 엔진은 여러 번 껐다 켤 수 있다.

1944년 독일에서의 V2 로켓의 발사 장면

로버트 고다드

미국 대학의 물리학 교수였던 로버트 고다드(1882~1945년)는 1920년대에 로켓에 필요한 유도 장치와 냉각 장치를 연구하였다. 1926년에서 1935년까지 200개가 넘는 특허를 얻었고, 미국 정부의 도움으로 이에 대한 여러 가지 실험들을 수행하였다. 그의 마지막 로켓은 2,280 m까지 올라 880 km/h의 속도를 내었다.

베르너 폰 브라운

독일의 과학자 베르너 폰 브라운(1912~1977년)은 1932년부터 군에 로켓의 중요성을 강조했다. 그는 당시 유명한 V2 로켓을 설계했고, 이는 1942년 6월 13일에 처음 발사되었다. 무게가 13 t인 이 로켓은 5,000 km/h의 속도로 고도 80 km까지 올라갔다. 전쟁 후 그는 미국으로 이주하였다.

수학에서 정보까지

베르사유 정원에 있는 기하학적 정원

수와 도형을 연구하는 수학은 2500년 전에 그리스에서 처음 발생했다.
정보의 등장으로 이 학문은 점차 바뀌고 있다.
오늘날에는 복잡한 계산의 상당 부분을 컴퓨터를 통해서 수행하고 있다.

숫자의 표기와 사용

숫자 사용의 필요성은 기원전 3000년 전부터 있었다. 원래는 재물을 세고 계산하는 데 사용되었고, 그 후에 그리스인들에 의해 추상적인 개념으로 연구되었다.

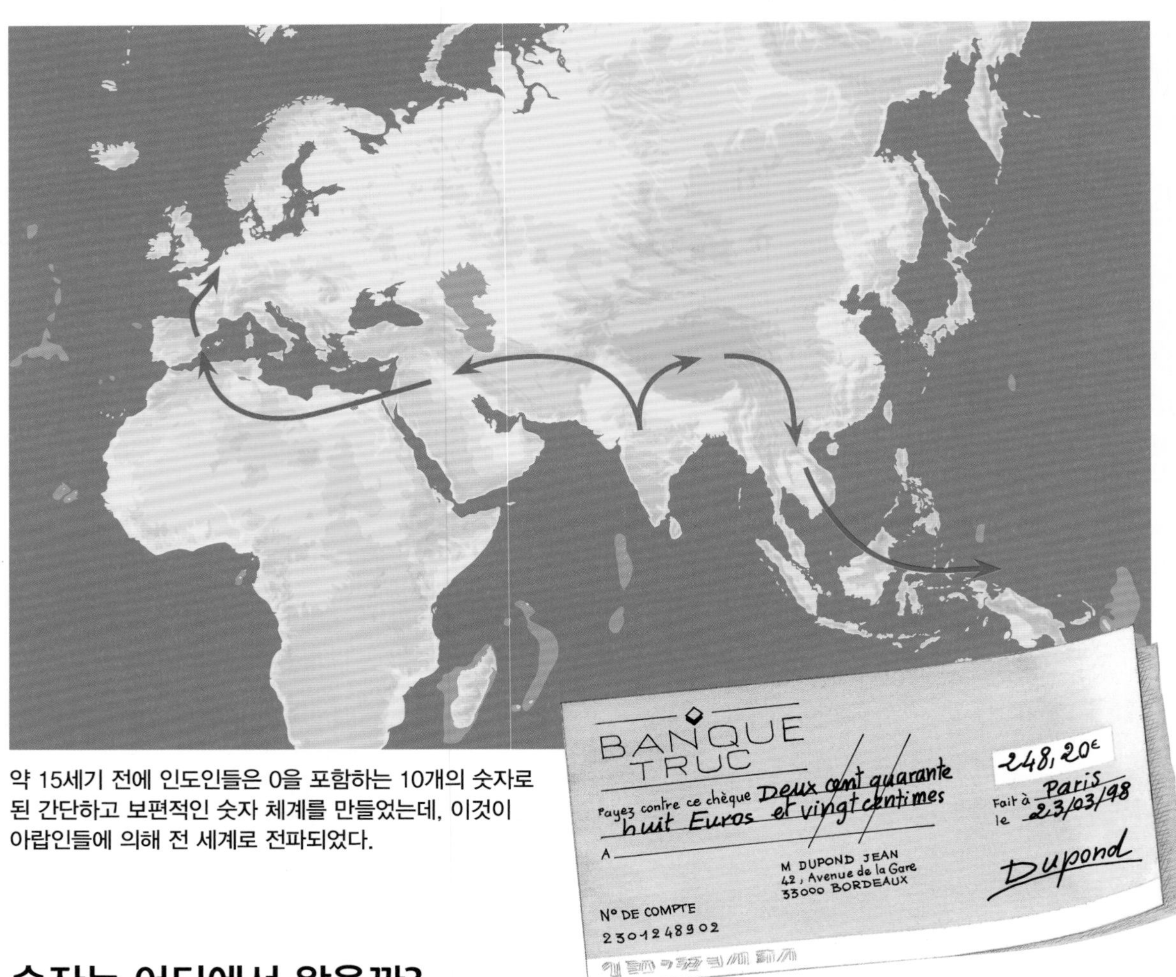

약 15세기 전에 인도인들은 0을 포함하는 10개의 숫자로 된 간단하고 보편적인 숫자 체계를 만들었는데, 이것이 아랍인들에 의해 전 세계로 전파되었다.

은행에서 발행하는 수표는 숫자와 수를 나타내는 말들을 같이 사용한다.

숫자는 어디에서 왔을까?

숫자는 기원전 3000년에 이미 수를 세거나 땅의 넓이를 재고 곡물의 무게를 재는 데 쓰였다. 하지만 그 이후에 우리가 추상적으로 생각하는 진정한 의미의 수학을 발전시킨 사람들은 2500년 전의 그리스인들이었다. 즉 단순히 수를 세는 것을 넘어서서 개념적이고 수학 자체를 위한 학문으로 발전시켰다.

수를 쓰기: 숫자와 문자

'책상'은 한 가지 방법으로밖에 쓰지 못하지만, 수는 두 가지 방법으로 쓸 수 있다.
즉 글자로도 쓸 수 있고 숫자로도 쓸 수 있다.

숫자의 기원

그리스	α	β	γ	δ	ε	ς	ζ	η	θ	ι
로마	I	II	III	IV	V	VI	VII	VIII	IX	X
서아랍	1	2	3	4	5	6	7	8	9	10
동아랍	١	٢	٣	٤	٥	٦	٧	٨	٩	١٠
마야	•	••	•••	••••	—	• —	•• —	••• —	•••• —	=

진법의 사용

우리는 수를 셀 때는 10진법을 쓰다가, 시간을 잴 때는 부분적으로 60진법을, 정보통신에서는 2진법을 사용한다.

기수 60 (60진법)

약 5000년 전에 수메르인들은 60진법을 썼다. 60은 2, 3, 4, 5, 6으로 나누어지는 가장 작은 수이다. 이처럼 쉽게 나누어지면 사용하기 편하다. 한 시간은 60분, 1분은 60초 등 시간을 잴 때는 부분적으로 60진법을 사용한다.

기수 10 (10진법)

10진법의 장점은 10이 아주 '자연스러운 수'라는 것이다. 계산할 때 가장 처음 사용하는 것이 이 열 손가락이다.

기수 2 (2진법)

컴퓨터나 계산기는 2진법, 즉 숫자 0과 1을 사용한다.

수(개수)와 수(숫자)를 혼동하지 말자!

우리의 말은 수(개수)와 수(숫자)를 혼용한다. 수학에서 숫자는 보통 10진법으로 나타낸 수(개수)를 기록하는 방식이다. 이것은 마치 알파벳 글자들을 한 단어로 모아서 어떤 물체의 이름으로 쓰는 것과 같다.
예를 들어 257에서 십의 자릿수(숫자)는 5이지만 257에 있는 십의 수(개수)는 25인 것과 마찬가지이다.

10진법 수와 2진법 수

1000	100	10	units
1	4	6	3

$$\begin{array}{r} 1000 \\ +\ 400 \\ +\ 60 \\ +\ 3 \\ \hline =\ 1463 \end{array}$$

32	16	8	4	2	unit s
1	1	1	0	0	1

$$\begin{array}{r} 32 \\ +\ 16 \\ +\ 8 \\ +\ 1 \\ \hline =\ 57 \end{array}$$

여러 개의 수로 이루어진 10진법의 숫자는 마지막 자리 숫자만 하나하나 낱개의 단위이다. 그 왼쪽 숫자는 10배 더 큰 10개 묶음 개수의 단위이다. 따라서 1,463에서 3은 낱개, 6은 10개 묶음 개수, 4는 100개 묶음 개수, 1은 1000개 묶음의 개수를 말한다. 마찬가지로 2진법의 수에서 마지막 수는 낱개를, 그 왼쪽 숫자는 이보다 2배 큰 2개 묶음의 개수를 나타낸다. 따라서 111001에서 마지막 1은 낱개를, 0은 2묶음의 개수를, 0은 4묶음의 개수를, 1은 8묶음의 개수 등등이다. 그러므로 이진법 수 111001을 십진법으로 바꾸면 57이다.

대수, 수식의 과학

대수는 방정식을 풀도록 해 주는 과학이다. 처음에는 실질적인 문제를 해결하기 위해서 나왔지만, 이제는 상징적인 문자들로 식을 다룸으로써 수많은 다양한 문제들을 해결해 주고 있다.

$\frac{x}{6}$

$4x^2+3x$ x^2

$x^2+10x+25=39+25$

$(x+5)^2=64$

$\frac{x}{2}$ $x^4-6x^2+7=0$

로마의 역사가 유트로프(Eutrope)가 적어 놓은 유명한 대수 문제를 생각해 보자.

1. 여기 묘비에 디오판토스 잠들다.
2. 현인이 쓴 여기 글귀를 읽으면
3. 그가 몇 살까지 살았는지 알게 될 것이다.
4. 운명이 그에게 선사한 많은 날 중
5. 6분의 1은 어린 시절이었고
6. 12분의 1이 청년 시절이었으며
7. 생애의 7분의 1이 또 지나서야 결혼했으며
8. 결혼한 지 5년 만에 부인이 아들을 낳았는데
9. 아들이 아쉽게도
10. 아버지 생애의 반밖에 살지 못하였다.
11. 4년 후 슬픔에 잠겨 그도 사망하였다.
12. 그러면 그는 몇 살까지 살았을까?

프랑수아 비에트, 변호사이며 수학자

비에트는 능숙한 변호사이자 뛰어난 수학자였다. 그는 두 번의 휴가기간에 큰 업적을 남겼는데, 1564년에서 1568년 사이의 첫 번째 기간과 20년 후의 두 번째 기간이다. 이 기간에 그는 종종 3일 동안 먹지도 자지도 않을 만큼 자기 일에 전념했다고 한다.

기호 대수학이란?

대수는 처음에는 실용적인 계산이나 방법들의 모음에 지나지 않았다. 해법을 찾으려면 담론을 했다. 기호를 이용한 대수를 처음 사용한 사람은 프랑수아 비에트이다. 모든 말들을 수식이 대신하고 아는 양이든 모르는 양(미지수)이든 문자들로 표시하며 사칙 등의 연산도 기호로 표시하게 되었다. 디오판토스의 문제도 12줄이나 되는 긴 문장들로 나타내었던 것을 기호 대수학을 이용하면 단 한 줄로 나타낼 수 있다.

수학의 악몽

나는 그때 수학의 제물이었네.
어둠의 시간! 시의 운율을
좋아했던 아이인 나는 산채로
숫자들에, 검은 집행인에 의해
끌려가 대수를 꾸역꾸역 삼켜야
했네. 나는 x와 y의 무시무시한
고문대에 뉘어진 채 날개부터
부리까지 고문당했네. 그들은
보조정리들로 화려하게 장식된
수학의 정리를 나의 턱뼈
밑으로 쑤셔 넣었네.

빅토르 위고

분석: 복잡한 문제 해결하기

실제 사실인 이 상황을 정확하게 분석해보자.
디오판토스가 산 햇수를 x라고 놓고, 그 아들이 산 햇수를 y라고 하자.
이제 원문에 말로 쓰여 있는 각 햇수를 이들 문자로 표시하면 다음과 같다.

5번째 줄: 디오판토스의 어린 시절 햇수는 $x/6$이다.
6번째 줄: 청년기의 햇수는 $x/12$이다.
7번째 줄: $x/7$의 시간이 또 지났다.
8번째와 9번째 줄: 5년이 또 지나서 디오판토스의 아들이 태어났다.
10번째 줄: 아들이 산 햇수는 아버지의 반이다. 그러므로 $y=x/2$이다.
11번째 줄: 아들이 죽고 아버지는 4년을 더 살았다.
이 여러 시기를 다 더하면 디오판토스의 산 햇수 x와 같아진다.

그러므로 우리는 다음과 같은 식을 얻는다.

$$\frac{x}{6} + \frac{x}{12} + \frac{x}{7} + 5 + \frac{x}{2} + 4 = x$$

$$14x + 7x + 12x + 420 + 42x + 336 = 84x$$

$$75x + 756 = 84x$$

$$x = 84$$

그러므로 디오판토스는 84년을 살았다!

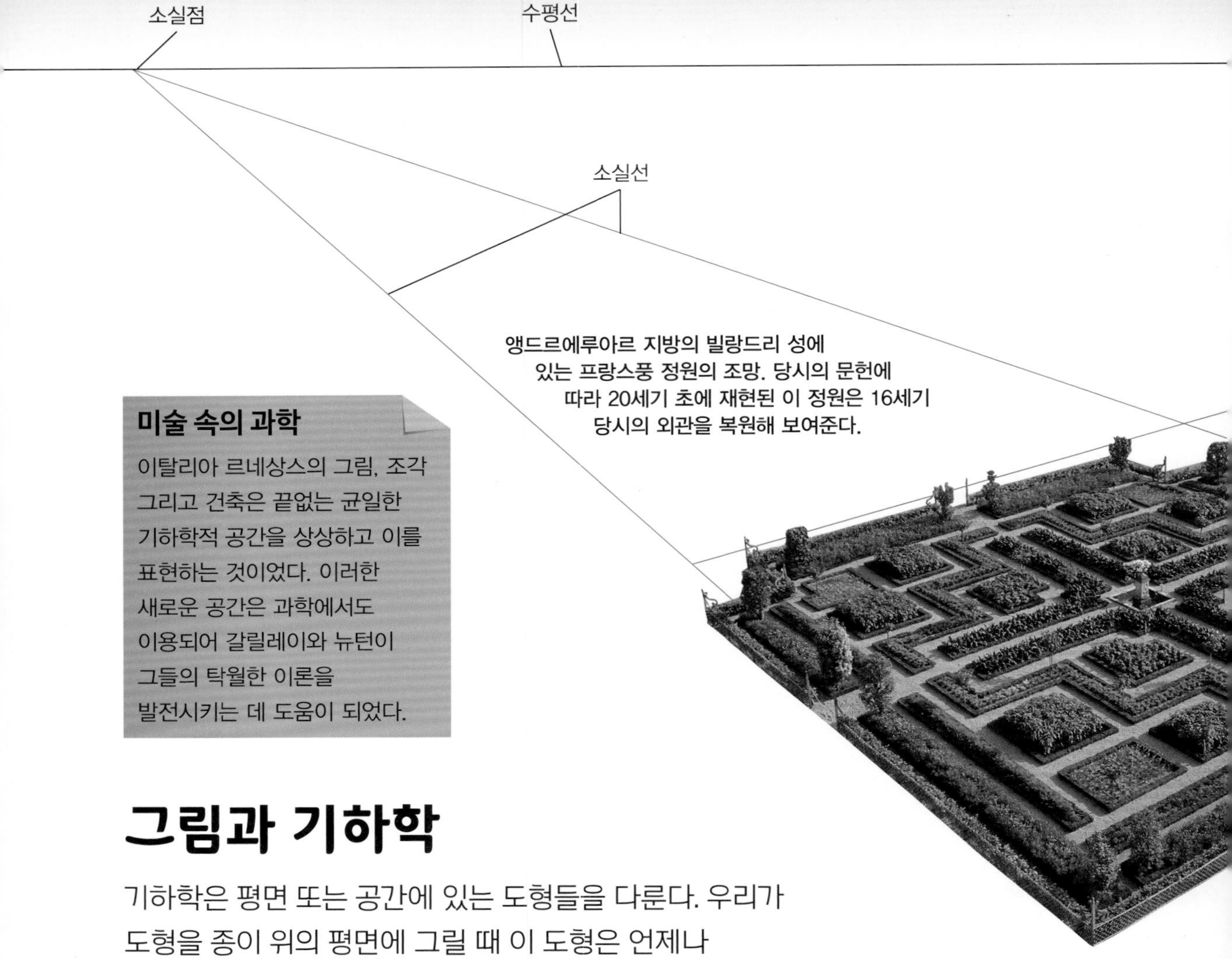

앵드르에루아르 지방의 빌랑드리 성에 있는 프랑스풍 정원의 조망. 당시의 문헌에 따라 20세기 초에 재현된 이 정원은 16세기 당시의 외관을 복원해 보여준다.

미술 속의 과학

이탈리아 르네상스의 그림, 조각 그리고 건축은 끝없는 균일한 기하학적 공간을 상상하고 이를 표현하는 것이었다. 이러한 새로운 공간은 과학에서도 이용되어 갈릴레이와 뉴턴이 그들의 탁월한 이론을 발전시키는 데 도움이 되었다.

그림과 기하학

기하학은 평면 또는 공간에 있는 도형들을 다룬다. 우리가 도형을 종이 위의 평면에 그릴 때 이 도형은 언제나 불완전하게 표현될 수밖에 없다. 즉 기하학은 항상 '자신의 마음으로 보아야 하는' 것이다.

원근법의 탄생

중세 시대에 화가나 채색공들은 입체감의 표현에 큰 관심을 두지 않았다. 화가와 설계사들이 원근법을 발명하고 확산시킨 것은 15세기 피렌체에서였다. 고전적 선 원근법이라 불리는 이러한 원근법은 소실점을 수평선상의 한 점에 두고, 모든 평행한 직선들은 이 한 점에 모이게 된다.

마음으로 보기

평면 또는 공간에 있는 물체를 그리는 것은 항상 불완전하다. 그리고 눈 자체가 이미 여러 착각에서 자유롭지 못하다. 그러므로 그린다는 것은 화가가 시각의 착각과 그림의 불완전성을 추상화하기 위해 마음으로 작업하는 것이다.

소실점

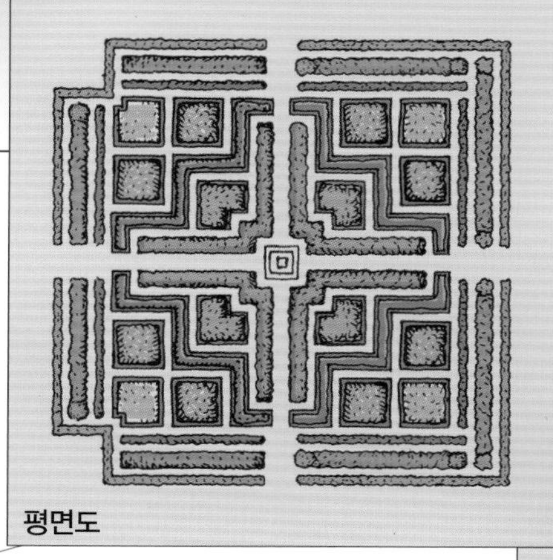
평면도

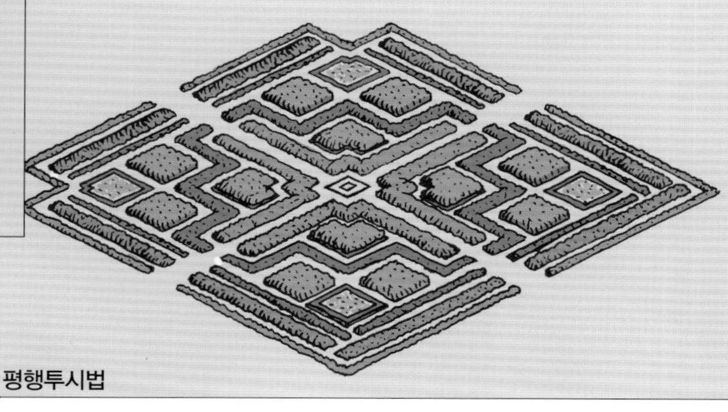
평행투시법

고전적 선 원근법

다른 기법들

고전적 선 원근법은 단순함에 기초하고 있다. 보는 눈이 유일하고 고정되어 있다고 가정한다. 이와는 다른 표현 기법들도 있는데, 예를 들어 곡선 원근법이 있다. 기하학에서는 평행투시법이 있는데, 여기서는 평행하고 길이가 같은 물체의 선들은 그림에서도 똑같이 평행하고 길이가 같게 표현된다.

시각의 착각

우리의 눈은 착각을 일으키고 이러한 착각은 우리가 보는 것 또는 본다고 생각하는 것을 믿지 못하게 만든다! 옆의 그림에서 선분 Δ와 Δ′은 곡선처럼 보이지만 사실은 직선이다. 선분 D와 D′는 평행이 아닌 것처럼 보이지만 사실은 서로 평행이다. 마찬가지로 같은 길이의 선분 S_1과 S_2는 서로 길이가 달라 보인다. 3차원 공간의 물체를 2차원 평면에 나타낼 때는 '속임수'를 쓸 수밖에 없다. 많은 예술가들이 '시각의 함정'을 이용해 불가능한 도형들을 그렸다. 이러한 그림들에서 느끼는 충격은 시각만으로는 우리가 착각할 수 있고 따라서 기하학에서는 주의를 기울일 필요가 있다는 것을 보여준다.

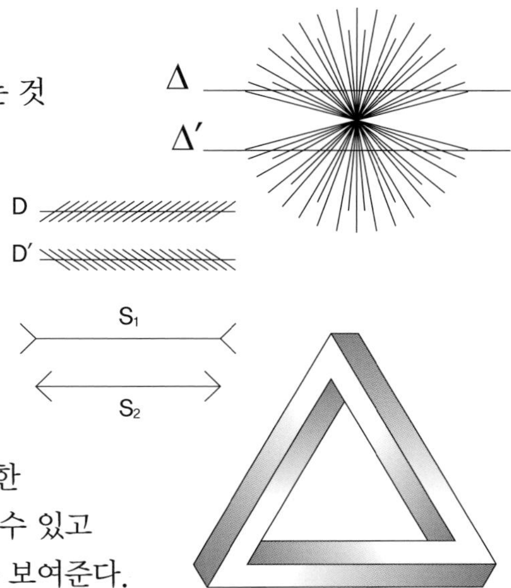

삼각형과 피타고라스의 법칙

일직선상에 놓여 있지 않은 세 점에 의해 결정되는 평면 도형인 삼각형은 유클리드와 그리스의 수학자 시대부터 수학자들은 물론 아마추어 연구자들의 연구대상이었다.

A

B

이등변 삼각형은 두 변의 길이가 같고, 각B = 각C 이다.

C

직각 삼각형은 한 각이 직각이다. 직각인 꼭짓점에 마주하는 변을 빗변이라고 한다.

빗변

A

정삼각형은 세 변의 길이가 같고, A = B = C = 60˚이다.

B

C

빗변의 제곱

피타고라스의 정리란?

직각 삼각형에서 빗변의 길이의 제곱은 다른 두 변의 길이의 제곱의 합과 같다. 따라서 오른쪽 그림에서 주황색 정사각형의 면적은 두 녹색 정사각형의 면적의 합과 같다.

가장 큰 쥐의 면적은 작은 두 쥐의 면적의 합과 같다.

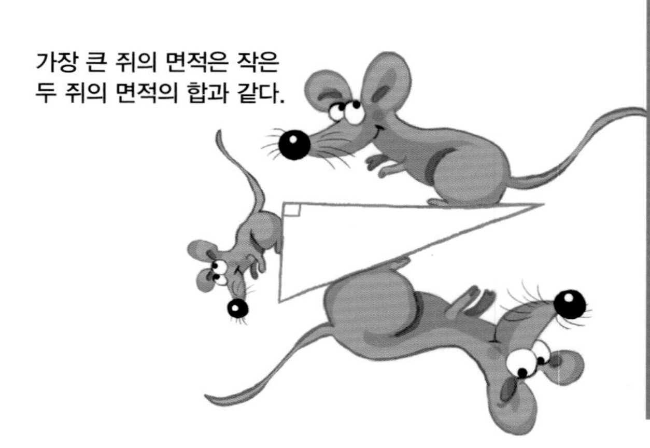

말로 표현한 피타고라스의 정리

피타고라스의 정리는 사실 기원전 1300년 전으로 거슬러 올라간다. 따라서 피타고라스가 이 정리를 제일 먼저 발견한 것은 아닌 것이다. 가장 유명하고 널리 알려진 정리 중의 하나인 피타고라스의 정리는 367개가 넘는 증명을 가졌다. 풍자시인 프랑–노엥(Franc–Nohain, 1872~1934년)도 이 정리를 다음의 4행시로 노래했다.

빗변을 제곱하면,
내가 착각하지 않았다면,
다른 두 변의 제곱을
더한 것과 같은 것을~

피타고라스의 세 정수 쌍들을 찾아보자!

피타고라스와 그의 제자들은 세 연속된 수 (3, 4, 5)가 정확히 직각 삼각형의 세 변이 된다는 사실($5^2=3^2+4^2$)에 매우 감명을 받았다. 더구나 직각 삼각형의 세 변이 되는 다른 수들, 예를 들어 (5, 12, 13), (8, 15, 17) 등은 (3, 4, 5)와 같이 연속된 수가 아니라는 점에서 이는 매우 특별하다.

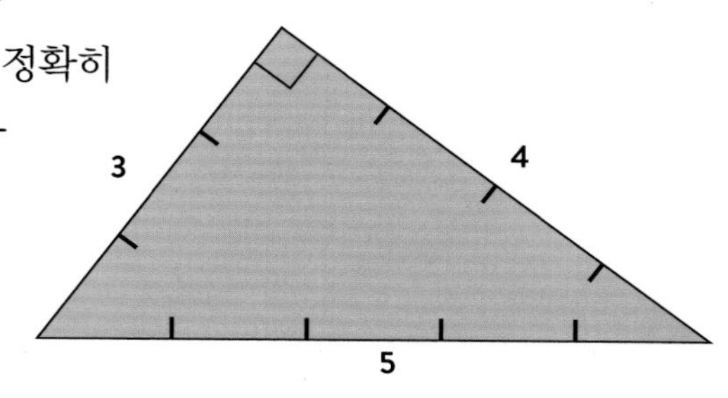

이미 기원전 2000년에 이집트인들은 직각을 그리기 위해 13 매듭의 끈을 이용할 줄 알았다.

삼각형을 이용해서 나무의 높이를 재어 보자

수직으로 서 있는 나무 막대의 높이와 그 나무 막대의 그림자의 길이가 서로 같다면 이것은 직각 이등변 삼각형을 이룬다. 이를 이용해서 굉장히 키가 큰 나무의 높이를 재어 보자.

- 1.2 m 길이의 나무 막대
- 추 달린 줄
- 10 m 길이의 줄자

1. 추 달린 줄을 이용해서 나무 막대를 완전히 수직으로 세우고 땅에서 나온 길이가 정확히 1 m가 되도록 심는다.

2. 나무 막대 그림자의 길이도 나무 막대와 마찬가지로 1 m가 될 때까지 기다린다.

3. 두 길이가 정확하게 같아졌을 때 10 m 줄자를 이용해서 나무의 그림자의 길이를 잰다. 이것이 바로 나무의 정확한 높이이다!

기원전 600년에 수학자 탈레스는 이 방법을 이용해서 거대한 케오프스 피라미드의 높이를 잴 수 있었다!

원의 완성

원은 언제나 인간을 매료시키는 도형이다.
사람들은 오랫동안 행성의 궤도는 원이라고 생각했고
수학자들도 2000년이 넘도록 원의 면적과 관련한
문제를 푸는 데 전념해왔다.

2πR

3,141 592
793 238
383

πR²

π

원, 신성한 도형

원은 평면에서 닫힌 곡선이며 원 위의 모든 점은 중심에서부터 거리가 같다. 유클리드는 원이 가장 단순하고 완벽하며 으뜸인 도형이라고 생각했다. 시작과 끝이 없는 원의 성질로 그리스인들에게 원은 신성한 도형이었다. 원운동은 또한 계절의 순환이나 행성의 공전 등과 같이 끊임없이 다시 시작되는 모든 주기적인 운동들을 이해하게 해 준다.

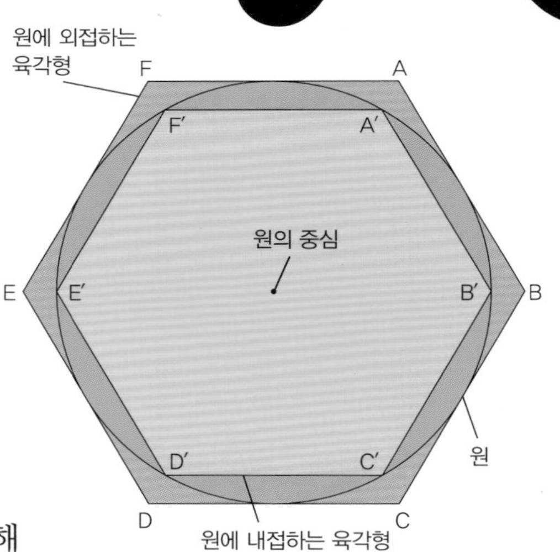

파이(π)를 이해해 보자

π는 지름이 1인 원의 둘레이다. 이를 계산하기 위해 아르키메데스는 하나는 내접하는 그리고 다른 하나는 외접하는 두 다각형으로 원을 근사해 나갔다. 원의 둘레의 길이(원주)는 이 두 다각형 둘레의 길이들의 사이에 있다. 다각형 둘레의 길이는 쉽게 구할 수 있다. 변의 수를 늘려가면서 아르키메데스는 96각형까지 도달하여 실제 원주의 값과 1/1000도 차이나지 않는 값에 도달하였다. 프랑수아 비에트는 변의 수를 훨씬 더 늘려 9자리 수까지 정확한 값을 얻었다. 1974년에는 컴퓨터로 100만 자리까지 계산하였다. 현재에는 10진법으로 500억 자리까지 계산되어 있다.

불가능으로 밝혀진 원적의 문제

인간은 2000년도 넘게 원적에 대해 생각해 왔다. 이것은 주어진 원과 같은 넓이의 정사각형을 작도하는 것이다. 19세기에 와서야 비로소 주어진 원의 넓이와 똑같은 정사각형을 자와 컴퍼스만 가지고 작도하는 것은 불가능하다는 것을 알게 되었다.

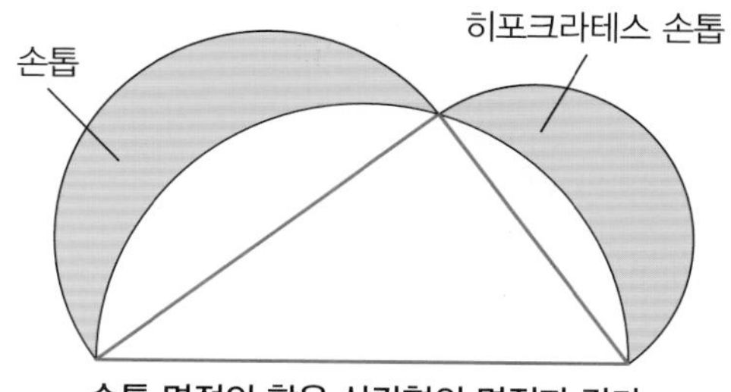

손톱 면적의 합은 삼각형의 면적과 같다.

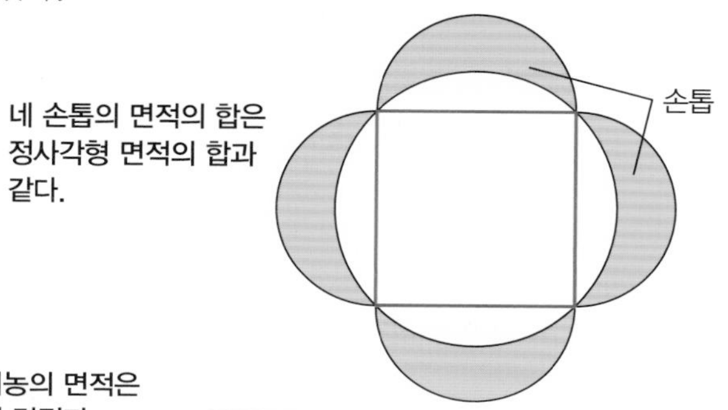

네 손톱의 면적의 합은 정사각형 면적의 합과 같다.

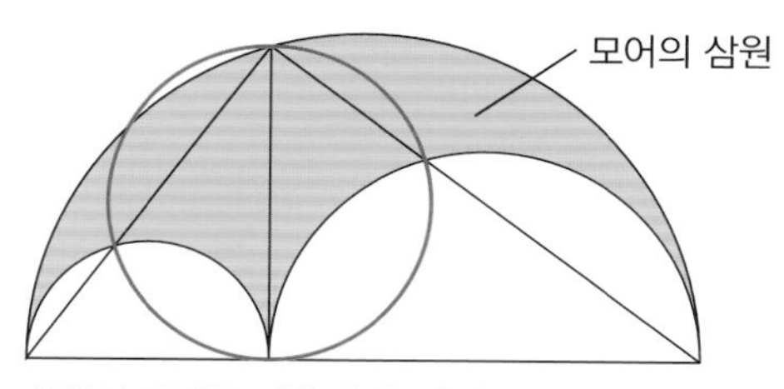

삼원의 면적은 가운데 원 하나의 면적과 같다.

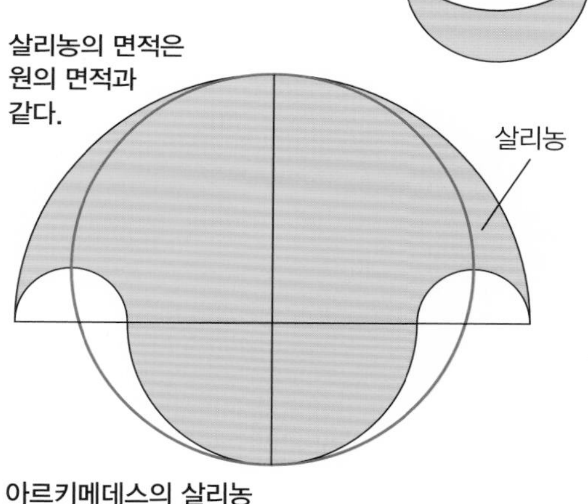

살리농의 면적은 원의 면적과 같다.

아르키메데스의 살리농

아메스의 공식이란?

이 공식은 원적에 대해 알려진 첫 번째 시도로 기원전 1650년 이집트의 서기 아메스가 파피루스에 기록한 것이다. 지름이 D인 원의 넓이를 계산하려면 이 지름에서 그보다 1/9배 적은 값을 빼서 그 결과를 제곱하면 된다. 그러므로 지름이 2인 원의 넓이는 $(8/9)\times2\times(8/9)\times2$, 즉 3.1605이다. 이는 오늘날의 값 3.14159에서 크게 벗어나지 않는다.

재미있는 4행시!

오늘날에는 π가 끝없이 계속되는 초월수라는 것을 안다. 즉 이를 정확히 구하려는 연산은 끝이 없이 계속된다. π의 첫 앞 31자리 수는 다음의 프랑스어 4행시로 기억할 수 있다. 각 단어의 글자 수가 숫자이다.

Que j'aime à faire apprendre un nombre utile aux sages
3 1 4 1 5 9 2 6 5 3 5

Immortel Archimède, artiste, ingénieur,
8 9 7 9

Qui de ton jugement peut priser la valeur
3 2 3 8 4 6 2 6

Pour moi, ton problème eut de pareils avantages.
4 3 3 8 3 2 7 9

π = 3,141 592 653 589 793 238 462 643 383 279…

영과 무한대

무한대는 수학 역사의 초기부터 있었다.
반면에 영은 그에 비해 최근에 사용되기
시작했다.

영: 늦은 출현!

예를 들어 주판에서의 결과 4,021을 숫자로
옮기려면 백의 자리에는 아무것도 없는데
이 없다는 것을 표시하기 위해서
어떤 기호, 즉 숫자 영이 필요했다.
처음으로 영이란 숫자를 쓴 곳은 아마도
876년에 인도의 괄리오르 지방에 있는 사원일
것이다. 그러나 $1 - 1 = 0$과 같이 수식에서
0이 쓰인 것은 훨씬 나중의 일이다.

그렇지만 꼭 필요한 존재

중세 시대에 영은 때때로 사탄의 수라고
생각되었다. 그런데도 영도 숫자의 표기로
쓰이기 시작했다. 오늘날에는 매우 큰 수나
아주 작은 수 또는 방정식을 풀 때 등 모든
분야에서 영을 뺀 수학은 상상할 수도 없다.

아킬레스는 거북이를 따라잡을 수 없다?

아킬레스가
출발한다.

그리스의 철학자인 엘레아의
제논은 움직임이라는 것이
환상이라는 것을 증명해
보고 싶었다.
그가 생각한 것은
다음과 같은 상황이다.
그리스의 영웅인
아킬레스가 거북이와 경주를 해서
따라잡으려고 한다. 아킬레스가
거북이보다 10배 빠르므로 처음에
거북이가 10 m 앞서서 출발한다.
아킬레스가 처음의 차이인 10 m를
뛰어왔을 때 거북이는 1 m를 움직여
처음에 있던 곳에
더 이상 없다.
아킬레스가 1 m를 오면 거북이는
0.1 m를 움직여 또 그 자리에 없고 등
계속되면 아킬레스는 결코 거북이를
따라잡을 수가 없다. 시간을 무한히
작게 나누는 이 패러독스는 무한이란
무엇인가를 다시 한번 생각해 보게 한다.

0에 바치는 시

한번 없다.. 이것은 없는 것이다.
두 번 없다.. 이것은 많은 것은 아니다!
그러나 세 번 없다!.. 없는 것이
세 번이나 되면 많은 것이다.
이제 세 번 없다를 세 번 없다와 곱하면:
없다 곱하기 없다 = 없다 이고
3 곱하기 3 = 9 이므로 9번 없다 가 된다!

〈말하지 않기 위해 말하다〉 중 '위로 또 아래로'
레이몽 드보

상상하기 어려운 수, 무한대!

1940년에 미국 작가 캐스너와 뉴먼은 어떤 어린이가 무한대를 표시하기 위해 칠판에 다음과 같이 썼다고 했다.

1000000000000000000000000000000000000000000000000000000000000000000000000000000000000000000000000000000

1 다음에 0이 100개가 있다. 물론 캐스너의 조카가 구골(googol)이라고 이름 붙인 이 수가 물리학이나 천문학에서 사용하는 가장 큰 수들보다도 더 큰 수라 하더라도 무한대는 결코 아니다. 즉 어떤 존재하는 양도 무한대는 아니다. 왜냐하면 어떤 수도 쓰거나 말하면 무한대가 아니기 때문이다. 수학에서의 무한대는 가장 큰 수보다도 (그 수가 아무리 크더라도) 더 크다!

수학에서의 무한대는?

무한대는 수학에서 항상 있었다. 연속되는 자연수를 세어보자. 즉 1, 2, 3, 4, 5, …이고, 이것은 멈추지 않는다. 또한 직선도 무한히 많은 점을 연속해서 이은 것이다.

무한대의 특징은?

같다, 더 크다, 더 작다는 말들은 무한대에는 쓸 수 없고 오직 유한한 양들에만 쓸 수 있다. 또한 심플리치오 경이 길이가 다른 여러 개의 선분을 내게 보여주면서 긴 선분이 짧은 선분보다 점들이 더 많은 것이 아니냐고 내게 물어보았을 때 나는 다음과 같이 대답했다. 이들은 점들이 더 많고 더 적고 또는 같은 것이 아니라 선분 하나하나에 모두 무한대의 점들이 있다… 라고.

〈대화와 서신 발췌록〉
갈릴레이

컴퓨터와 프로그래밍

프로그램이라는 일련의 명령들로 운영되는 컴퓨터는 매우 다양한 작업을 수행하고 해결할 수 있다.

컴퓨터

컴퓨터는 사칙 연산을 할 수 있는 계산기와 마찬가지로 기본 수행 능력이 있을 뿐 아니라 기계를 운영할 수 있는 프로그램으로 작동된다. 인간이 문제를 해결할 방법을 정확하게 최소한으로 알려주면 컴퓨터는 어떤 문제라도 해결할 수 있다.

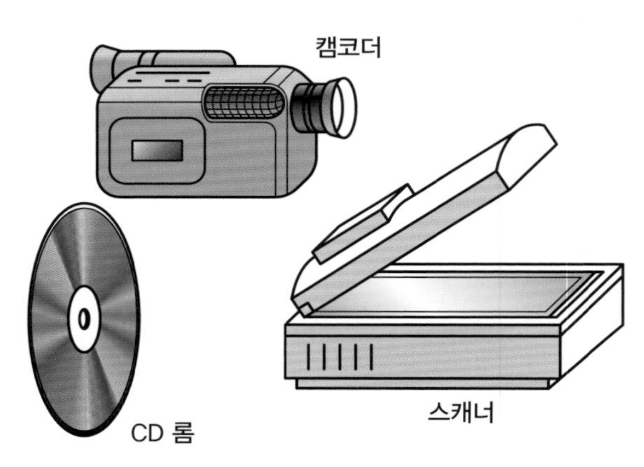

알고리듬: 프로그램 전 단계

알고리듬이란 항상 같은 방법과 명령으로 수행되는 연속적인 절차들이다. 이 자동적인 절차들은 컴퓨터에 맡길 수 있다. 우리는 어렸을 때부터 두 수 또는 여러 수의 합 같은 연산 알고리듬을 알고 있다. 어떤 문제의 해결을 위한 알고리듬을 알면 이것을 기계가 이해하는 언어로 프로그램을 짜서 컴퓨터가 수행하도록 한다.

예: 2와 8 사이의 자연수 알아맞히기

친구가 2와 8 사이의 자연수 하나를 생각하면 여러분은 단 두 번의 질문으로 이 숫자를 맞출 수 있다. 각 질문에는 '더 작다', '더 크다', '같다'고만 답할 수 있다. 먼저 2와 8의 중간인 5인지 물어본다. 만일 친구가 '더 크다'라고 하면 찾는 수는 6, 7, 8 중 하나이다. 만일 '더 작다'라고 하면 찾는 수는 2, 3, 4 중 하나이다. 다음은 새로운 구간의 중간 수(7 또는 3)를 물어보면 된다. 이 질문에 대한 대답으로 찾는 수를 결정할 수 있다.

The program

```
begin
write 《think a whole number between 2 and 8》
write 《I will determine the number by 2 questions》
write 《to which you should answer》
write 《only by bigger, smaller or equal》
write 《The number is 5?》
read answer
if answer = 《bigger》, then
begin
write 《the number is 7?》
read answer
if answer = 《bigger》 then write 《I find! The number is 8》
if answer = 《smaller》 then write 《I find! The number is 6》
if answer = 《equal》 then write 《I find! The number is 7》
end
if answer = 《smaller》, then
begin
write 《the number is 3?》
read answer
if answer = 《bigger》 then write 《I find! The number is 4》
if answer = 《smaller》 then write 《I find! The number is 2》
if answer = 《equal》 then write 《I find! The number is 3》
end
if answer = 《equal》 then write 《I find! The number is 5》
end
```

실제 예: 철수는 숫자 6을 생각한다.
숫자가 5이니?
철수: 더 크다.
숫자가 7이니?
철수: 더 작다.
알았다. 숫자는 6이야!

모두 2진법으로

컴퓨터는 숫자, 글자, 그림 또는 소리 등으로 표시되는 모든 정보를 다룬다. 그러나 이 모든 정보는 2진법으로 표시된다.

2진 코딩이란?

컴퓨터는 2진수, 즉 0과 1만 사용한다. 문자나 말, 그림이나 소리 등을 처리하려면 이들을 2진수로 바꿔야 한다. 많이 쓰이는 ASCII 코딩에서는 알파벳의 각 글자를 7자리 2진수로 나타낸다. A는 1000001, B는 1000010 등이다.

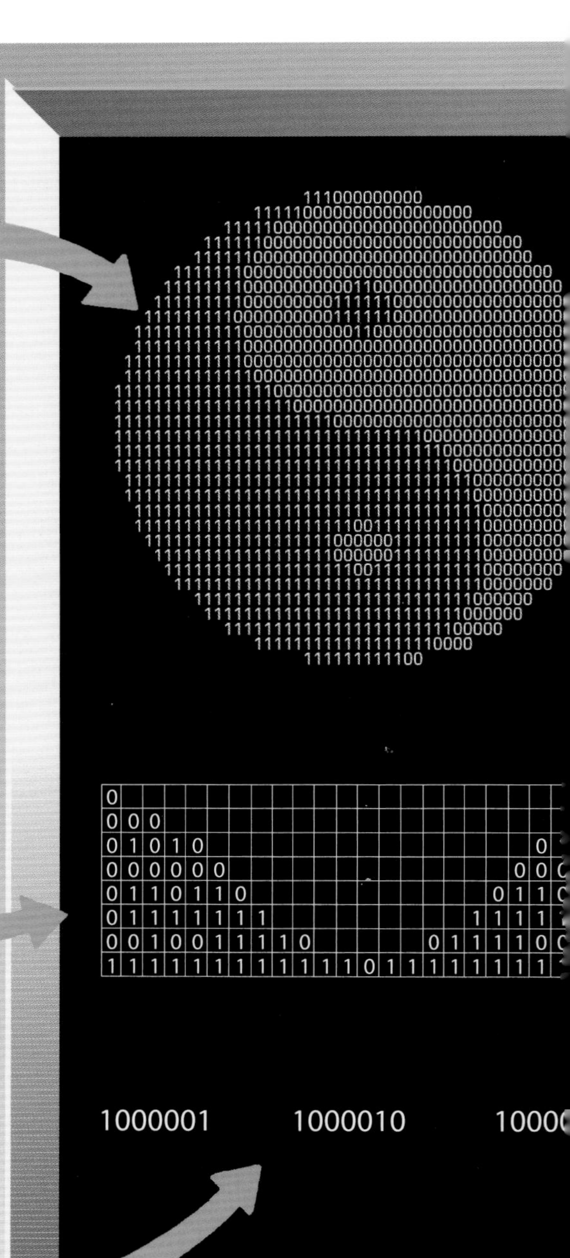

플루트의 소리는 파동으로 바뀌어 기록된다.

abc

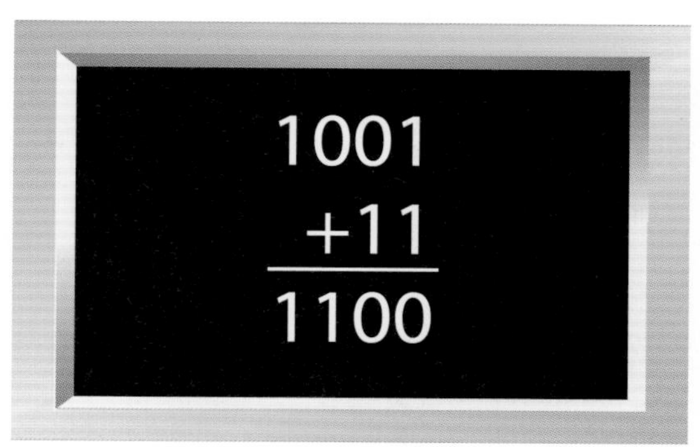

2진법 덧셈

10진법 덧셈

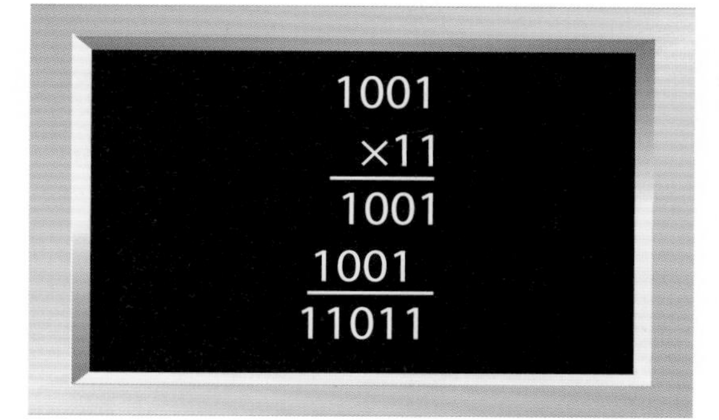

2진법 곱셈

10진법 곱셈

2진법의 계산

컴퓨터는 2진법으로 계산하는데, 이는 연산이 더 간단하고 또한 트랜지스터 같은 기계들에서 0과 1이 구현하기가 더 쉽기 때문이다. 위의 그림은 2진법에서 덧셈과 곱셈의 예를 보여 준다.

2진 논리란?

컴퓨터는 계산을 하기도 하지만 논리적 결정을 수행하기도 한다. 예를 들어 컴퓨터 자동차 경주 게임에서 '자동차가 급커브에 다다르고' AND '자동차 속도가 너무 빠를 때' 화면에서 자동차가 도로에서 이탈하도록 한다. 또한 질문 게임에서 만일 '모든 질문에 대답을 다 하였거나' OR '제한 시간이 지나면' 게임이 끝난다. 컴퓨터의 신경망은 결국 AND, OR, NOT의 기본적인 논리 연산을 수행할 수 있는 회로망인 것이다.

덧셈은 중요하다!

컴퓨터는 아주 복잡한 계산도 덧셈으로 수행한다. 실제로 곱셈과 뺄셈, 심지어 나눗셈도 덧셈으로 수행된다(예를 들어 3×2=3+3). 그러므로 컴퓨터의 기본 회로는 연산망으로 만들어진 덧셈 회로이다.

인터넷 서핑

인터넷망은 서로 연결된 온 세상의 컴퓨터들이 문서나 사진, 소리 등을 아주 쉽게 서로 교환하고 소통하게 해 준다.

믿을 수 있는 네트워크

1960년대에 미국 군부는 핵전쟁이 일어나더라도 컴퓨터 간에 정보를 계속해서 교환할 수 있도록 하자고 요청하였고, 이에 따라 과학자들은 거미줄 망의 네트워크를 만들기로 하였다. 정보들이 작은 패킷으로 분할되어 각 패킷이 서로 다른 경로로 목적지에 도달하게 하는 것이다. 이 거미줄 네트워크는 일부가 망가져도 계속해서 작동한다. 왜냐하면 단 한 번에 공격할 수 있는 심장부가 없기 때문이다.

급속히 성장하는 인터넷

이러한 네트워크망 기술은 빠르게 실현되었다. 1969년에 ARPANET은 미국의 4개 대학을 연결했다. 1972년에는 처음으로 전자우편(이메일)이 등장했다. 1982년에는 메시지를 패킷들로 잘게 잘라 보내어 다시 조합하여 받도록 하는 TCP/IP라는 프로토콜을 이용해 인터넷이 나타났다. 이 새로운 프로토콜은 많은 네트워크를 서로서로 연결해 준다.

빠르게 전달되는 패킷

인터넷으로 보내진 각 메시지는 작은 패킷들로 잘린다. 이 작은 패킷들은 단일 메시지보다 훨씬 더 빨리 네트워크의 각 가지로 스며들어 간다. 이것은 마치 교통이 혼잡할 때 큰 버스들은 체증으로 꼼짝도 못 하지만 작은 오토바이들은 그 사이를 요리조리 지나갈 수 있는 것과 같다.

월드 와이드 웹

1989년에 제네바의 정보학자 팀 버너스리는 CERN의 인터넷 사이트에 서로서로 하이퍼텍스트로 연결된 문서들을 올려놓았는데, 이는 키워드를 사용하여 정보를 빨리 찾을 수 있도록 해 주었다. 이것이 최초의 월드 와이드 웹(World Wide Web)이다. 전 세계적 연결망이란 뜻으로 줄여서 웹(Web)이라고 불리기도 한다. 오늘날에는 인터넷상에 수백만 개의 웹사이트가 있다.

블로그

블로그란 시간에 따라 쓴 단신들을 모아 놓은 개인적인 웹사이트이다. 이들은 오래전에 미국에서 나타나기 시작했다. 지금은 개인적인 일기 형식도 많아서 문서, 그림, 사진 등을 혼합해서 올려놓는다. 블로그는 특히 젊은 층에서 많이 사용하지만 기자나 정치인 등도 많이 사용하고 있다.

아주 먼 세계, 천체

미국 애리조나 키트피크에 있는 대형 천문대, 하늘에 가까운 발코니이다.

인간은 수천 년 전부터 하늘을 연구해 왔다.
그러나 인간이 지구를 떠나서 달에 발을 디딘 것은 아주 최근의 일이다.
이러한 탐험도 아직 다음의 질문에 대답은 해 주지 못한다.
외계 생명체는 정말 있을까?

하늘을 관측해 보자

수천 년 전부터 인간은 맨눈으로 하늘을 관측했다. 르네상스 시대부터 시작해 점점 발전해 온 여러 가지 관측기구들로 인간은 그들의 지평선을 넓혀 갔다.

망원경

갈릴레이 때부터 망원경이라 불리는 천문학 관측기구로 대부분의 천체가 관측되었다. 지름 6 m의 커다란 오목거울로 된 대물 반사경을 가진 망원경으로 천체의 물체에서 나온 빛을 최대로 모아 아주 먼 곳의 물체를 관측할 수 있다. 포물선 형태로 된 거울은 빛을 받아 한 곳으로 모은다. 얻어진 상은 다른 거울로 보내져 관측자의 눈으로 보내진다.

이동하는 별을 쉽게 따라갈 수 있도록 설치된 적도의식 망원경

미국 캘리포니아에 있는 마운트 윌슨 천문대에 있는 망원경

전파 망원경

일반 망원경은 빛이 나는 물체만 관측할 수 있다. 그러나 여러 은하에서는 전파도 또한 나오고 있는데, 그 파장이 몇 센티미터에서 몇 미터까지 다양하다. 이들을 관측하려면 적절한 방향으로 아주 커다란 안테나를 설치해야 하는데, 이것이 전파 망원경이다. 광학 망원경처럼 전파 망원경도 면적이 클수록 멀리서 오는 전파를 잡을 확률이 더 커진다.

전파 망원경의 구조

주된 부분은 안테나로 망원경의 주 거울 역할을 한다. 안테나는 전파를 반사해서 초점으로 모은다. 여기서 모인 전파는 전기 신호로 바뀌어 컴퓨터로 보내져 정보가 처리된다.

캘리포니아에 있는 골드스톤 전파 망원경

우주의 허블 망원경

지구의 대기로부터 광선이 흡수되는 것을 피하려면 우주 공간에 랩(실험 기구)을 띄워야 한다. 미국과 유럽이 공동 개발한 허블 망원경은 2.4 m의 망원경이 장착되어 있다. 궤도에 오른 후 1993년에 반사경의 곡률이 수정되었다. 허블은 우주의 특정 분야에서 퀘이사의 흡수 스펙트럼 연구 같은 심도 있는 조사를 가능하게 해 준다.

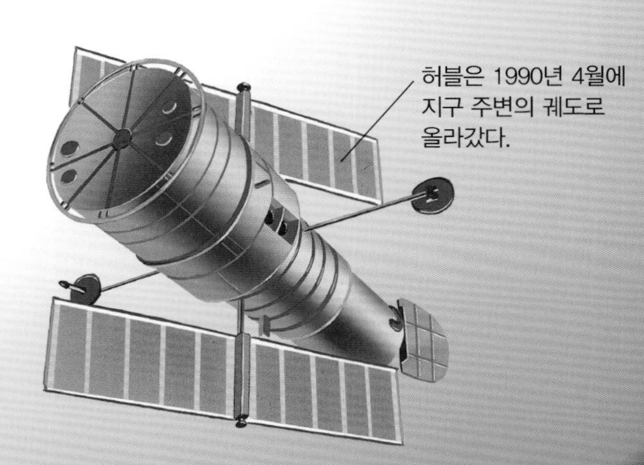

허블은 1990년 4월에 지구 주변의 궤도로 올라갔다.

더욱 더 크게!

먼 곳에 있는 천체를 관측하기 위해서는 포물 반사경의 지름이 더 커야 하고 따라서 망원경이 더욱 더 커져야 한다. 캘리포니아에 있는 팔로마 망원경은 지름이 5 m이고 두께가 60 cm나 된다.

휘영청 밝은 달

지구에서 가장 가까운 이 별은 시인들과 꿈꾸는 이들에게 많은 영감을 불러일으켰다. 꾸준히 변화하는 달의 모습은 여러 문명에 걸쳐 달력을 만드는 데 이용되었고, 르네상스 시대부터 과학자들은 이를 연구해왔다.

달의 뒷면

달은 지구에서 가장 가까운 별로, 그 거리가 384,400 km밖에 되지 않는다. 달은 지구에서 보면 항상 같은 면만 보인다. 달이 지구를 공전하는 동안 자신도 한 바퀴 자전하기 때문이다. 이 두 움직임의 주기가 정확히 같기 때문에 달의 다른 쪽 면은 우리에게 보이지 않는다. 달을 망원경으로 보면 분화구들과 넓게 펼쳐진 회색 면들이 보이는데 이것은 사실 평야이다.

지구에서 본 달의 모습은 바깥의 원에 그려져 있다.

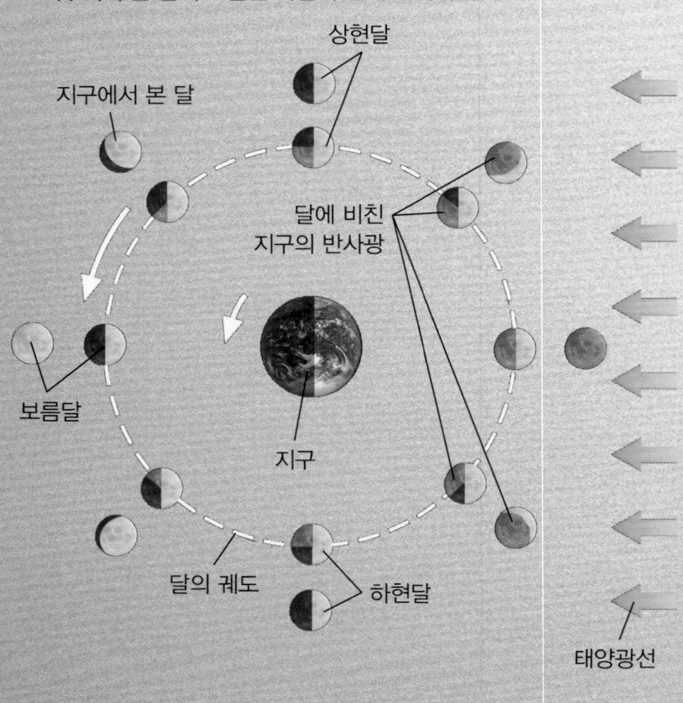

달의 변화

달은 주기적으로 상현달에서 보름달 그리고 하현달로 변한다. 이는 달이 지구를 29일 12시간 44분 만에 한 바퀴를 돌기 때문이다. 달이 한 위상에서 같은 위상으로 다시 반복하기까지 걸리는 시간을 삭망월(태음월)이라고 한다.

달에 비친 지구의 반사광

가는 초승달밖에 보이지 않을 때 희미하게 빛나 보이는 부분을 반사광 지역이라고 한다. 이것은 태양의 빛이 지구에서 반사되어 달에 흐릿하게 비친 부분이다.

달을 이용한 달력

처음의 달력은 달에 기반한 것이었다. 태음월(달에 의한 한 달)은 29일이 조금 넘는데, 태양에 의한 1년, 즉 365일은 태음월의 정수배가 아니다. 유대인들은 음력 달력을 사용했고, 태양의 움직임과 맞추기 위해 19년을 주기로 3, 6, 8, 11, 14, 17, 19번째 해에는 한 달을 더 추가했다. 이슬람에서는 태양과 상관없이 1년을 12달로 하고 한 달은 29일 또는 30일로 하였는데 이렇게 되면 달들이 계절과 관계가 없어진다.

아폴로 11이 궤도에서 찍은 달의 '코페르니쿠스' 분화구

달 표면의 지도

달의 표면 그림은 갈릴레이가 처음 만들었다. 짙게 펼쳐진 부분은 바다라고 부르기도 했고, 17세기에는 호수, 만, 늪 등으로도 이름이 붙여졌다. 비록 오늘날에는 달의 바다에 물이 없는 것을 알고 있지만 이름은 그대로 쓰고 있다. 가장 정확한 지도는 미국의 달 탐사선 오비터(Orbiter)에 의해 제작되었다.

달의 내부는 고체이다!

달의 지진에 대한 관측으로 달의 내부는 무엇으로 되어 있는지에 대해 많은 연구가 축적되었다. 지구는 녹은 암석으로 된 뜨겁고 끈적한 두꺼운 맨틀 위에 얇은 지각이 떠 있는 반면 달은 기본적으로 딱딱한 암석으로 되어 있다. 어쩌면 그 속에 아주 작은 액체 핵이 있을지도 모른다.

우리의 항성, 태양

태양은 우리 바로 곁에 있는 유일한 항성이다. 지구의 표면에서 생명체가 유지될 수 있는 것도 태양의 에너지 때문이다.

움직이는 태양의 흑점들

태양을 관찰하면 태양의 가운데가 주변보다 더 밝고 흑점이라 불리는 검은 점들이 있는 것을 볼 수 있다. 이 흑점들은 나타나서 커졌다가 작아지면서 없어진다. 아주 작은 흑점들은 몇 분 만에 없어지고 매우 큰 것들은 몇 주에서 두 달 정도 지속된다. 이 흑점들은 회전하는 태양을 따라 천천히 움직인다. 태양은 액체로 된 구로 '하나로 다 같이' 돌지 않는다. 가운데 부분은 25일이 걸리고 극지방은 32일 걸린다.

태양의 내부는 얼마나 뜨거울까?

태양은 매우 뜨겁고 태양의 거의 모든 빛은 광구(4,500~6,500 ℃)에서 나온다. 태양의 커다란 핵은 내부 온도가 1,500만 ℃에 이른다. 오늘날에는 태양의 에너지가 핵융합 반응에서 나온다는 것을 알고 있다. 매초 태양에서는 7억 t의 수소가 헬륨으로 바뀐다. 그러나 태양에는 아직도 앞으로 50억 년을 더 태울 만큼의 수소가 있다.

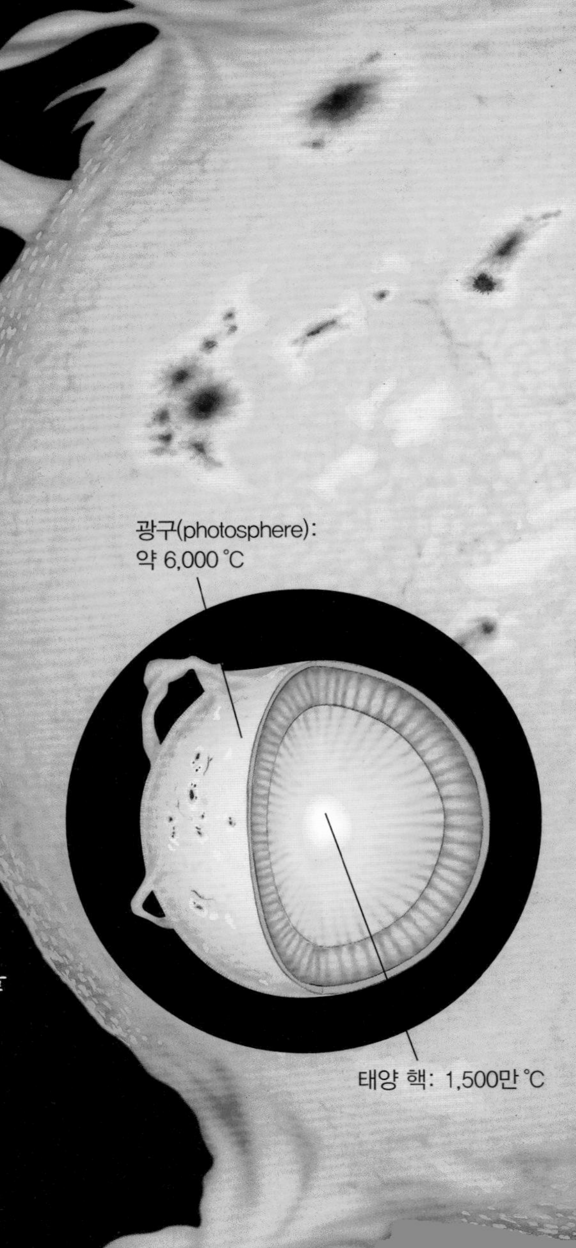

극지방의 오로라는 어떻게 만들어질까?

태양에서 나온 입자들이 지구 대기의 공기와 부딪히면서 독특한 주름 모양의 오로라를 만든다.

태양을 맨눈으로 관측하는 것은 불가능하므로 보호 장비를 사용하여 관측하여야 한다.

태양의 주기적인 활동

태양은 겉으로 보이는 것처럼 평온하지는 않다. 종종 격렬하게 폭발해서 분출가스가 표면에서 50만 km까지 올라갈 때도 있다. 이러한 현상들은 지구에까지 영향을 주는데, 극지방의 오로라나 전자기파의 교란 등을 일으킨다. 평균적으로 11년을 주기로 해서 태양의 활동이 최고로 활발해진다. 최근의 가장 저조한 활동은 2007년에 시작되었고 가장 활발한 활동은 2013년이었다.

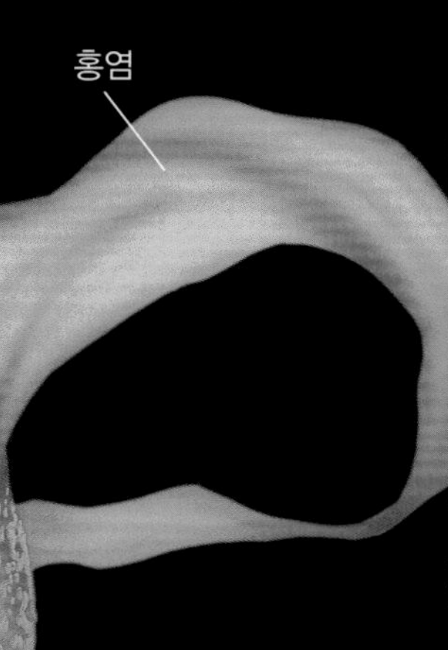

호주의 다윈-아델레드(3022 km) 태양전지 자동차 레이스에 참여한 태양전지 자동차

태양열로 요리를 해보자

- 검은색 뚜껑이 있는 쇠로 된 냄비
- 나무 상자
- 스티로폼
- 알루미늄 포일
- 유리

1. 나무 상자 내부에 스티로폼을 붙인다.
2. 스티로폼 안쪽에 알루미늄 포일을 채워 넣는다.
3. 음식(물, 고기, 채소, 소금)이 든 냄비를 뚜껑을 닫고 상자 안에 넣는다.
4. 유리로 상자를 덮고 한여름 햇빛 아래에 4시간 동안 둔다.

행성의 원운동

4000년 전부터 인간은 하늘을 관측했다. 별자리의 모습은 변함이 없지만, 항성들 사이를 움직이는 보이다 안 보이다 하는 별들이 있다. 이것이 행성이다.

행성과 항성

행성은 항성과는 다르게 자체적으로는 빛을 내지는 않지만 달처럼 태양 빛을 반사한다. 즉 행성이 지구라면 항성은 태양이다. 쉽게 말하면 항성은 자체적으로 빛나고 행성은 그렇지 않다! 행성은 우리와 더 가까이 있으면서 빛나는 작은 구이기 때문에 그 빛이 항성에서 오는 빛보다 지구 대기의 교란에 영향을 덜 받는다.

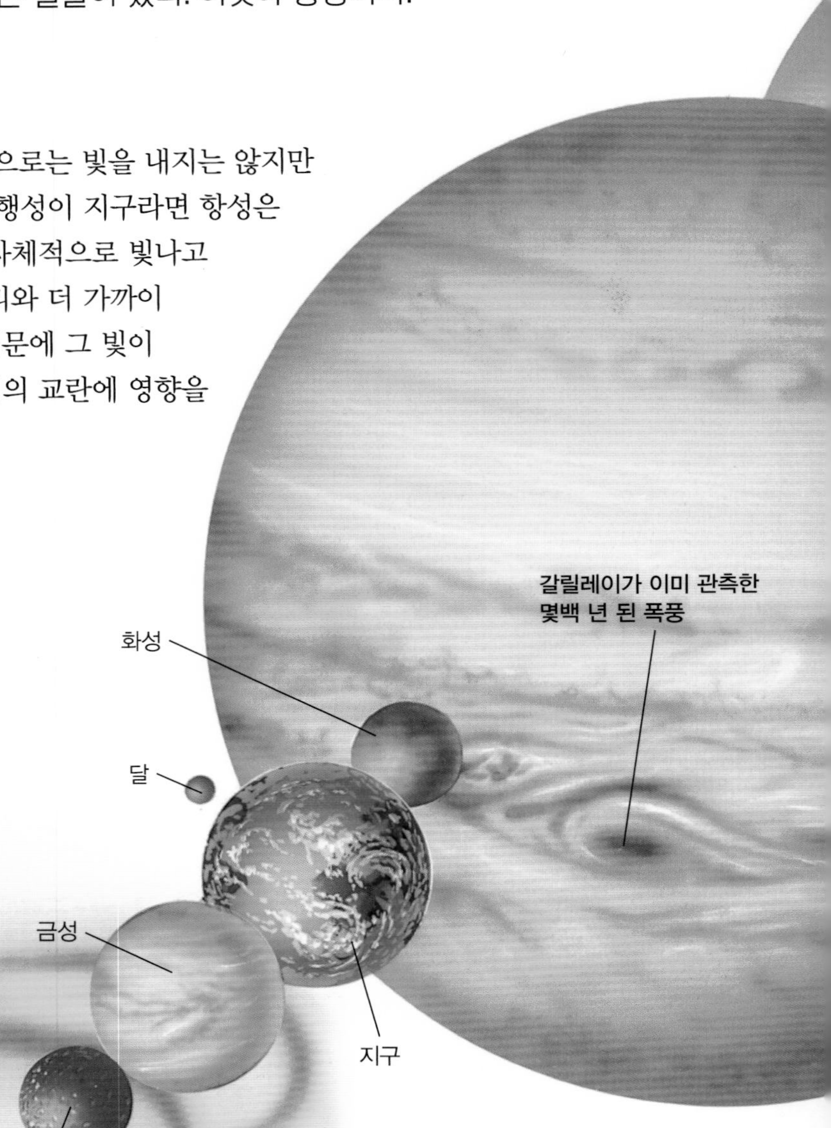

갈릴레이가 이미 관측한 몇백 년 된 폭풍

화성

수성은 대기가 없기 때문에 운석들이 떨어질 때 불타지 않는다. 침식이 없어서 표면이 변하지 않기 때문에 크레이터(분화구)들이 매우 많다.

달

금성

지구

수성

금성은 두꺼운 이산화탄소층으로 둘러싸여 강한 온실 효과로 매우 뜨겁다.

화성은 표면을 덮은 녹과 불순물들 때문에 붉은빛을 띤다. 온도는 매우 낮고 대기는 95%가 이산화탄소이다.

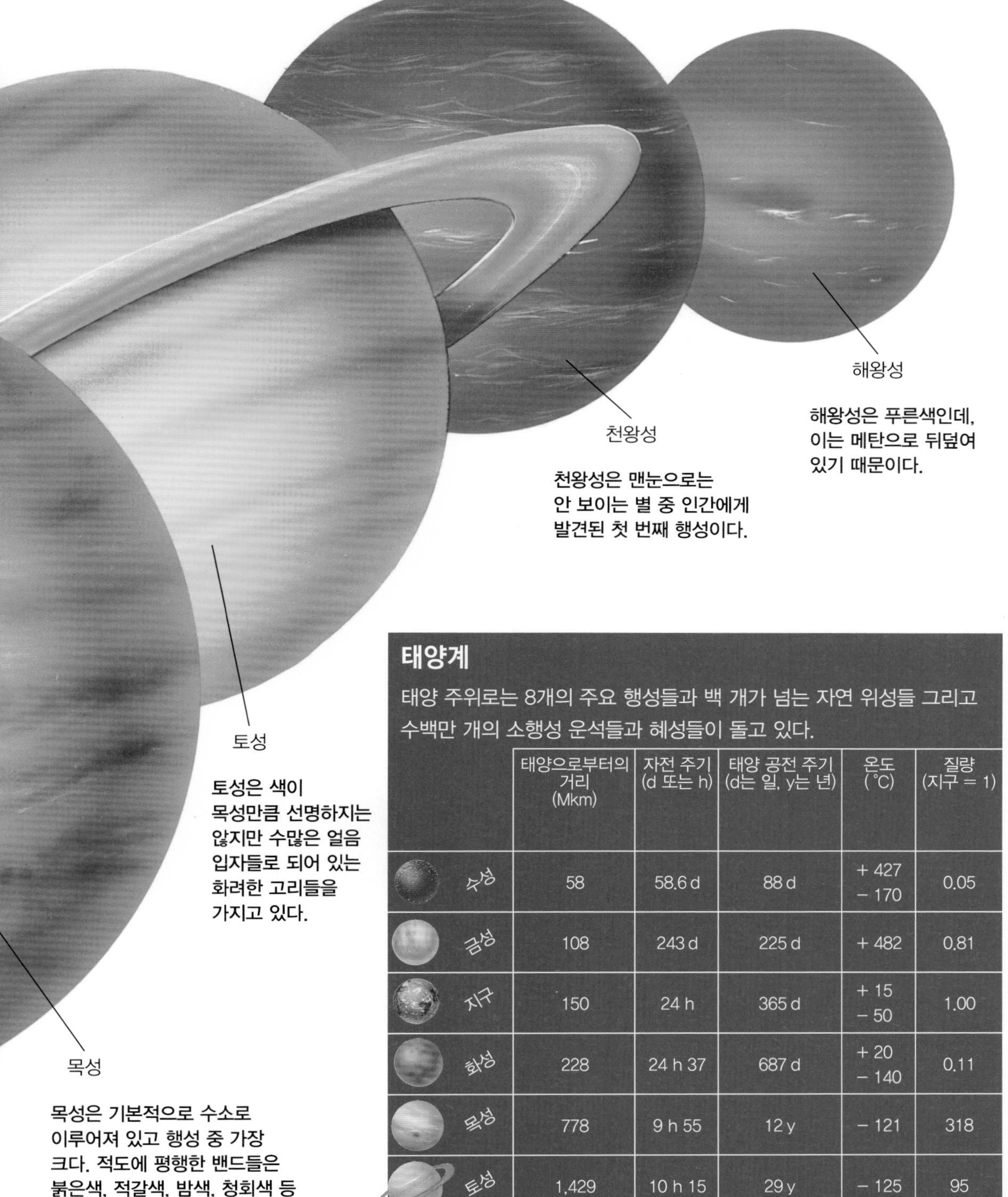

해왕성은 푸른색인데, 이는 메탄으로 뒤덮여 있기 때문이다.

천왕성은 맨눈으로는 안 보이는 별 중 인간에게 발견된 첫 번째 행성이다.

토성은 색이 목성만큼 선명하지는 않지만 수많은 얼음 입자들로 되어 있는 화려한 고리들을 가지고 있다.

목성은 기본적으로 수소로 이루어져 있고 행성 중 가장 크다. 적도에 평행한 밴드들은 붉은색, 적갈색, 밤색, 청회색 등 아름다운 색이고, 이 밴드들의 모양은 끊임없이 변한다.

태양계

태양 주위로는 8개의 주요 행성들과 백 개가 넘는 자연 위성들 그리고 수백만 개의 소행성 운석들과 혜성들이 돌고 있다.

	태양으로부터의 거리 (Mkm)	자전 주기 (d 또는 h)	태양 공전 주기 (d는 일, y는 년)	온도 (°C)	질량 (지구 = 1)
수성	58	58.6 d	88 d	+ 427 − 170	0.05
금성	108	243 d	225 d	+ 482	0.81
지구	150	24 h	365 d	+ 15 − 50	1.00
화성	228	24 h 37	687 d	+ 20 − 140	0.11
목성	778	9 h 55	12 y	− 121	318
토성	1,429	10 h 15	29 y	− 125	95
천왕성	2,870	17 h 12	84 y	− 193	14.5
해왕성	4,504	16 h 06	165 y	− 153 − 193	17

위성, 소행성 그리고 혜성

위성들을 거느린 행성들 말고도 다양한 크기의 소행성, 혜성, 유성 등이 태양 주위를 돈다.

행성 주위를 도는 위성

태양 주위를 도는 행성들은 다양한 크기의 위성들을 동반한다. 천왕성의 위성 미란다에는 에베레스트산보다도 높은 얼음 절벽이 있다. 토성의 위성 티탄에는 주황색 구름이 떠도는 대기가 있어 부분적으로 바다로 덮인 것처럼 보인다. 망원경으로 보이는 목성의 네 개의 위성들 이오, 유로파, 가니메데, 칼리스토는 갈릴레이가 처음으로 발견하였다.

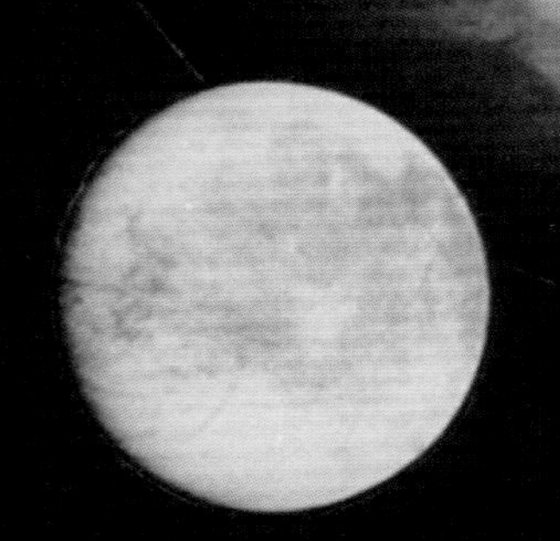

타원을 그려보자

행성, 소행성 그리고 혜성들은 태양 주위를 타원 궤도를 그리며 돈다. 서로 15 cm 떨어진 곳에 압정 2개를 반쯤 박고 타원을 그려보자.

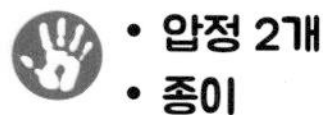

- 압정 2개
- 종이
- 연필
- 실

1. 실을 40 cm로 자른다.
2. 실의 양 끝을 두 압정에 고정한다.
3. 연필로 실을 팽팽하게 당기면서 그리면 타원이 된다!

소행성

소행성 가스프라는 뉴욕 맨해튼 정도의 크기이다.

화성과 목성 사이에는 암석 부스러기들로 이루어진 고리가 있는데 이들도 태양 주위를 돈다. 크기는 매우 다양하다. 가장 큰 소행성 세레스는 길이가 1,000 km이고 대부분은 수 킬로미터 정도이다. 이들은 소행성 또는 운석들로 별이 만들어질 때 생긴 부스러기들이다. 수천 개가 넘게 발견되었지만 그들의 궤도들은 여전히 불분명하다.

혜성

태양계의 끝부분에는 많은 양의 얼음이나 바위 조각 또는 이들의 부스러기 등이 돌고 있다. 가끔 우리는 이들의 조각이 혜성이라는 형태로 우리를 방문하는 것을 볼 수 있다. 커다랗고 '칙칙한 눈으로 된 공' 모양의 혜성은 태양에 다가오면서 다시 뜨거워진다. 가스가 빠져나오고 부스러기들을 날리면서 태양의 광선에 휩쓸려 (가늘고 직선인) 푸른 기체로 된 꼬리와 (더 크고 휘어진) 흰색 부스러기의 꼬리를 만든다. 꼬리는 항상 태양의 반대쪽을 향한다.

핼리혜성

영국의 천문학자인 에드몬드 핼리(1656~1742년)가 혜성 중 가장 유명한 이 혜성에 자신의 이름을 붙였다. 1682년에 이 혜성을 관측한 그는 이 혜성의 궤도가 1607년에 케플러가 기술한 바로 그 궤도를 따른다는 것을 깨달았다. 그는 어떤 혜성들은 하늘에 정기적으로 다시 나타난다는 것을 알아내고 핼리혜성이 1759년에 다시 나타나리라 예측했다. 비록 핼리는 1742년에 죽어서 보지 못했지만, 핼리혜성은 그가 예측한 해에 정확히 다시 나타났다!

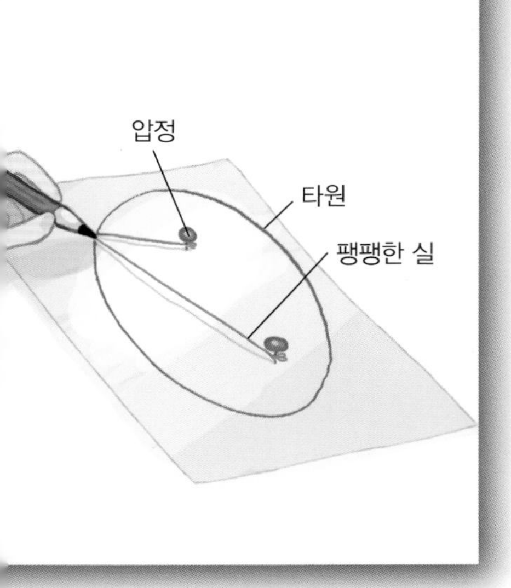

운석

행성들 사이에는 소행성의 잔해나 혜성의 파편들이 돌고 있다. 이들이 지구에 다가오면 대기 속에서 거의 완전하게 불타게 되는데, 이것이 별똥별이다.

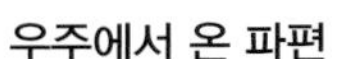

우주에서 온 파편

항성

아름다운 밤하늘을 바라보면서 별들이나 별들의 모임인 별자리를 알아보는 것은 흥미로운 일이다.

별자리

지구의 어느 지점에서나 달빛 없는 맑은 밤하늘에 약 2600여 개의 별을 맨눈으로 볼 수 있다. 바빌로니아 때부터 사람들은 몇 개의 별들을 가상의 선들로 연결하여 친숙한 그림들을 상상했다. 사자자리, 물병자리, 염소자리, 곰자리 등.

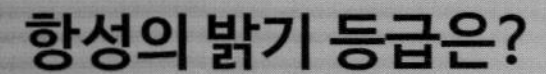

항성의 밝기 등급은?

기원전 2세기경 그리스의 천문학자 히파르코스 이래로 항성의 밝기는 6등급으로 나눈다. 가장 밝은 항성은 1등성 그리고 가장 어두운 항성은 6등성이다. 더욱 최근에는 수학적 단계로 정의한다. 1등성의 밝기는 6등성의 밝기의 100배이다. 그러므로 이웃 등급 간 밝기의 비는 2.5배이다. 어떤 별들은 1등성보다 더 밝다. 따라서 이런 별들은 밝기가 0, −1, −2 등급이다. 예를 들어 시리우스는 −1.5등급이고, 태양은 −26.8등급이다.

별 이름 맞추기 놀이용 작은 하늘

30×30 크기의 두꺼운 종이 케이스에 들어 있는 움직이는 지도이다. 날짜와 시를 말하면 지도를 돌려 맞추어 그 지도를 눈앞에 있는 하늘과 비교하는 것이다.

황소자리에 있는 플레이아데스성단

푸른 별에서 붉은 별까지 별의 색과 온도

푸른 별 11,000~25,000 ℃

붉은 별 3,000 ℃

노란 별 5,800 ℃

맨눈이나 망원경으로 보면 밝은 별들은 색깔이 모두 다르다는 것을 알 수 있다. 푸른색의 베가부터 노란색의 카펠라와 주황색의 아크투루스 그리고 붉은색의 안타레스까지 매우 다양하다. 색깔이 모두 다른 이유는 뜨거운 물체들처럼 그 온도가 모두 다르기 때문이다. 즉 별들은 3,000 ℃에서는 붉은색, 5,800 ℃에서는 노란색, 11,000 ℃에서 25,000 ℃까지는 푸른색을 띤다. 별의 밝기와 색깔은 직접적인 관계가 있다. 즉 밝을수록 푸르다.

별의 탄생과 죽음

생명체와 마찬가지로 별들도 태어나서 자라고 죽게 된다. 성운이 수축하면서 생겨난 별은 수소를 태우는 핵융합 반응으로 뜨거워져 엄청난 에너지를 내게 된다.

별들의 거리의 단위: 광년

별들은 엄청나게 멀리 떨어져 있기 때문에 과학자들은 광년이라는 단위를 쓴다. 이것은 빛이 초속 30만 km의 속도로 일 년 동안 직선으로 진행한 거리로 약 9조4610억 km이다!

가까운 별까지의 거리 측정은?

어떤 별을 1년 동안 관찰하면 아주 멀리 떨어진 별에 대해서 타원을 그리는 것처럼 보인다. 이것을 시차 α라고 한다. 이 각을 알고 지구 공전궤도의 지름을 이용하면 그 별까지의 거리를 알 수 있다.

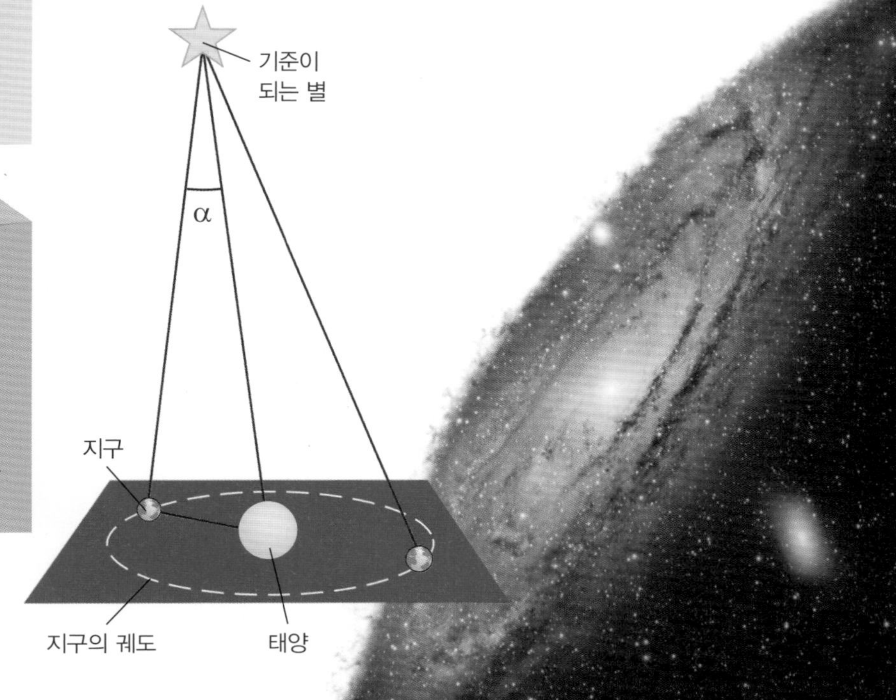

은하의 세계

우리의 태양은 은하수라 불리는 우리 은하계 속에 모여 있는 무수히 많은 별 중의 하나이다. 그러나 우리의 은하는 우주를 이루고 있는 은하수와 비슷한 수많은 은하 중의 하나일 뿐이다.

맨눈으로 보이는 은하들

맨눈으로 볼 수 있는 은하들은 많지 않다. 북반구에서는 안드로메다은하가 맨눈으로도 보이지만 망원경으로 훨씬 더 뚜렷하게 볼 수 있다. 남반구에서는 마젤란은하를 맨눈으로도 쉽게 볼 수 있다.

우리의 은하는?

우리의 은하는 그 축을 중심으로 하여 중력의 법칙에 따라 돈다. 태양은 250 km/s의 속도로 움직이면서 2억4천만 년(은하년)에 한 번씩 완전히 돈다.

은하수는?

도시에서 멀리 떨어진 곳에서 하늘을 보면 하늘의 이쪽 끝에서 저쪽 끝으로 아치 모양으로 펼쳐진 희미하게 빛나는 긴 띠를 볼 수 있다. 이것이 은하수이다. 전설에 따르면 은하수는 헤라클레스에게 젖을 먹이던 여신 주노의 가슴에서 나온 우유 방울이 펼쳐진 것이라고 한다. 갈릴레이는 처음으로 망원경으로 은하수를 관찰하고 이 흰 띠는 사실 맨눈으로는 구분할 수 없는 많은 별의 무리라는 것을 알아냈다. 이렇게 커다란 별들의 무리를 은하(Galaxy, gala는 그리스어 우유라는 뜻)라고 하며 약 2,000억 개의 별들을 포함하고 있는데, 태양도 그중의 하나이다.

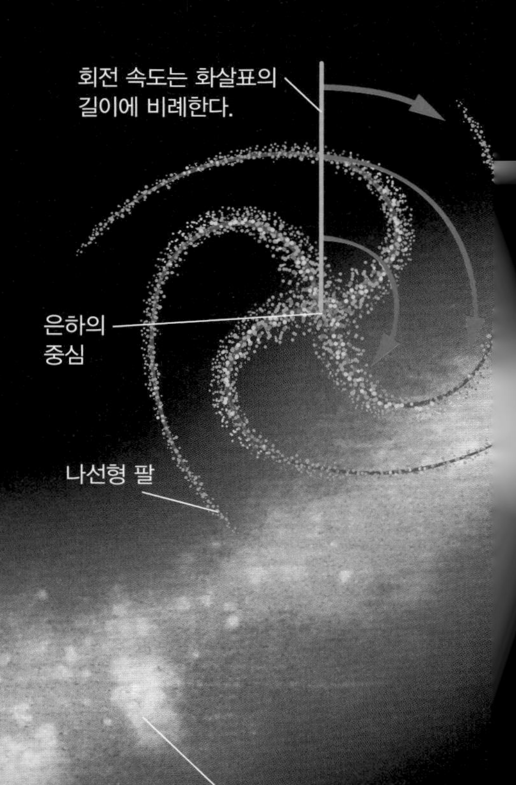

퀘이사: 매우 활발한 은하!

어떤 은하의 중심부에서는 보이지 않는 강렬한 빛(X레이, 자외선, 전파)을 내는데, 이것은 그 안에서 격렬한 현상이 일어나고 있다는 것을 암시한다. 이러한 활발한 은하를 우주에서 오는 전파 발생원이라는 뜻의 퀘이사(quasi stellar astronomical radiosource)라고 한다. 퀘이사들은 지구에서부터 아주 멀리 떨어져 있지만 활동이 매우 활발하기 때문에 지구에서도 관측이 된다.

성운, 다른 은하들과 같은 은하

20세기에 등장한 거대한 망원경으로 이전 세기까지 성운 또는 성간운이라고 분류되던 흩어진 물체들에 대해 더욱 잘 확인할 수 있게 되었다. 이들도 사실은 은하수와 마찬가지로 별들의 무리인 것이다. 우리의 은하수를 은하라고 부르는 것처럼 이들도 은하라고 불린다.

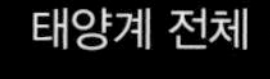

우주에 있는 수많은 은하

은하들은 나선 은하(60%), 타원 은하(15%), 렌즈형 은하(20%), 불규칙 은하(5%)로 분류된다.

허블에 의해 관측된 나선 은하

나선 은하

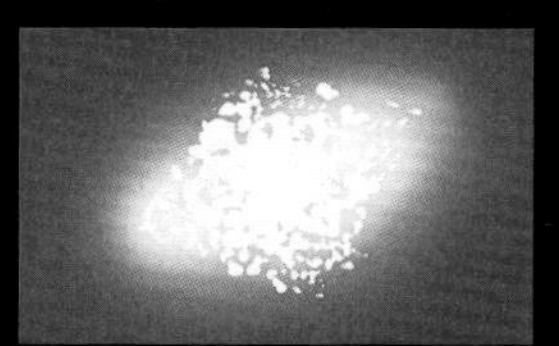
타원 은하

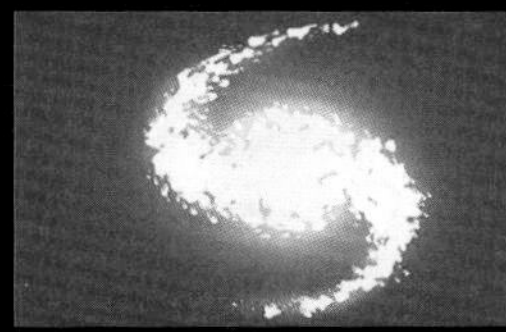
렌즈형 은하

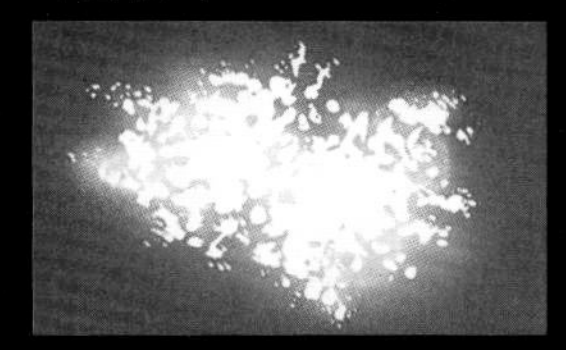
불규칙 은하

우주의 과거와 미래

먼 은하에서 오는 빛은 적색으로 편이되어 온다. 이것은 우주가 팽창하고 있다는 것을 의미하고, 과학자들은 우주가 '빅뱅'이라는 커다란 폭발로 '시작되었다'고 믿게 되었다.

적색편이와 도플러 효과

프리즘을 이용한 분광기를 사용하면 흰빛을 다양한 성분으로 분석할 수 있고 물체에서 나온 빛의 파장을 분석할 수도 있다. 이 기계를 이용해서 움직이지 않는 물체에서 나온 빛의 파장을 측정하니 파장이 λ였다. 만일 이 같은 물체가 다가오면 파장 λ는 푸른빛으로 편이되고 물체가 멀어지면 붉은빛으로 편이된다. 이것은 소리의 파동에서 일어나는 도플러 효과와 마찬가지 현상이다.

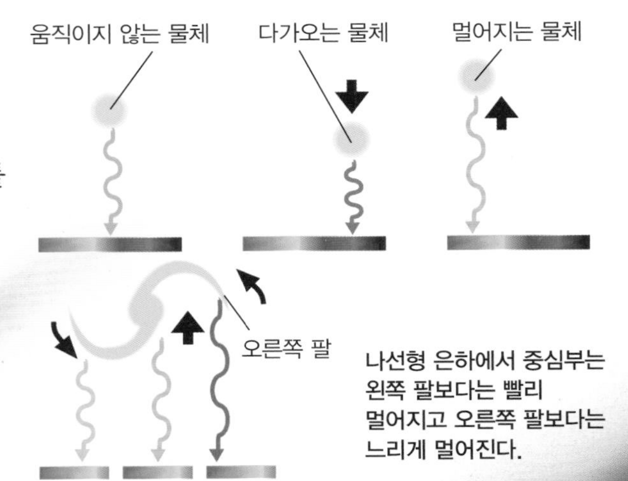

나선형 은하에서 중심부는 왼쪽 팔보다는 빨리 멀어지고 오른쪽 팔보다는 느리게 멀어진다.

빅뱅 이론

만일 우주가 지금 팽창하고 있다면 과거에는 우주의 밀도가 매우 높았을 것이다. 이러한 관측으로 조지 가모(George Gamow)는 1948년에 빅뱅 이론을 주장하였다. 즉 우주는 약 150억 년 전에 커다란 폭발로 시작되어 별들과 행성 그리고 은하들이 되는 물질들이 만들어졌다는 것이다. 지금은 빅뱅 이론이 대다수의 천문학자에 의해 받아들여지고 있다.

은하가 멀어질 때

먼 은하에서 오는 빛은 붉은색으로 편이(redshift, 적색편이)되어 있다. 이 적색편이는 은하가 멀수록 더 크게 일어난다. 과학자들은 도플러 효과에 근거해 은하들이 우리에게서 점점 멀어지고 있다는 것을 의미한다고 생각한다.

우주의 미래에 대한 세 가지 가능성!

만일 우주가 지금처럼 계속해서 팽창한다면 어떻게 될까? 이것은 우주의 질량에 달려 있다. 질량과 관계가 있는 중력은 팽창과는 반대되는 힘이다. 따라서 천문학자들은 옆에 설명된 그림과 같은 세 가지 가능성을 생각하고 있다.

우주의 질량이 크면 우주가 팽창하다가 다시 수축(Big Crunch, 빅 크런치) 한다.

우주가 중간 정도의 질량이라면 팽창은 영원히 계속되지만 점점 느려진다.

우주의 질량이 작으면 팽창이 영원히 계속되면서 우주는 점점 비어가고 차가워진다. 별들은 꺼지면서 소멸한다.

아주 조용한 호흡

빅뱅 이론에 반대한 호일은 팽창과 수축을 영속적으로 반복하는 '진동하는 우주'를 생각했다. 이것은 아주 조용한 호흡이라고 할 수 있다. 왜냐하면 한 번 숨을 쉬는데 300억 년이나 걸리기 때문이다.

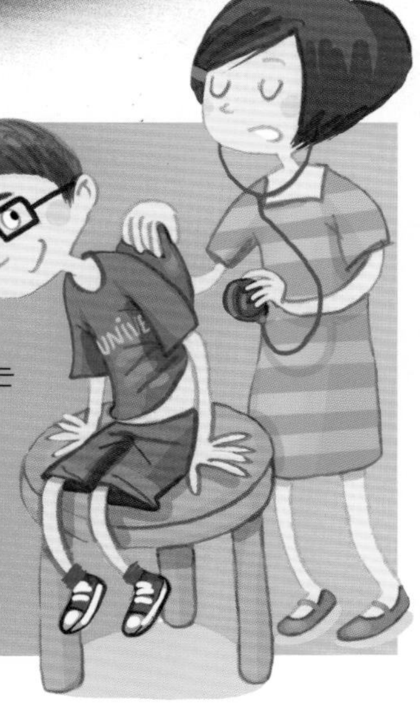

화석 복사(빛)

빛이 지구에까지 도달하는 데는 시간이 걸리기 때문에 우리가 보는 별빛은 수십억 년 전 별의 모습이다. 그러므로 우리가 하늘을 살펴보면 우리는 과거의 우주를 보는 것이다. 더 먼 별일수록 더 먼 과거를 보는 것이다. 그러므로 우리는 우주가 예전에는 지금보다 매우 뜨거웠다는 것을 안다. 하늘 속 깊은 곳에서 오는 복사(빛)는 우주의 온도가 3,300 ℃일 때에 나온 빛이고 따라서 지금은 없어진 원시 우주의 가장 오래된 잔해이다.

인간의 달 착륙

달을 정복한 것은 우주 진출이라는 꿈의 첫 단계를 이룬 것이다. 인간은 최초로 자신의 보금자리에서 벗어나 지구 밖 외계에 발을 디뎠다.

최초의 인공위성

1957년 10월 4일에 2개의 송신기를 장착한 지름 58 cm의 공 모양의 스푸트니크 1호가 발사되었는데, 이것이 최초의 인공위성이다. 1957년 11월 4일에는 라이카라는 개를 태운 스푸트니크 2호가 발사되었고, 마지막으로 1958년 5월 15일에는 스푸트니크 3호가 발사되었다. 이들은 1 t 가량의 장비를 갖춘 사실상 우주 공간에 위치한 실험실이었다.

스푸트니크
(Spoutnik)

가가린과 우주의 여행자들

1961년 4월 12일에 소련의 유리 가가린(왼쪽 사진)은 지구 주위를 89분 동안 난 후 다시 지구로 무사히 돌아왔다. 1962년에는 미국이 존 글렌을 지구 주위의 궤도에 올려놓았다. 드디어 1965년에는 알렉세이 레오노프가 최초로 우주에서 우주복을 입고 우주선 밖으로 나가 보았다.

달 위의 로봇 탐사선

1960년대에는 로봇이 달의 울퉁불퉁한 지표면을 탐사하도록 하였다. 1966년에는 루나 9호가 그리고 다음으로 서베이어 1호가 폭풍의 대양이란 곳에 착륙했다. 루나 오비터(오른쪽 사진)는 달 주위를 공전하면서 달 표면의 99.5%에 해당하는 정확한 지도를 제작하도록 해 주었다.

루나 오비터(Lunar Orbiter)

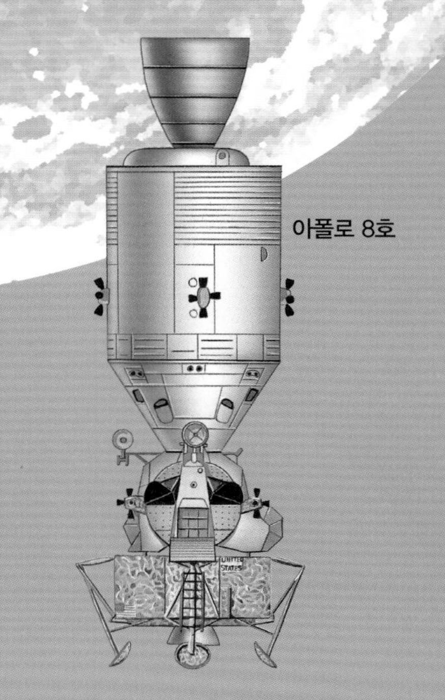

아폴로 8호

달은 어떻게 형성되었을까?

아폴로 우주선 탐사에서 가져온 달의 암석들은 달의 기원과 구성 그리고 달의 역사에 대해 정확한 정보들을 가져다주었다. 달은 지구가 만들어질 때 커다란 충돌에 의해서 떨어져 나간 물질들이 모여서 형성된 것으로 보인다. 이 충돌로 커다란 열이 발생하여 달 표면에서의 물은 모두 증발해 버린 것이다.

달 궤도에 진입하다

1968년 12월 21일에 미국은 달에 아폴로 8호를 쏘아 올린다. 지구 궤도에 오른 후 이 우주선은 동체와 분리되어 달로 향한 후 달 궤도에 진입하였다.

인간의 위대한 첫 발자국을 내딛다

1969년 7월 16일에 닐 암스트롱, 에드윈 올드린 그리고 마이클 콜린스는 새턴 5호의 거대한 동체에 실린 아폴로 11호를 타고 케네디 우주 본부를 이륙하였다. 7월 19일에 아폴로 11호는 달의 궤도에 진입하였다. 7월 20일에는 달착륙선이 아폴로로부터 분리되어 고요의 바다에 착륙하였다. 7월 21일 3시 56분에 드디어 닐 암스트롱이 인간으로는 처음으로 달에 첫발을 디뎠다.

새턴 5호의 발사

달 탐사선

왼쪽부터 닐 암스트롱, 마이클 콜린스, 에드윈 올드린

우주 정복

러시아의 우주 정거장 제작과 발사 그리고 미국의 우주 왕복선 그리고 태양계 탐사선의 발사 등은 우주 정복이 걸음마 단계를 벗어났다는 것을 의미한다.

우주에서 본 미국 몬태나주의 산불(2007년 8월 13일)

지구 표면의 관측

불과 수백 킬로미터 상공에 떠 있는 저궤도 위성은 지구 전체를 몇 시간 만에 돌며 고성능 카메라로 지상의 모든 물체를 파악할 수 있다.

위성을 이용한 위치 확인: GPS

휴대용 GPS(Global Positioning System, 위성 항법 장치) 수신기는 지구상의 어느 위치에 있더라도 자신의 위치와 심지어 고도까지 알려준다. 수신기가 4개의 위성에서 보낸 코드화된 신호를 받기만 하면 된다. 그러면 4개의 위성으로부터의 거리가 나오고 각 위성을 중심으로 그 반지름을 가진 구를 그릴 수 있다. 이 네 구의 교점이 정확한 자신의 위치이며 오차는 10 m 내외이다.

위성으로부터의 거리 측정

위성에서 전파 펄스를 보내면 이 펄스가 GPS 수신기에 도착한 시간을 측정해서 위성으로부터 수신기까지의 거리를 계산할 수 있다.

태양계의 탐사

우주 탐사선은 행성들에 대한 종합적인 정보들을 우리에게 전송한다.
1989년 10월에 나사는 무게가 2,223 kg(그 중 118 kg이 과학 장비)인 갈릴레오 탐사선을 쏘아 올렸다. 갈릴레오는 1995년 12월부터 목성의 궤도에 들어가서 목성의 위성인 유로파와 가니메데에 대한 정교한 사진들을 보내왔다.

우주 정거장이란?

인간이 우주에 계속해서 머무르려면 우주 정거장이 필요하다. 우주 정거장에 몇 달 동안 머물면서 지구의 사진을 찍거나 새로운 물질을 만들고 우주 속에서 그 물질을 보존하는 등의 연구를 한다. 우주 왕복선이 주기적으로 사람과 식량 그리고 장비들을 보내준다.

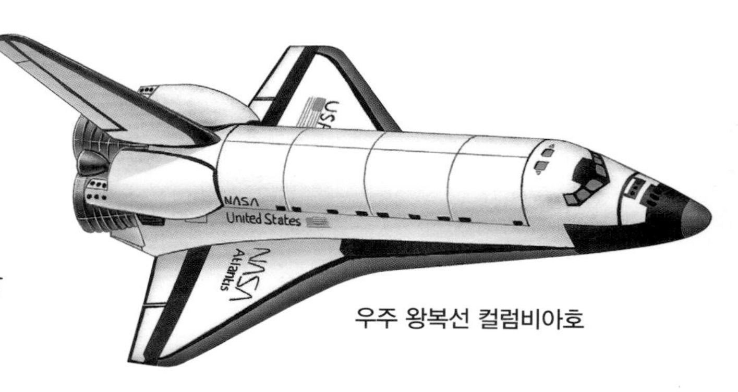

우주 왕복선 컬럼비아호

재사용 가능한 우주 왕복선

미국의 우주 왕복선은 우주 항해의 혁명을 만들어냈다. 이전의 우주선들은 단 한 번밖에 사용하지 못했지만 이 왕복선은 100여 번을 사용할 수 있도록 제작되었다. 이 왕복선의 주요 부분은 궤도 선회 우주선으로 델타형 날개를 장착했으며 DC9 수송기의 크기와 68 t 정도의 무게를 가지고 있다. 이 왕복선의 발사 비용도 기존의 발사 비용의 절반이다.

갈릴레오 탐사선

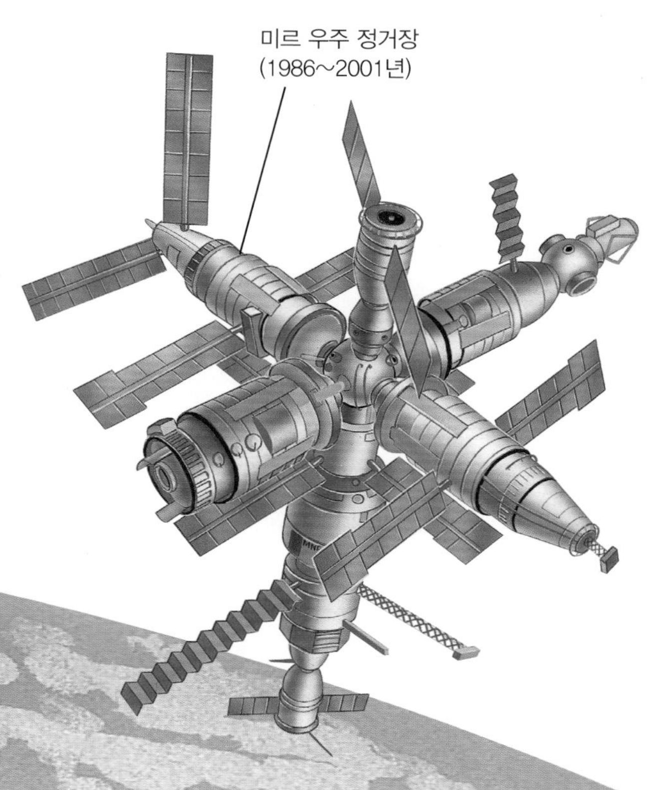
미르 우주 정거장
(1986~2001년)

외계 생명은 있을까?

우주에 생명체는 우리만 있을까? 과학자들은 이 질문에 대답하기 위해 많은 기발한 아이디어들을 테스트하고 있다.

태양계: 죽은 세계?

'화성인들 이야기'에 나오는 많은 상상력에도 불구하고 우주 탐사선의 카메라와 미국 탐사선이 채취한 화성 지표면의 샘플 등으로 판단할 때 현재까지는 화성에 생명의 흔적은 없는 것으로 생각된다.

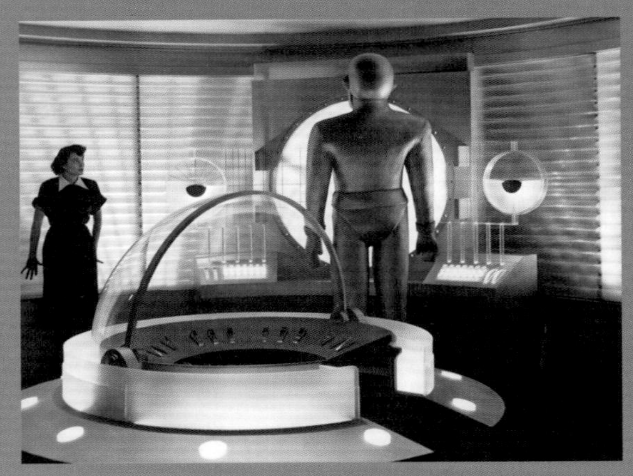

1951년 로버트 와이즈의 영화 〈지구 최후의 날〉

프랑크 드레이크의 메시지

1974년에 아래의 메시지가 이진수로 변환되어 구형 성단 M13을 향해 전파로 보내졌다.

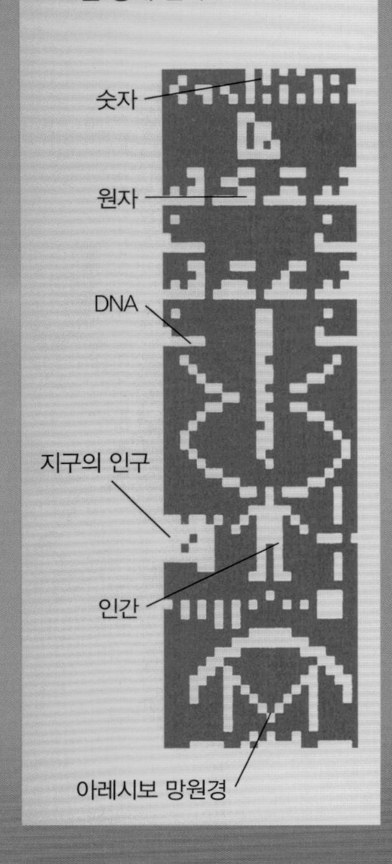

1977년 스티븐 스필버그의 영화 〈미지와의 조우〉

다른 태양들의 주위에 있는 새로운 행성들

최근에 과학자들은 태양 외의 다른 별들을 도는 행성들을 발견했다. 이는 간접적인 방법들로 확인할 수 있는데, 그중 한 방법은 어떤 물체가 멀리 있는 별 주위를 돌면 그 인력으로 그 별이 흔들리게 된다는 것이다. 이것은 마치 스케이터가 자신의 파트너를 끌며 도는 것과 비슷하다. 1995년에 페가수스자리 51과 처녀자리 70 그리고 큰곰자리 47 등의 항성들을 돌고 있는 행성들이 발견되었다. 이후로 수백 개의 외계 행성들이 발견되었다.

〈스타 트렉(Star Trek)〉에 나오는
미스터 스팍(Mr. Spock)

바다에 던져진 병

1977년에 쏘아진 탐사선 보이저 2호는 뱀주인자리(Ophiuchus)를 향해 지구와 인간에 대한 정보를 담은 금 디스크를 싣고 날아갔다. 겉면에 새긴 도식은 외계인에게 보이저 탐사선의 출발지를 알려준다.

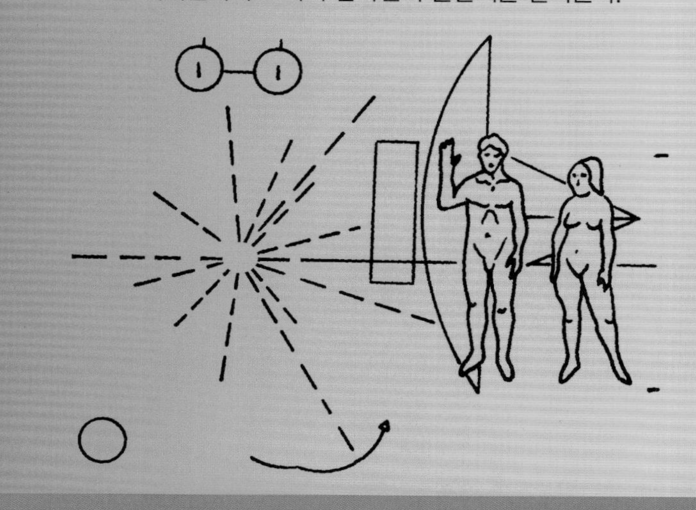

전파에 의한 탐지

태양계 밖의 외계 행성들에서 생명을 탐지하는 가장 간단한 방법은 외계인이 통신 신호를 위해 우주를 가로질러 보냈을 전파를 확인하는 것이다. 1992년 10월부터 수신기가 지구에서 가장 가깝고 태양과 가장 비슷한 1,000여 개의 별들에 대해 천만 개가 넘는 채널로 듣고 있다. SETI(Search for Extra Terrestrial Intelligence, 외계 지성 탐색)라고 불리는 이 프로그램은 나사가 만든 국제적 프로그램으로, 아직 어떤 성과가 나온 것은 없다.

생명체의 특징을 탐색한다

먼 곳에 있는 행성에서 전파 메시지가 오지 않더라도 그곳에 생명체가 살 수도 있다. 사실 인간도 전파를 사용한 것은 얼마 되지 않는다. 따라서 과학자들은 생명체의 특성 신호는 무엇일까를 연구한다. 그것은 광합성의 결과물인 산소일 것이다.

반사된 빛의 분석

산소는 행성에 의해 반사된 빛을 변화시킨다. 지구에 의해 반사된 빛을 연구하는 외계인 관측자도 산소의 존재를 알 것이다. 과학자들은 지구 주위의 궤도에 분석 기구를 띄워 먼 행성들에서 반사된 빛의 적외선을 분석하고 있다. 이를 통해 아마도 언젠가는 외계 생명을 발견할 수 있을지 모른다.

1996년 팀 버튼의 영화 〈화성 침공〉

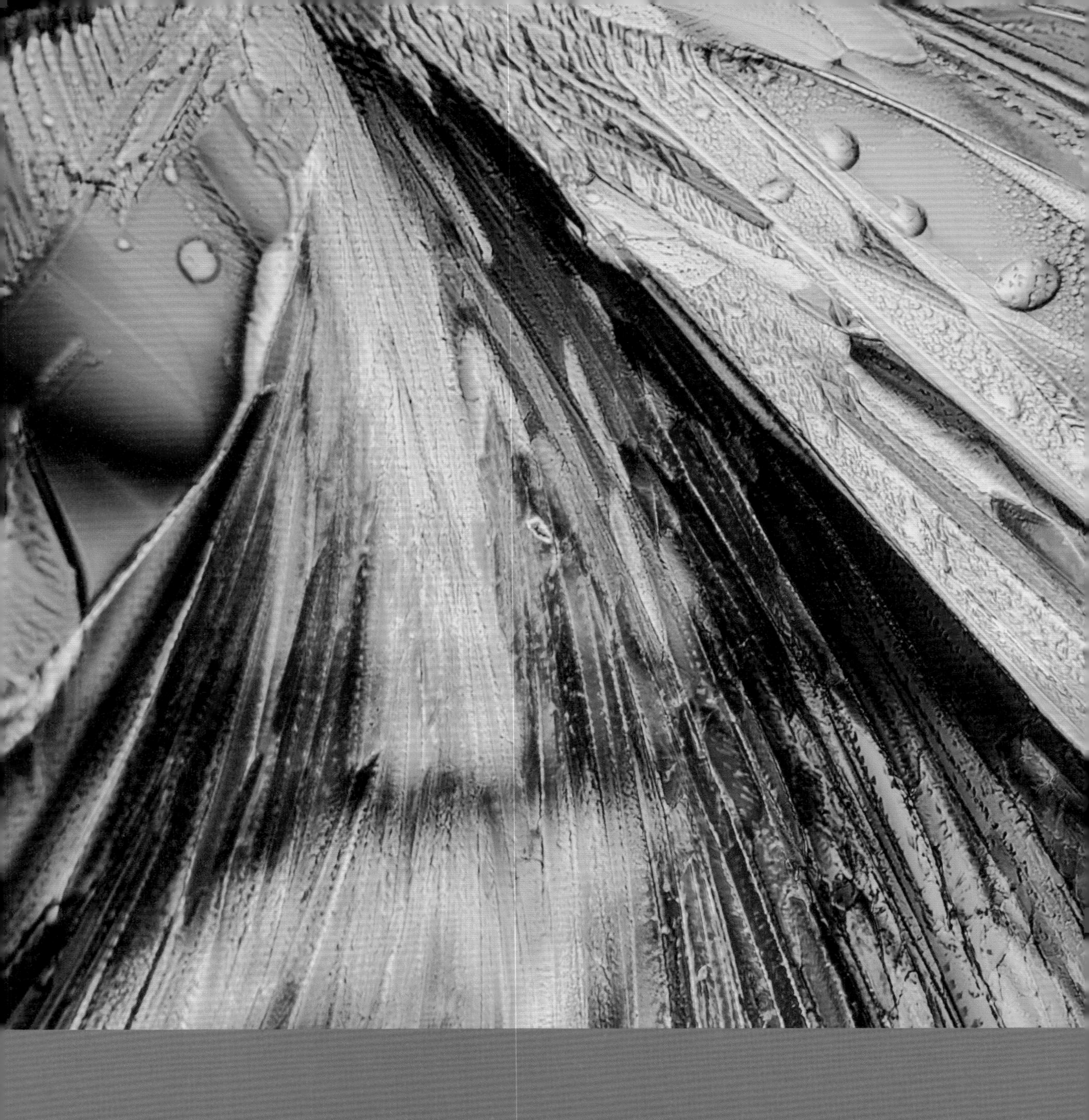

물질

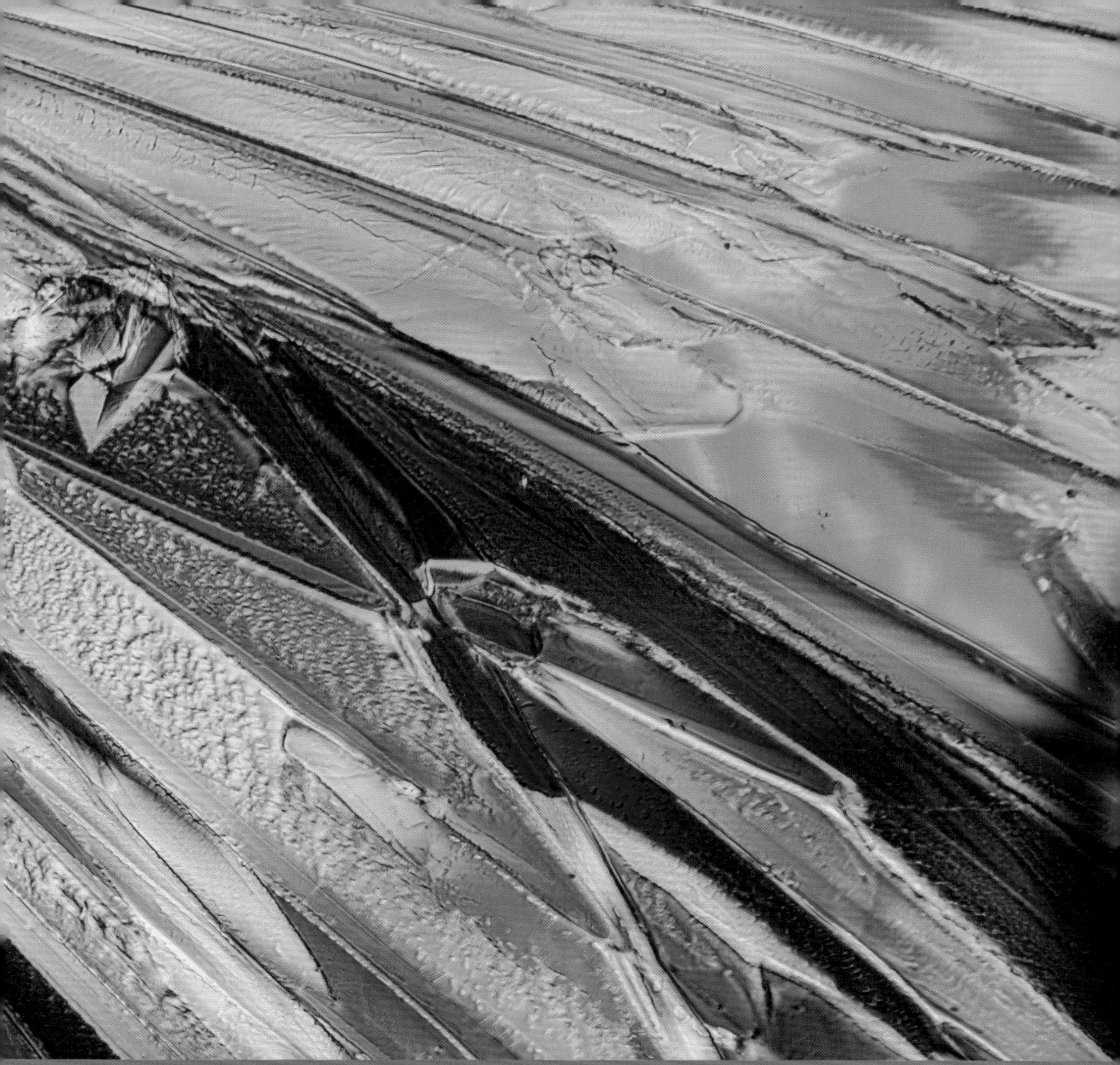

편광으로 관찰한 임계 산 결정(비타민 C)

우리 주변에 있는 모든 물체, 우리가 살고 있는 지구,
하늘 위에서 반짝이는 별들 그리고 또한 우리 자신도
여러 다른 상태들로 보이는 물질들로 이루어져 있다.

화학적 원소와 원자

물질들은 매우 다양하지만 각 물질은 몇몇 화학적 원소들로 이루어져 있다. 이러한 원소의 가장 작은 단위량이 원자이다.

원자는 그 자체로 분자를 변화시킨다. 개양귀비의 붉은색과 수레국화의 푸른색은 시아니딘 분자 때문이다. 시아니딘은 수소 원자 하나 차이로 두 가지 색(붉은색과 푸른색)을 띤다.

원자

존재하는 원소의 가장 작은 단위량은 그리스의 철학자 데모크리토스(기원전 460~370년)가 예견한 원자이다. 원자는 각 원소의 특성에 따라 각각 다른 반지름을 가진 구형으로 나타낸다. 탄소 원자의 반지름은 1 cm의 150억분의 1이다. 따라서 이러한 원자들은 매우 작다. 이 문장의 마침표 하나에 무려 600억 개의 탄소 원자들이 들어갈 수 있다. 어떤 작은 물질 조각도 우리 은하에 있는 별들의 개수보다 더 많은 원자를 포함하고 있다. 그러므로 거시적으로 보면 이 세상을 이루는 구성원들의 개수는 미미한 것이다.

원소

우리 주변에 있는 세상의 모든 물질이 단지 어떤 화학적 원소들로 이루어졌다는 사실을 알아낸 것은 화학의 커다란 성공이라고 할 수 있다. 탄소, 수소, 산소와 철을 보자. 우리는 이들을 기본 원소들이라고 한다. 왜냐하면 이들은 화학적 방법으로는 더욱 더 간단한 원소로 분해되지 않기 때문이다. 물리학자들만이 입자 가속기로 충돌시켜 이들을 분해할 수 있다.

금 표면에 배열된 C_{60} 탄소 원자들로 이루어진 분자의 터널 효과 현미경 사진

원자의 내부는 어떻게 생겼을까?

원자가 물질의 가장 간단한 구성원인 것은 아니다. 원자도 또한 전자와 양성자 그리고 중성자들로 이루어져 있다. 원자핵은 양전하를 띤 양성자들과 양성자들 사이에서 접착제 역할을 하는 중성자들로 이루어져 있다. 원자핵은 원자의 질량 대부분을 차지한다. 원자핵 주위에는 지구를 도는 위성들처럼 매우 작고 음전하를 띤 전자들이 돌고 있다. 중성 상태의 원자에서는 양성자의 개수와 전자의 개수가 같다. 원자를 지탱하는 것은 전자(−)들과 양성자(+)들 사이에 작용하는 전기적 인력이다. 이것은 마치 지구가 스케이터처럼 위성들을 잡아당기고 돌려서 그 궤도를 유지하게 하는 것과 마찬가지이다.

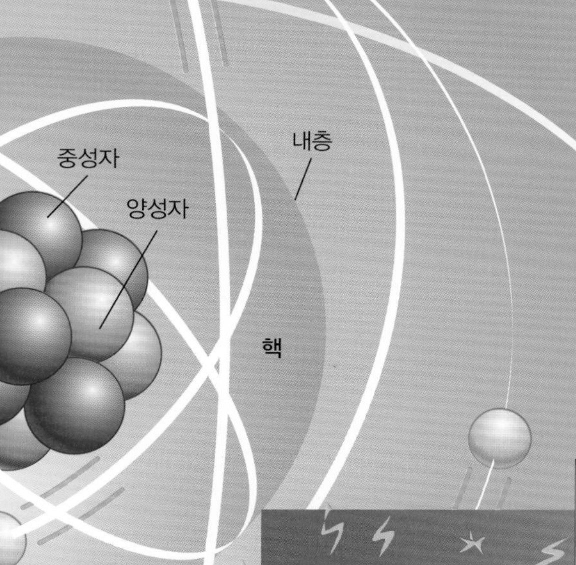

스웨터와 전자들

원자의 외부 층에 있는 전자들은 핵으로부터 멀기 때문에 쉽게 떨어져 나간다. 이것이 바로 우리가 아크릴 스웨터를 벗을 때 생기는 일이다. 마찰에 의해 전자들이 떨어져 나가 반대편 물질에 붙으면 그 물질은 음전하를 띤다. 이 두 표면 사이에 불꽃이 튀며 타타타탁 하는 특이한 소리를 낸다.

원자와 분자를 볼 수 있을까?

이들은 매우 작지만 터널 효과 현미경을 이용해서 금속 표면의 원자들과 분자들을 보는 것이 가능하다.

원자의 구조와 성질

원자핵 주위를 도는 전자들은 층별로 배치된다. 맨 외곽의 전자 배열이 해당 원소의 반응성을 좋게 하기도 하고 나쁘게 하기도 한다.

전자의 궤도

핵 주위를 도는 전자의 궤도는 고정되어 있지 않지만 전자는 핵으로부터 일정한 거리를 유지하고 있다. 가능한 궤도의 높이는 아무 데나 되는 것이 아니고 여러 층을 이루게 되는데 그 수도 7층을 넘지 않는다. 각 층은 정해진 숫자보다 더 많은 전자를 수용할 수 없다. 핵에 가장 가까운 첫 번째 껍질은 2개의 전자를, 좀 더 먼 두 번째 껍질은 8개의 전자를, 조금 더 먼 세 번째 껍질은 18개의 전자를 포함할 수 있다.

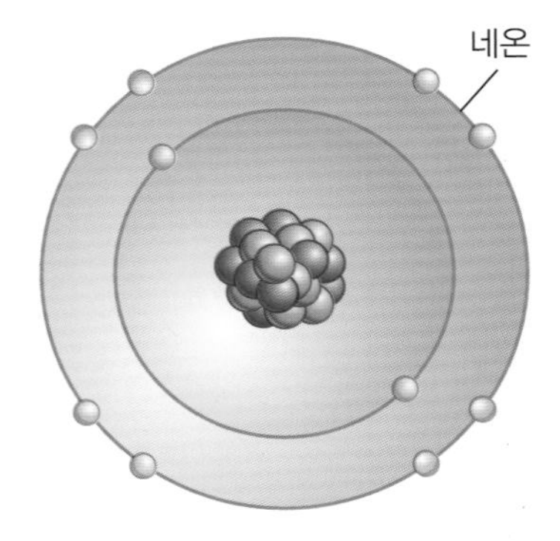

외각 껍질에 8개의 전자가 있을 때 원자는 매우 안정적이고, 따라서 다른 원소와의 반응이 아주 느리다. 왜냐하면 이 경우에는 전자를 하나 잃거나 더 얻으려면 커다란 에너지가 필요하기 때문이다.

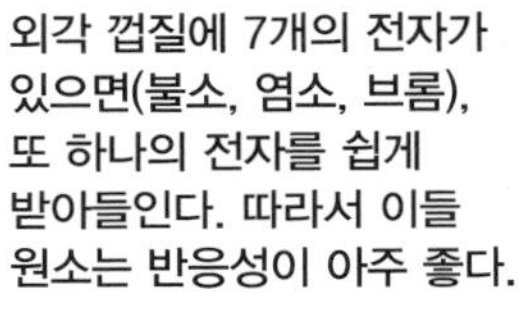

외각 껍질에 7개의 전자가 있으면(불소, 염소, 브롬), 또 하나의 전자를 쉽게 받아들인다. 따라서 이들 원소는 반응성이 아주 좋다.

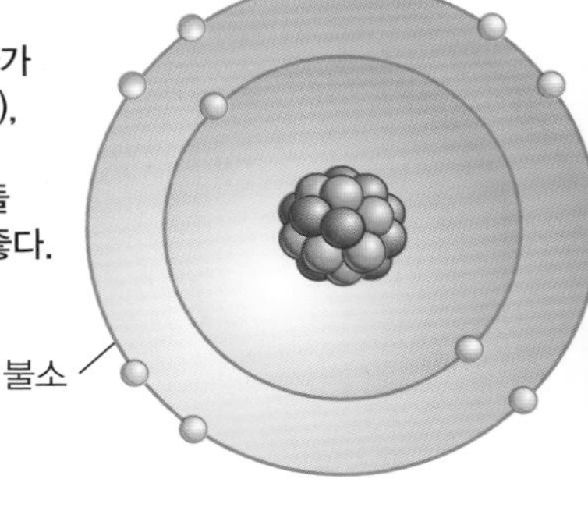

구조와 반응성의 관계

최외각 껍질이라고 불리는 원자의 가장 바깥의 껍질은 원소의 반응성, 즉 화학적 반응을 일으키는 능력에 매우 큰 역할을 한다. 이 최외각 껍질에는 보통 전자가 8개를 넘지 않는다.

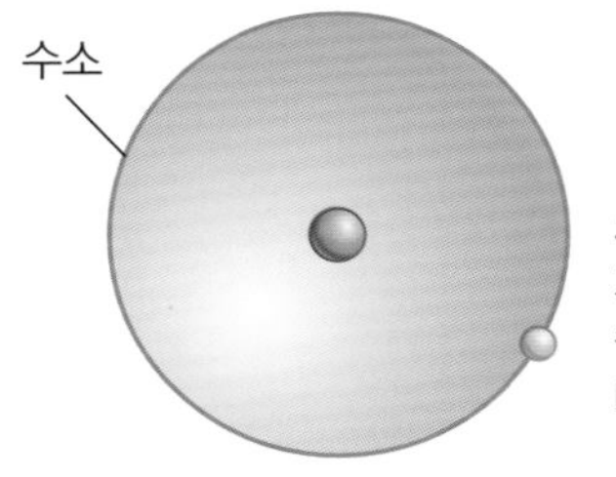

외각 껍질에 전자를 하나만 가지고 있는 원자(수소, 나트륨, 칼륨)는 이 전자를 쉽게 잃기 때문에 반응성이 매우 좋다.

주기율표 분류

원소는 그 기호와 원자 번호 Z(전자의 수) 그리고 질량수 M(양성자의 수 + 중성자의 수)으로 나타낸다. 예를 들어 불소(Fluorine)는 F, Z = 9, M = 19이다. 주기율표 분류는 원자 번호가 작은 것부터 큰 순서로 배열한다. 이것은 멘델레예프(Dimitri Mendeleev, 1834~1907년)가 처음으로 분류한 것이다.

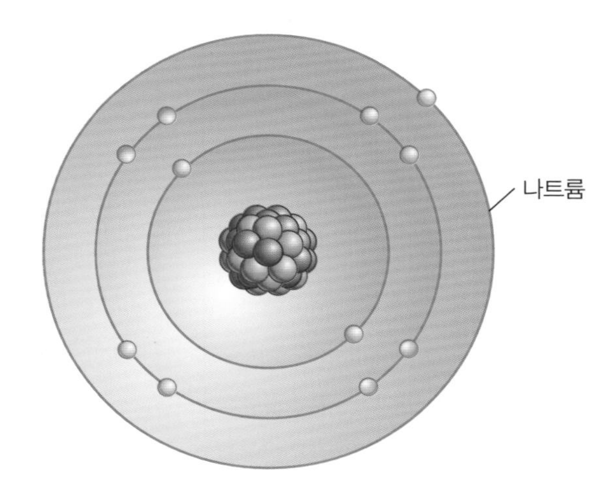

1937년에 있었던 수소를 채운
힌덴부르크 비행선의 폭발

지금의 비행선은
안전한 헬륨 기체로
채운다.

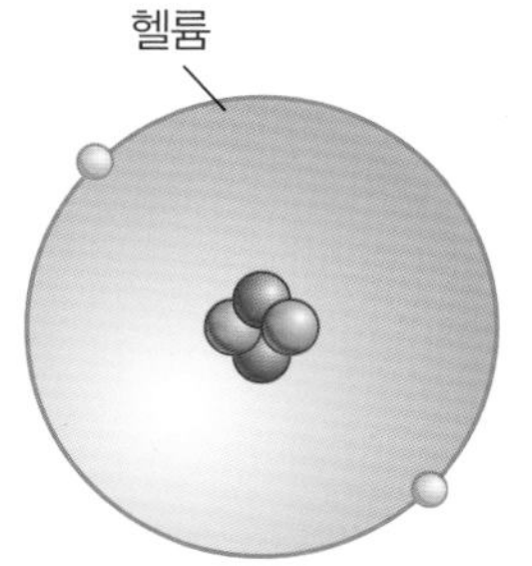

원자 모델의 예

비행선

오늘날의 비행선은 헬륨 기체로 채우는데, 헬륨은 공기보다 가볍고 외각 껍질에 두 개의 전자가 모두 채워져 있기 때문에 매우 안정적이다. 예전에는 비행선을 수소 기체로 채웠는데 수소는 헬륨보다도 가볍지만 불이 붙기 쉬워 매우 위험하다. 1937년에 뉴욕 근처에서 비극적으로 폭발한 거대 비행선 힌덴부르크호가 그 예이다.

분자

헬륨 같은 어떤 원자들은 기체 상태에서 원자 상태 그 자체로 존재한다. 하지만 대부분은 분자라는 결합체로 존재한다. 분자는 원자들이 잘 정의된 기하학적 배열로 결합된 것이다.

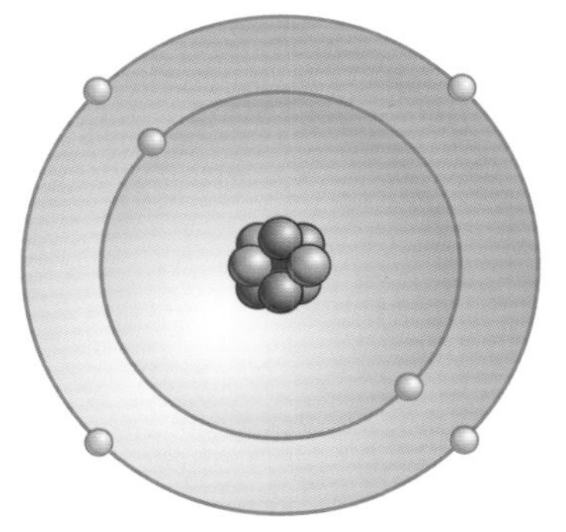

탄소 원자는 4개의 팔(홀전자)을 갖는다(CH_4).

원자들의 결합

어느 분자에서 두 원자가 결합하는 이유는 전자들의 쌍을 만들어서 고립 전자들을 공유하기 때문이다. 두 전자는 원자들 주위와 사이를 돌면서 원자핵과의 전기적 인력으로 작용하면서 두 원자를 결합시킨다. 이러한 결합은 결합된 원자들의 화학 기호 사이에 작은 선을 연결해서 나타낸다(H-Cl). 어떤 원자들은 두 쌍 또는 세 쌍의 전자들을 공유하면서 결합이 되기도 한다. 이를 이중 결합 또는 삼중 결합이라고 하고, 줄 두 개 또는 세 개로 나타낸다.

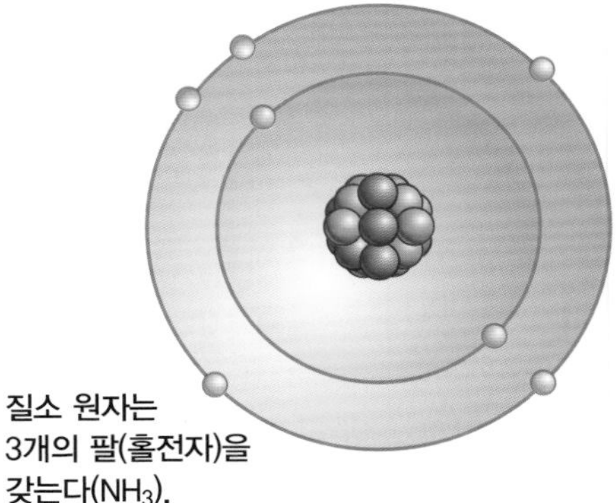

질소 원자는 3개의 팔(홀전자)을 갖는다(NH_3).

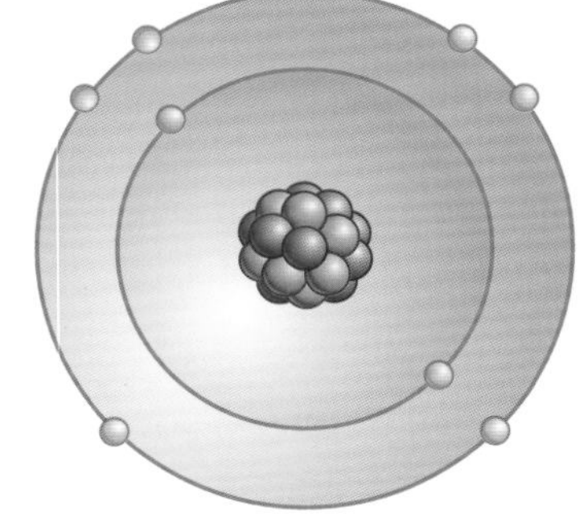

산소 원자는 2개의 팔(홀전자)을 갖는다(H-O-H).

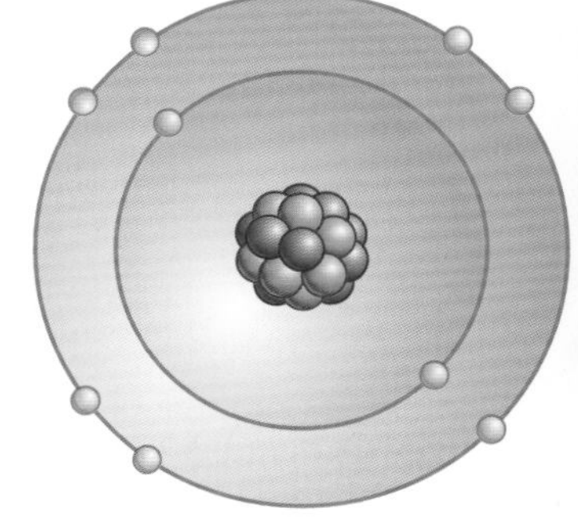

염소 원자는 1개의 팔(홀전자)을 갖는다(H-Cl).

벤자민 프랭클린

분자 하나의 크기를 재어 보자

벤자민 프랭클린이 고안한 간단한 실험으로 분자 하나의 크기를 잴 수 있다. 그리스 시대부터 바다에 기름의 띠가 퍼지면 파도를 잔잔해지게 하는 효과가 있다는 것을 알았다. 프랭클린은 연못가에 올리브유 한 숟가락을 물 위에 부었다. 물이 고요한 부분은 약 $100\ m^2$ 정도나 되었다. 기름의 부피를 펼쳐진 기름의 표면적으로 나누어 기름 막의 높이를 재었더니 약 10억분의 1 m였다. 이것이 올리브유의 주요 구성 성분인 글리세릴 트리올레이트 분자의 대략적인 크기이다!

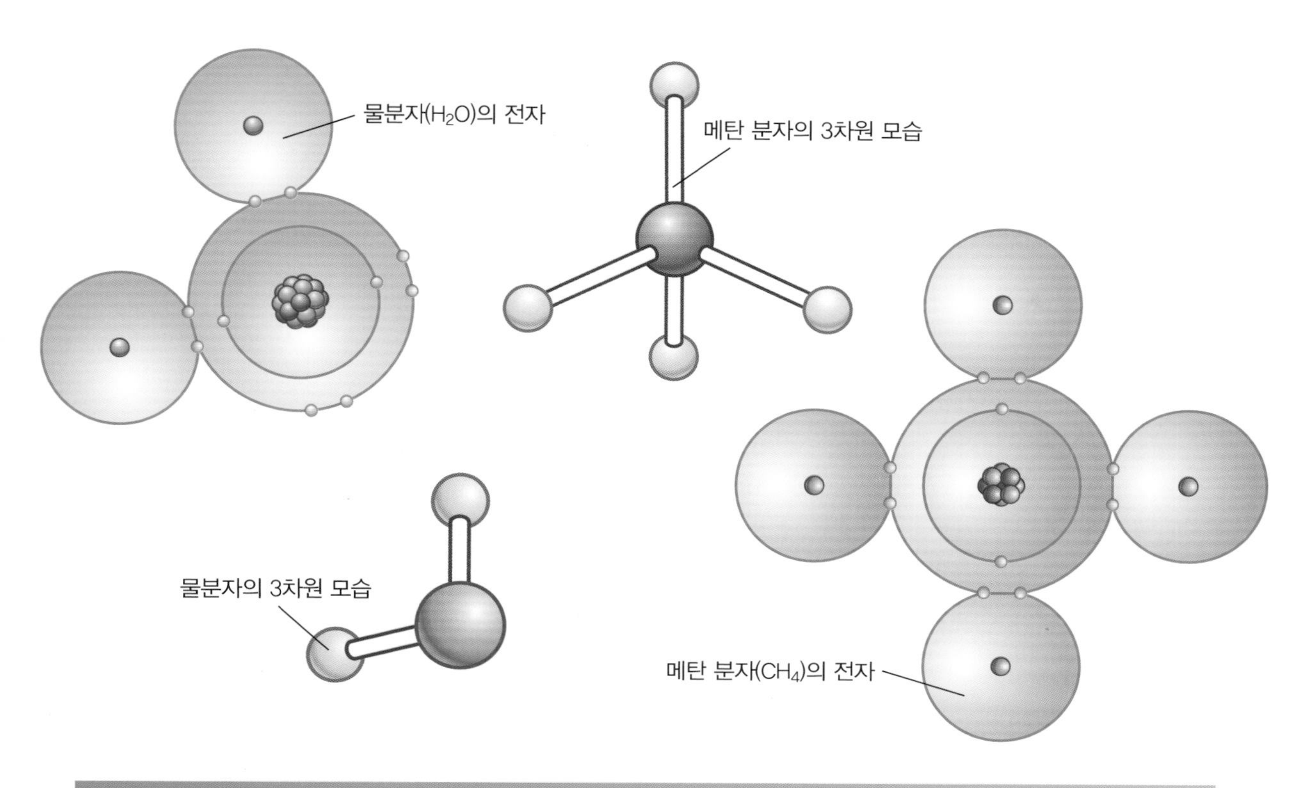

탄소의 특이한 성질

연속적인 고리를 만들어나가는 탄소의 독특한 성질은 매우 놀랍다. 이처럼 다양하고 길게 고리를 만들 수 있는 원소는 탄소가 유일하다. 이는 탄소가 주기율표상 위치가 중간이고 또한 전자들이 쉽게 떨어져 나가지만 주변의 다른 원자의 전자들을 끌어당기는 능력도 있기 때문이다.

이 비행기는 동체와 날개가 탄소 섬유로 되어 있다.

탄소 섬유로 만든 수중익선

아주 가볍고 튼튼한 탄소 섬유로 만든 경주용 자전거

$(CH_3CO)OC_6H_4COOH$

분자의 구조를 알아보자

화학 물질들과 이 물질들의 구조를 명확하게 설명하기 위해서 단어, 문자, 숫자 그리고 2차원 그림 또는 3차원 모델 등을 이용한다.

아스피린

CO_2H

간단한 화학식

분자의 이름과 공식

어떤 물질을 설명하는 가장 좋은 방법은 화학 기호를 이용하는 것이다. 이를 위해 화학적 원소를 나타내는 문자들(C, H, Cl, Zn 등)을 사용하고 해당 분자에 있는 원자의 개수를 숫자로 나타낸다. 예를 들어 물의 화학 기호는 H_2O(수소 2개와 산소 1개)이다. 벤젠의 화학 기호는 C_6H_6 (탄소 6개와 수소 6개)이다. 이것이 전 세계의 화학자들이 이해하는 특수한 알파벳이다.

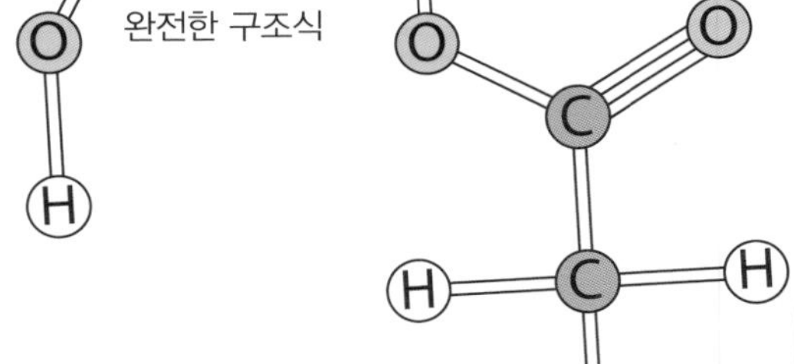

완전한 구조식

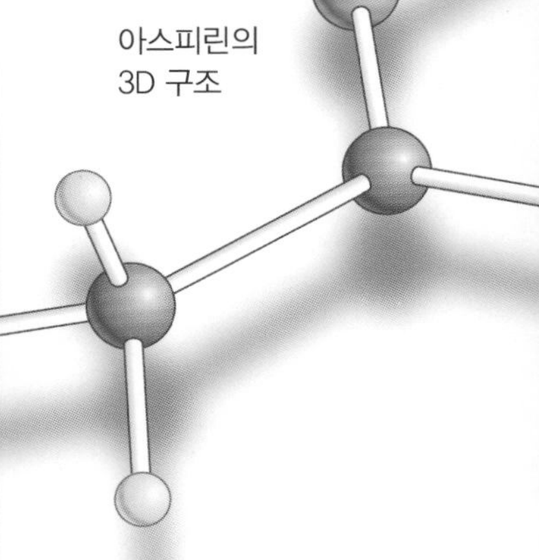

아스피린의 3D 구조

벤젠의 공식을 만든 케쿨레

케쿨레(Friedrich Kekulé, 1829~1896년)는 꿈을 꾸던 중 처음에는 원자들이 움직이다가 원자들이 뱀으로 변하여 뱀이 자신의 꼬리를 무는 모습을 보고 벤젠핵의 육각형 고리 구조를 밝혀냈다고 한다. 이는 우리의 뇌가 깨어 있을 때 문제를 계속 생각하다 보면 꿈속에서 이를 해결할 수도 있다는 것을 보여준다!

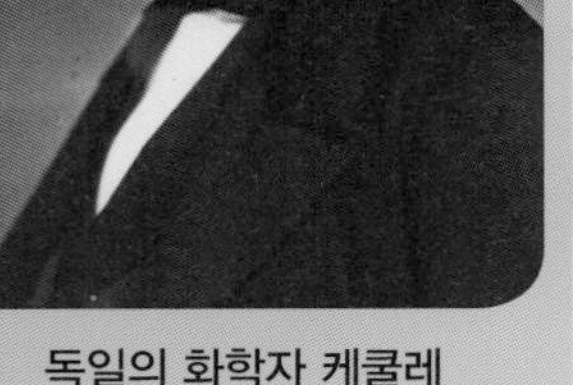

독일의 화학자 케쿨레

화학 기호와 모형

물질의 이름과 구조식을 이용하면 화학반응들을 명확하게 정의하고 기술할 수 있다. 그러나 분자에 대해서 더 자세히 알고 싶으면 세 가지 방법을 이용할 수 있다. 화학식과 구조식 그리고 3D 입체 모형이다. 처음 두 방법은 분자의 구조를 각 원소의 기호와 원소들 사이가 단순, 이중, 삼중 결합이냐에 따라서 선을 1, 2, 3개 사용하여 원소들을 이어서 나타낸다. 3D 입체 모형은 분자의 실제 구조를 3차원 공간에 나타낸다. 원자는 공으로 결합은 막대로 나타낸다.

이중 나선 구조의 3차원 모형

분자의 3D 모형을 만들어보자

- 스티로폼 공들
- 이쑤시개(막대)

화학식으로부터 다음 분자 CH_4, C_3H_8, C_4H_{10}, C_2H_6O의 모형을 만든다.

탄소는 팔 4개, 수소는 1개라고 했던 앞 페이지에서 나온 규칙을 따르면 된다.

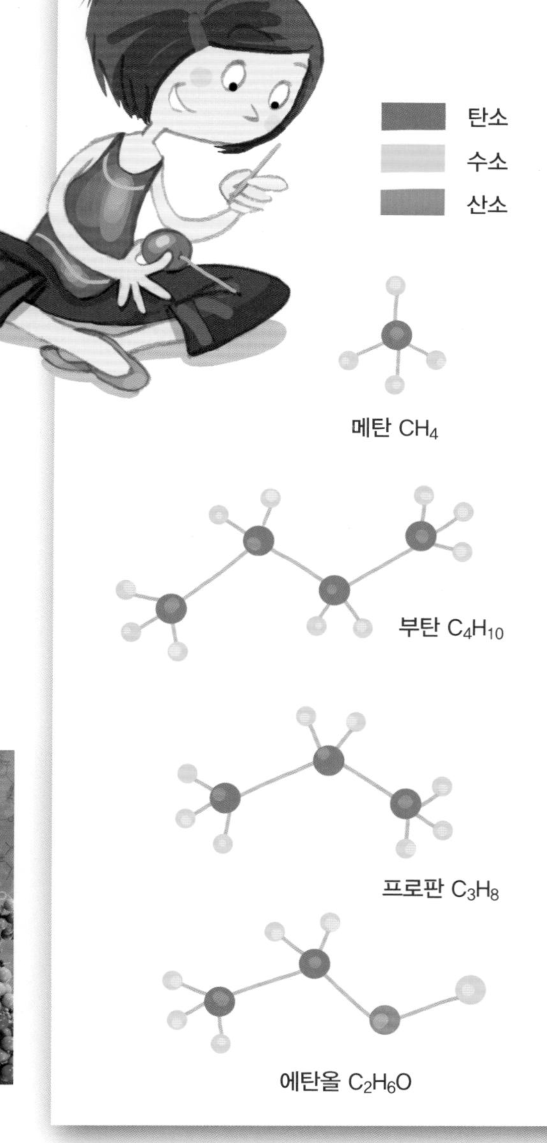

고체, 액체, 그리고 기체

세상에 존재하는 각각의 물질은 고체일 수도 액체일 수도 그리고 기체일 수도 있다. 그러나 외부의 조건이 바뀌면 그 상태가 변화할 수 있다.

고체의 밀도를 알아보자

- 작은 그릇
- 액체 꿀
- 칼

액체 꿀을 작은 그릇의 맨 위까지 가득 채워서 냉동실에 넣는다. 몇 시간 후에 꺼내어 움푹 들어간 표면을 보면 고체 꿀이 액체 꿀보다 부피가 줄어들었음을 알 수 있다. 고체는 (일반적으로) 액체보다 더 빽빽하다. 고체의 원자 또는 분자들은 액체일 때보다 서로서로 더 가까이 붙어 있기 때문에 부피가 더 작아진다!

고체

고체를 이루는 원자나 분자들은 서로의 거리가 매우 가까운 배열을 이루고 있고, 이들은 사실상 거의 움직이지 않는다. 고체가 가열되면 입자들이 더욱 큰 에너지로 진동하면서 배열 사이의 틈이 더욱 벌어지게 된다. 분자들이 더 크게 움직이게 되면 물질이 흐르게 되면서 고체가 녹아 액체가 된다.

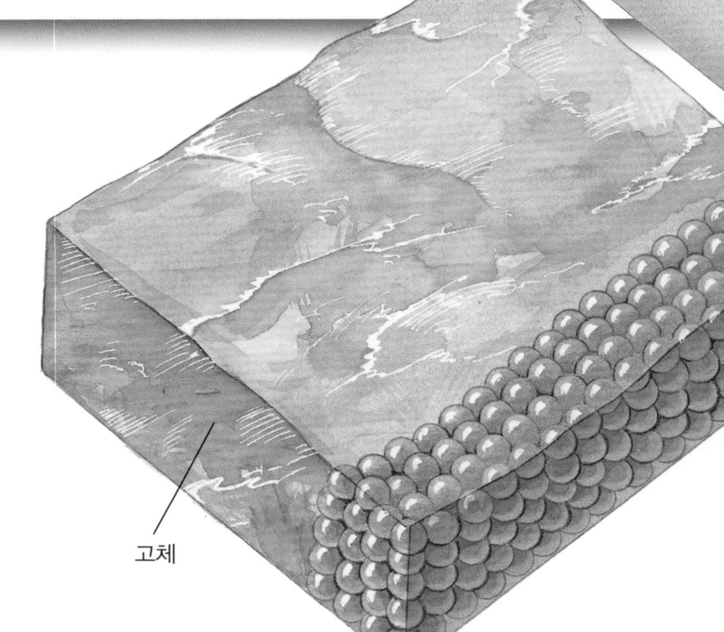

액체

액체의 분자들은 서로 다른 분자들의 위로 구르게 되면서 흐르거나 담은 그릇의 모양과 같아진다. 액체를 가열하면 분자들의 움직임이 점점 커지면서 일부분은 액체 표면에서 벗어나게 된다. 이들은 매우 빨리 움직이면서 서로서로 벗어나게 되어 기체가 된다.

기체

기체의 분자 또는 원자들은 매우 빠른 속도로 모든 방향으로 끊임없이 움직인다. 분자들이 서로서로 멀리 떨어져 있기 때문에 기체는 압축하기가 쉽다. 기체를 아주 크게 압축을 하면 다시 액체 상태로 돌아간다.

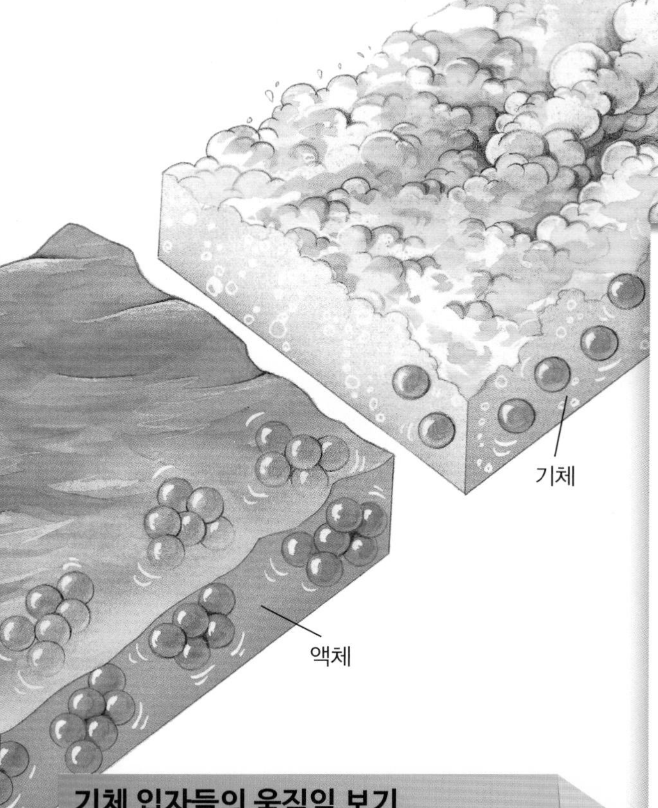

알코올에 물 붓기 어른과 함께 하기

- 계량 유리컵
- 그릇
- 물
- 연료용 알코올

컵 속의 물에는 무수히 많은 분자가 모든 방향으로 움직이고 있다. 만일 100 ml의 물에 100 ml의 물을 더하면 200 ml의 물이 된다. 이와는 달리 그릇에 100 ml의 물을 붓고 다음에 100 ml의 알코올을 부으면 그 부피가 200 ml가 안 되는 것을 (정확히는 194 ml) 보게 될 것이다. 이 두 액체를 섞으면 분자들이 서로 가까워져서 더 밀집되기 때문이다. 따라서 물과 알코올 혼합물의 부피는 물끼리 합치는 것보다 부피가 더 작아진다.

기체 입자들의 움직임 보기

아무리 좋은 현미경을 사용하더라도 기체 입자들의 끊임없는 움직임을 눈으로 보는 것은 불가능하다. 이것을 간접적으로 체험하려면 공기의 흐름이 없는 어두운 방에서 비스듬히 들어오는 햇빛 줄기로 보이는 먼지 입자들의 무질서한 움직임을 본다. 먼지 입자들은 (방 안 공기의) 기체의 입자들과 충돌하면서 무질서한 방향으로 끊임없이 움직이게 된다.

화학반응

우리가 물에 녹은 탄산을 보거나 통닭구이가 맛난 갈색을 띠거나 또는 여름밤에 멋진 불꽃놀이를 볼 때 이것은 모두 화학반응을 보고 있는 것이다.

화학반응이란 무엇일까?

서로 다른 화학물질이 만나게 되면 반응을 해서 변화하게 된다. 원자끼리의 결합이 변하면서 새로운 분자가 만들어진다. 우리 주변의 세상에서뿐만 아니라 우리 몸속에서도 수많은 화학반응이 일어나고 있고, 이들은 인간의 활동이기도 하다. 다음의 실험으로 잘 알려진 몇몇 화학반응에 대해 살펴볼 수 있다.

형형색색의 띠 모양들은 폭죽 속에 있는 금속들 때문이다. 예를 들어 흰색은 마그네슘에서, 주황색은 나트륨에서, 그리고 녹색은 바륨에서 나온다.

라부아지에

'사라지는 것도 없고, 창조되는 것도 없다. 다만 변화할 뿐이다…' 이 이론은 화학반응 전과 후의 물질들의 질량을 정밀하게 측정함으로써 볼 수 있다. 라부아지에(Antoine Lavoisier, 1743~1794년)에 따르면 수은의 산화로 알 수 있는 것은 공기 중의 산소가 반응 후에 사라진 것처럼 보이지만 사실은 수은과 반응을 해서 붉은색 고체인 산화수은이 된 것이다.

여러 가지 색깔의 불꽃을 만들어 보자 어른과 함께 하기

- 램프
- 철사
- 식염 소금
- 붕산
- 타타르산

연소는 전형적인 화학반응이다. 어떤 물질이 공기 중에서 탄다는 것은 물질이 산소와 결합하면서 물이나 이산화탄소(CO_2)가 되는 것인데, 이때 열이 발생한다.

1. 철사로 고리를 만들어 물에 담갔다가 다시 시료 속에 담근다.

2. 고리를 조심해서 불꽃 위에 놓는다.

시료가 소금이면 노란색(나트륨)이 되고, 붕산이면 녹색, 타타르산이면 보라색이 된다.

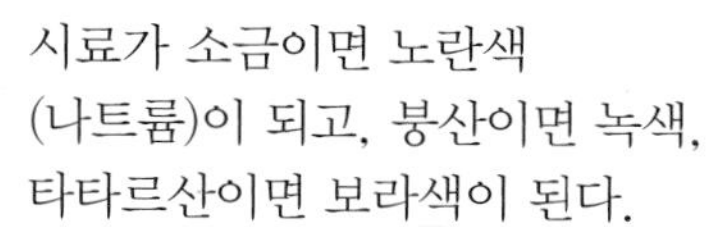

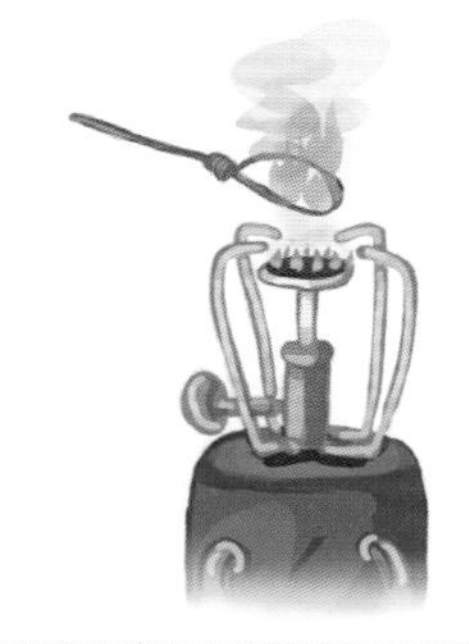

이산화탄소(CO_2) 모으기 어른과 함께 하기

- 높이가 다른 초 3개
- 깊이보다 더 넓은 유리그릇
- 병
- 베이킹소다
- 식초
- 빨대
- 지점토

1. 병 속에 식초를 붓는다.
2. 초들을 유리그릇에 고정하고 불을 켠다.
3. 병 속에 베이킹소다 한 숟가락을 넣어 수프처럼 만든다.
4. 빨대를 꽂고 지점토로 병 입구를 막는다.
5. 그릇이 밑바닥부터 기체로 찬다.

식초(아세트산)가 베이킹소다와 반응하여 CO_2가 밖으로 나오면서 초들이 차례로 꺼진다.

CO_2는 위험한 기체이다! 개는 CO_2가 30%가 넘는 공기 중에서는 살 수가 없다. 색깔도 냄새도 없는 이 기체는 공기보다 무거워서 (포도의 발효로 인해) 동굴 바닥에 쌓이거나 또는 (자동차 매연 때문에) 차고에 쌓인다. 그렇지만 CO_2는 불이 났을 때 불을 끄는 데 쓴다!

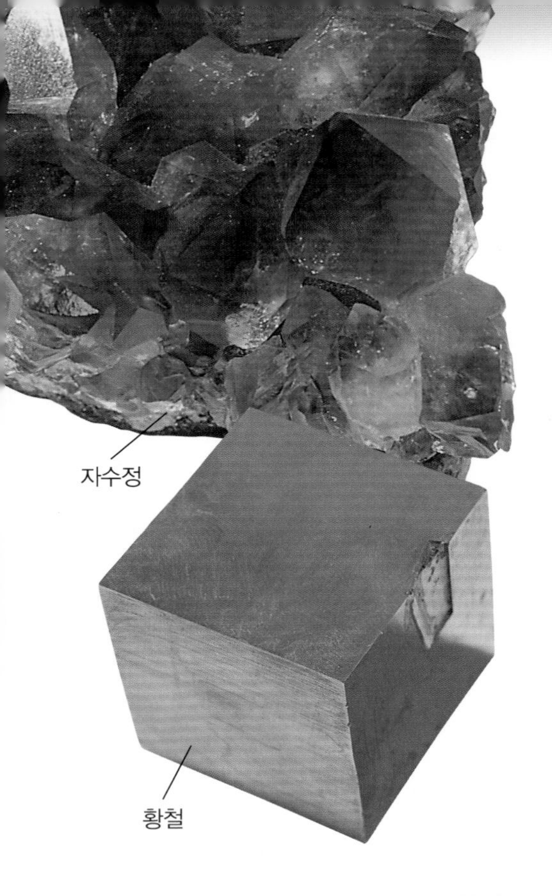

용액과 결정

혼합물은 액체 분자들에 고체 분자들이 녹아서 되는 경우도 많다. 이것을 용액이라고 한다. 특히 커피나 차, 바닷물과 광천수 등이 그런 경우이다.

형석

용액의 포화와 결정

화학자들은 용액 중에서 고체를 '용질'이라 부르고 액체를 '용매'라고 한다. 20 ℃의 물 1 L에 2 kg의 설탕 거의 모두를 녹일 수 있다. 그 이상은 더 녹지 않는다. 이때 이 용액은 포화되었다고 한다. 그럼에도 더 많이 녹이고 싶으면 가열하면 된다. 만일 온도가 다시 내려가거나 물이 증발하게 되면 용액은 과포화상태가 되어 용질의 분자들이 다시 나타나면서 서로 묶여 결정을 형성하게 된다.

결정을 만들어 보자

- 물
- 머리카락
- 유리컵
- 명함같이 빳빳한 종이
- (약국에서 파는) 명반
- 접착제
- 접착테이프

1. 차가운 유리컵에 농도가 매우 높은 명반 용액을 만든다.

2. 돋보기로 큰 명반 조각을 골라 머리카락에 붙인다.

3. 머리카락 끝을 테이프로 종이에 붙이고 종이를 컵 위에 놓아서 이 조각이 매달린 채 용액에 담겨 있도록 한다.

4. 몇 시간 후면 규칙적으로 형성된 멋진 결정이 생기는 것을 볼 수 있다.

용해도를 측정해 보자

- 계량컵
- 물
- 소금
- 설탕
- 모래
- 베이킹소다

1. 설탕을 작은 숟가락으로 물에 저어 설탕물이 포화가 될 때까지 넣는다.

2. 몇 숟가락을 넣었는지 적는다.

3. 소금, 모래, 베이킹소다를 가지고 똑같이 한다.

모래는 물에 녹지 않고, 소금은 녹는데 설탕보다는 덜 녹는다는 것을 알 수 있다. 물질의 용해도는 서로서로 다른 것이다!

결정의 구조와 아름다움

유리부터 금속, 바위에 이르기까지 많은 고체는 결정이다. 그리고 우리가 보는 다양한 결정들은 모양과 크기가 서로 다르지만 모두 각각의 입자들의 규칙적인 배열덩이일 뿐이다. 결정은 7가지 규칙적인 형태가 있고 같은 물질은 같은 형태의 결정을 갖는다.

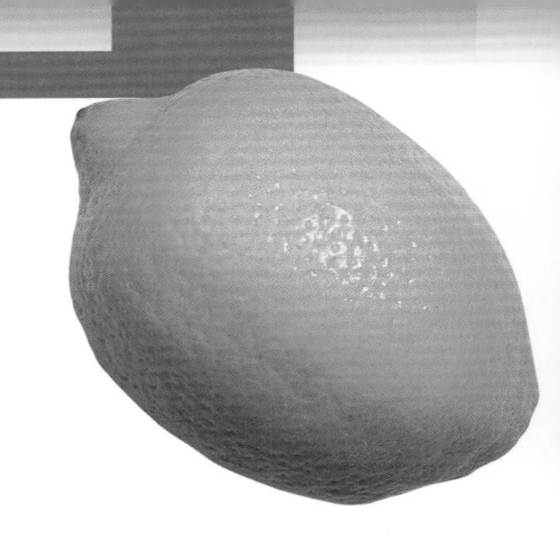

산과 염기

산과 염기는 식초나 비누 같이 우리 일상의 주변에 있는 많은 물질에 들어 있다. 용액 속에서 이 둘은 서로 반대의 성질을 가지고 있다.

식초에는 아세트산이 들어 있다.

자극적이다!

식초나 레몬은 요리할 때 샐러드나 생선 요리의 맛을 돋우는 데 사용된다. 이들은 혀를 자극하는 약선성이다. 더 높은 단계의 산성인 황산이나 질산은 부식성이 있고 매우 위험하다. 이들은 피부나 옷감을 태우고 금속을 부식시킨다.

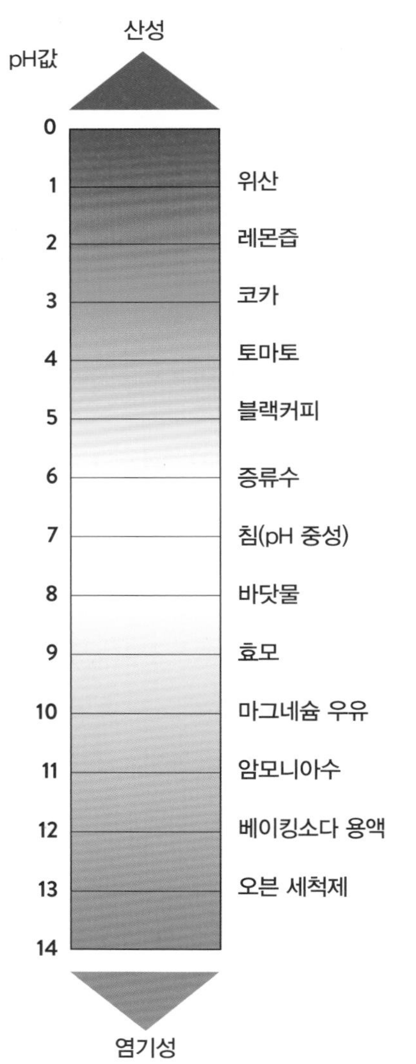

아리다!

산의 반대는 염기(알칼리)이다. 예를 들어 베이킹소다는 약한 염기이고 느낌이 비누 같다. 가성소다나 암모니아수 같은 강알칼리는 강산성처럼 위험하고 노폐물이나 머리카락, 털 등의 유기물들도 부식시킨다. 산에 알칼리를 부으면 중화된다. 산과 알칼리는 합쳐져서 염과 물이 된다.

포름산 CH_2O_2

'개미'라는 뜻의 라틴어 formica에서 유래한 포름산은 이름처럼 개미가 물었을 때 나오는 독의 성분이다. 이것은 애벌레에서 나오는 독의 성분이기도 하다.

젖산 $C_3H_6O_3$

젖산은 발효된 젖(우유)에 있으며 요구르트나 김치처럼 자연과 부엌에서도 발견할 수 있다. 땀의 쉰내이기도 하고 피로한 근육에서 과도하게 농축되면 쥐가 나기도 한다.

송충이도 개미처럼 포름산을 주성분으로 하는 독을 낸다.

색 지시약을 만들어 보자

- 유리컵 여러 개
- 빨간 양배추
- 냄비
- 칼
- 넓은 그릇
- 레몬
- 식초
- 증류수
- 수돗물
- 베이킹소다
- 암모니아 세제
- 커피 여과지

1. 증류수 0.5 L를 끓인다.

2. 그동안 양배추를 잘게 썬다.

3. 끓는 물에 양배추를 넣고 불을 끄고 뚜껑을 덮는다.

4. 다 식으면 커피 여과지를 이용해서 거른다. 이 보랏빛 또는 짙은 붉은색의 액체는 색 지시약의 역할을 할 것이다.

5. 각 유리컵에 이 지시약을 필터를 통해 넣는다. 지시약의 색이 산성에 넣으면 장밋빛으로 변하고, 염기성에 넣으면 청록색으로 변하는 것을 볼 수 있다.

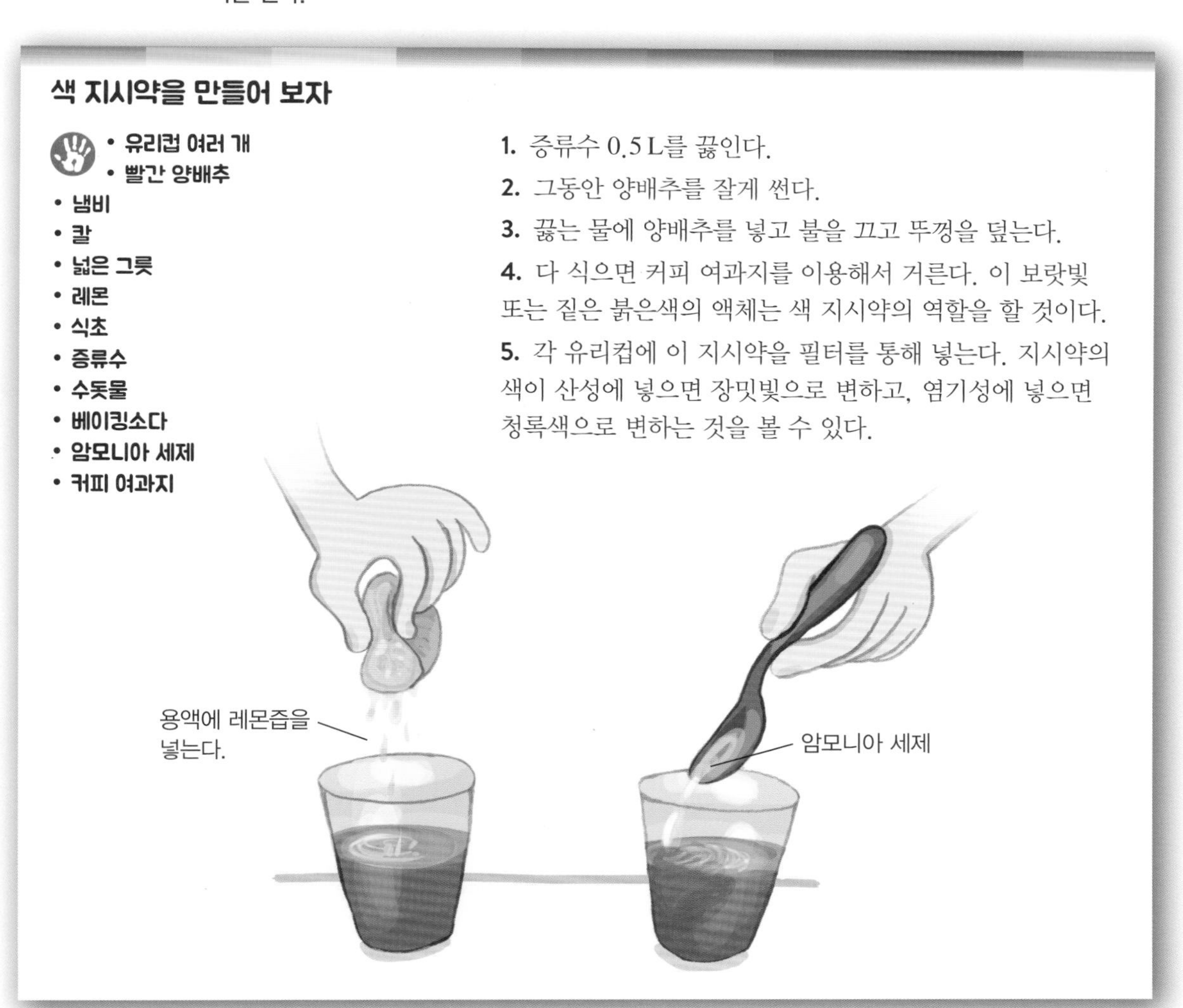

염과 비누

먹는 소금(보통의 소금 또는 바다 소금)과 비누의 재료인 나트륨염 모두 화학자들이 '염'이라고 부르는 여러 성분 중의 하나이다.

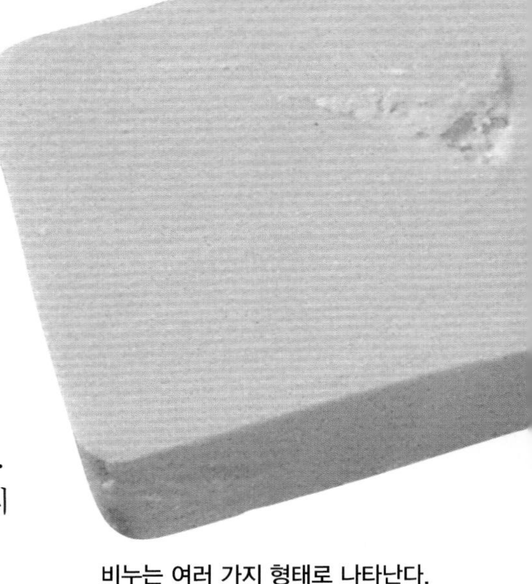

비누는 여러 가지 형태로 나타난다.

염 만들기

대부분의 광물은 염이다. 산이 염기를 만나서 반응하면 염과 물이 된다. 모든 염이 소금처럼 잘 녹는 것은 아니다. 어떤 염들은 물을 '경수(경수에서는 비누가 거품이 잘 일지 않는다)'로 만들고 어떤 염들은 비누처럼 물을 '연수'로 만든다.

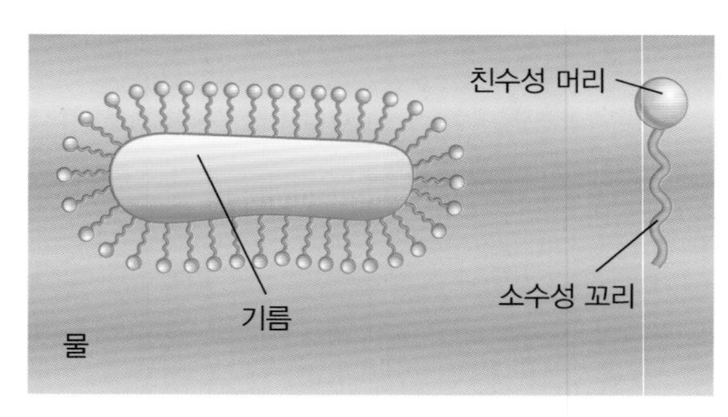

기름방울이 비누 분자들로 둘러싸여 쉽게 제거된다.

비누의 이중성

비누는 '소수성(물과 섞이지 않는 성질)'의 긴 꼬리와 '친수성(물과 잘 섞이는 성질)'의 머리로 조합을 이루고 있다. 따라서 이 조합은 물 밖으로 나와 기름분자와 섞여서 기름을 분리하고 제거한다. 이것이 세척 능력이다.

비누를 만들어 보자

- 탄산나트륨 결정
- 절굿공이
- 유발(빻는 그릇)
- 향수
- 그릇

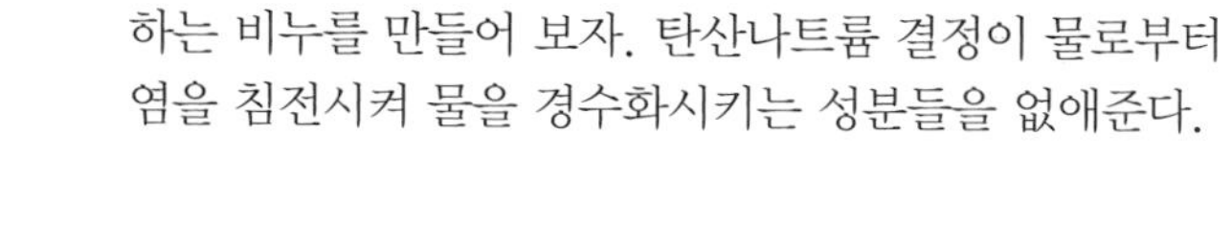

탄산나트륨 결정을 이용해서 거품이 나고 향이 나게 하는 비누를 만들어 보자. 탄산나트륨 결정이 물로부터 염을 침전시켜 물을 경수화시키는 성분들을 없애준다.

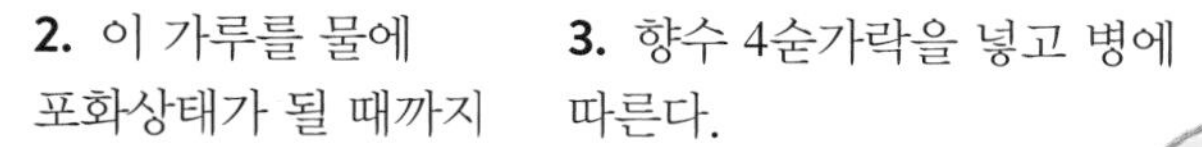

1. 탄산나트륨 결정을 가루가 될 때까지 빻는다.

2. 이 가루를 물에 포화상태가 될 때까지 녹인다.

3. 향수 4숟가락을 넣고 병에 따른다.

이 혼합물을 물에 조금 넣으면 물이 부드러운 연수가 된다.

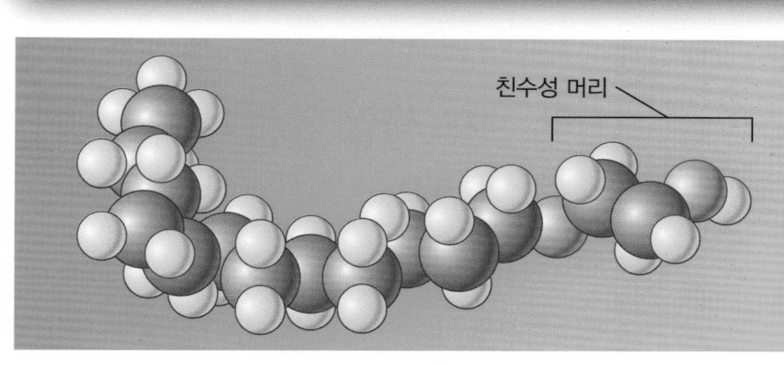

폴리옥시에틸렌 $C_{14}H_{30}O_2$

이 세제는 거품을 내지 않기 때문에 특히 낮은 온도에서 효과적이다. 따라서 세탁기용 세제에 잘 맞는다.

비눗방울 만들기

- 식기 세척 세정액(퐁퐁)
- 물
- (약국에서 파는) 글리세린 또는 설탕가루
- 철사
- 집게

1. 물 6컵, 주방용 세제 1/2컵, 글리세린 1.5컵을 섞어 혼합물을 만든다.

2. 철사로 고리 형태를 만든다.

3. 고리를 혼합용액에 담갔다가 후 불어서 비눗방울을 만든다.

유기화학이란?

암석과 바다를 제외한 자연은 유기화합물들로 이루어져 있다. 이 유기화합물은 탄소와 대부분 수소를 포함한다.

유기적이란 말은?

과거에는 이 복합물들이 '생명의 힘'을 가지고 있다고 믿었고, 따라서 유기적이라는 말이 붙었다. 이러한 생각은 19세기에 들어서 없어졌다. 유기화합물들은 특히 꽃들의 색과 향기 그리고 음식의 맛 등과도 관계가 있다. 유기화합물에서 가장 길고 복잡한 분자들은 폴리머이다. 석유화학이나 약제학 산업들은 유기화합물의 합성과 변경에 기초한다.

꽃의 향과 색깔은 유기화합물에서 비롯한다.

가을에는 카로틴이 나뭇잎들을 노랗게 물들이며, 캐나다 퀘벡주에 있는 인디언의 여름 휴양지와 같은 환상적인 경치를 만들어 준다.

맛, 냄새, 색깔

사카린($C_7H_5O_3NS$)은 단맛을 낸다. 사카린은 1879년에 손 씻기를 게을리 한 불결하고 부주의한 어느 화학자가 발견했다. 이것은 설탕보다 300배나 달지만 먹어도 살이 찌지 않는다. 이오논($C_{13}H_{20}O$)은 막 자른 건초나 제비꽃에서 나는 냄새의 원인이다. 신선한 산딸기에도 이오논이 있다. 카로틴($C_{14}H_{56}$)은 당근이나 망고, 감 등에 있다. 가을에 단풍이 들게 하는 것도 카로틴이다.

건초의 냄새는 이오논 때문이다.

우유로 플라스틱을 만들어 보자

- 우유(전지유) 0.5 L
- 식초
- 깔때기와 거름망

1. 우유를 끓지 않도록 하면서 데운다.
2. 식초 약 2숟가락을 넣고 섞는다.
3. 식힌 다음 망으로 거른다.
4. 침전물을 걷어 씻는다.
5. 손으로 빚어서 말린다.
6. 오븐에 넣고 60 ℃에서 15분간 두어 굳힌다.

우유의 단백질 분자들이 서로 달라붙어 폴리머라는 긴 체인이 된다.

다이아몬드와 연필심(흑연)은 둘 다 탄소로 만들어져 있다. 차이점은 결합의 방법에 있다.

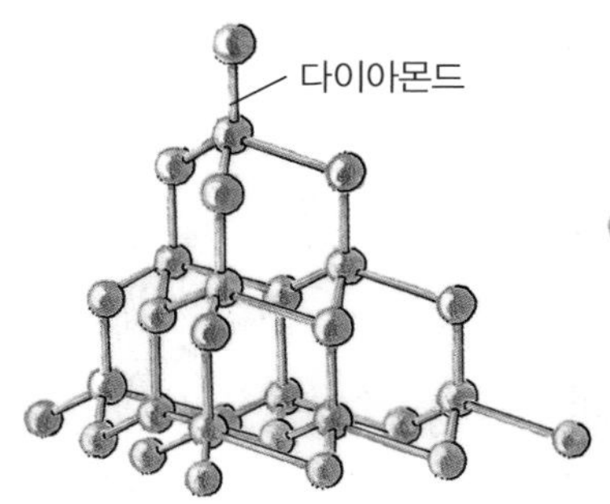

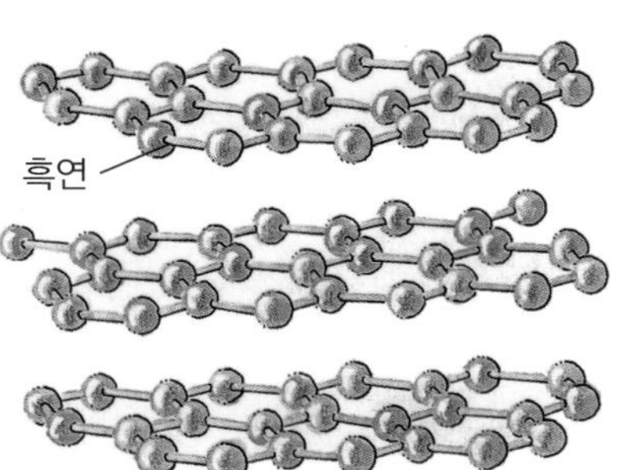

탄소의 가장 기묘한 형태는 구형 모양이다. 60개의 원자로 이루어진 각 구형은 그을음 입자들에 있다. 미국의 건축가 버크민스터 풀러의 이름을 따서 풀러렌이라고 부른다.

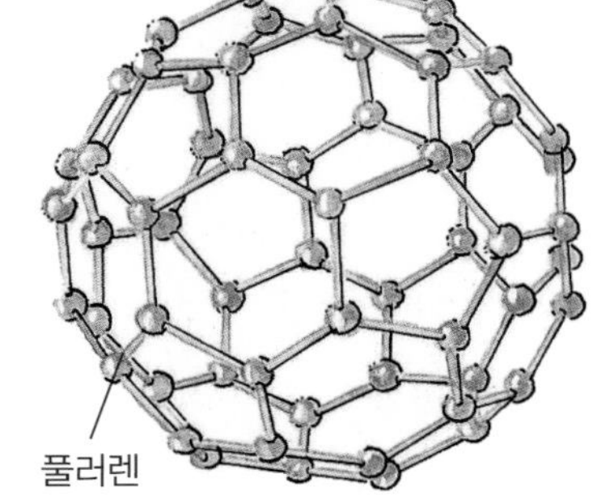

탄소, 독특한 원소

탄소는 존재하는 형태의 수나 복잡도로 볼 때 매우 놀랄만하다. 다른 모든 원소는 모두 합쳐도 10만 가지 정도지만 탄소의 복합체는 7백만 가지가 넘는다!

장애인 경주에서 우승한 선수가 착용한 이 티타늄과 탄소 섬유로 된 의족은 놀랄만한 결과를 가능하게 해준다.

과학의 비밀

플로리다의 케이프 커내버럴에 있는 케네디 우주센터에서 발사되는 디스커버리호

과학은 탐구자의 상상에 따른 이론과 이를 검증하기 위해 뒤따르는 실험들의 경합에 의해 발전한다. 이러한 과정들은 오류의 수정이라는 과학적 정신에 의해 발전된다.

과학 이전의 시대

과학이 나오기 전에는 사람들은 마술과 종교의 경계에 있는 두 가지 견해들을 논했다. 바로 점성술과 연금술이다.

점성술

이 예언하는 기술은 땅 위에서 일어나는 사건들의 흐름에 대한 별들의 영향을 알아내려 하는 것이다. 점성술은 태어난 날과 시를 이용해 그 사람의 별자리와 상승궁(그 사람이 태어날 때 지평선 위로 떠오르는 성좌)을 알아서 미래를 예측하려는 것이다.

과거에는 천문학자가 곧 점성술사였다.

점성술은 과학이 아니다!

점성술에 대한 고대인들의 관심과 컴퓨터나 신문에 재미로 나는 오늘의 운세 코너 등에도 불구하고 점성술이 과학적인 것은 아니다. 이것은 단지 고대로부터 내려온 미래에 대한 시적 묘사이다.

고대인의 기술

바빌로니아인들은 처음으로 하늘의 사건들과 땅 위의 사건들을 연결해 주는 일람표를 만들었다. 농경 사회에서의 수확은 하늘과 햇빛, 강우 등에 달렸고 따라서 별들이 운명에 영향을 미치는 것도 자연스럽게 받아들여졌다. 인도와 이집트, 그리스와 로마도 이러한 생각을 계승했다. 르네상스 시대에는 심지어 점성술이 유행일 정도였다.

과학을 향한 발걸음

과거에는 제사로 바쳐진 동물의 간을 검사한다든지 꿈을 해석하거나 날아가는 새를 보고 미래에 대해 예측을 하였다. 이러한 다양한 예측 방법들에 비하면 점성술은 어느 정도의 발전이었다. 왜냐하면 이것은 멀리서 작용하는 자연의 힘이 미치는 영향을 살펴보는 것이고 또 예측 가능하다고 생각했기 때문이다.

중세의 점성술

연금술이란?

연금술사들은 반복되는 작업으로 금속을 금으로 바꾸려고 노력하였다. 이들은 심지어 만병통치약이나 젊어지는 약 또는 병이나 노화를 막아주는 기적 같은 치료법 등을 찾으려 했다. 금속 제련업자들의 지식을 전수받은 연금술은 중국, 이집트, 중동 그리고 서양에서 행해졌다.

연금술과 과학

화학의 탄생보다 이천 년 이상 앞선 연금술은 화학자들이 나중에 사용하게 될 장비와 방법들을 발전시켰다. 뉴턴과 같은 위대한 과학자도 연금술에 커다란 관심을 보였다.

천 번째 아침의 금

물질의 정련과정에 끊임없이 재도전하며 불철주야의 노력을 기울이는 동안 연금술사들을 지탱하게 해 준 것은 세속적이고 물질적인 금이 아니라 영혼을 정화해 준다고 믿어지는 신비의 금에 대한 열망이었다. 그래서 어느 아름다운 아침에 드디어 이 연금술의 대가는 이마에는 축복을 그리고 두 눈에는 광채를 띠며 시간을 초월하여 다시 젊어진 자신을 발견하게 되었다!

만능의 돌(신비의 금)을 얻으려는 연금술사들

과학적 방법이란?

과학은 우주의 모든 물체에 대하여 탐구한다. 이를 위해서 과학은 가설을 실제 관측 데이터들로 검증하는 가설-귀납법을 사용한다.

관찰만으로는 부족하다

아주 미세한 먼지부터 거대한 별들까지 과학은 모든 것을 탐구한다. 그런데 여러분은 측정과 관측한 결과들을 쌓아 놓으며 세상을 관찰하고 기술하는 것이 과학이라고 생각할지도 모른다. 이것이 사실이라면 가장 훌륭한 과학자는 가장 기억력이 좋은 만물박사로 텔레비전 게임 프로에 나와서 모든 질문에 척척 대답하는 사람이 될 것이다. 과학은 단지 측정하고 관찰하기만 하는 것이 아니다. 과학을 하는 데 있어 관찰은 필요하지만, 그것이 전부는 아니다.

이 어치새는 광택 없는 송충이를 모두 먹었다.

관찰로부터 가설을 세운다!

과학자들은 오래전부터 광택이 나는 송충이는 눈에 잘 띄면서도 어치새에게 잘 먹히지 않는다는 것을 알았다. 광택 없는 송충이는 주변 환경에 비슷하게 섞이기 때문에 잘 먹히지 않는다. 따라서 연구자들은 광택 있는 송충이들이 어치새에게 잘 먹히지 않는 이유에 대해 가설을 세웠다. 광택 없는 송충이는 눈에 잘 띄지 않기 때문에 잘 먹히지 않지만 광택 있는 송충이는 독이 있거나 맛이 몹시 나쁠 것이다.

광택 없는 송충이

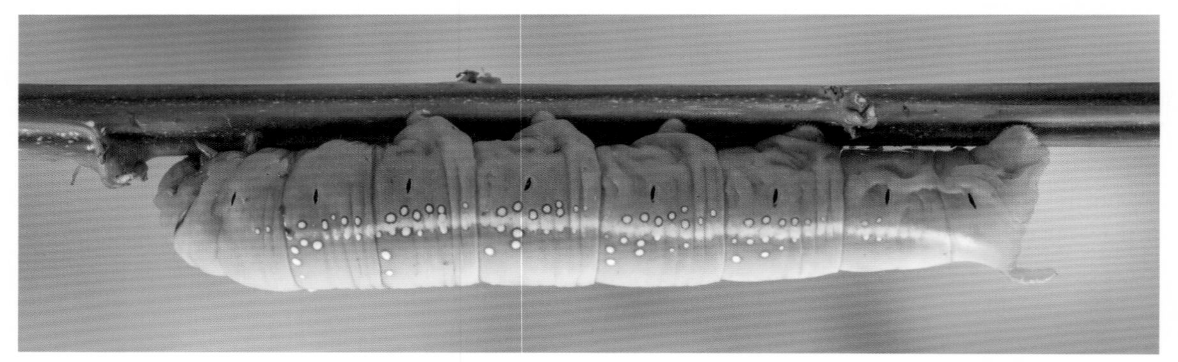

가설을 검증해 보자

이 가설을 검증하기 위해서 굶은 어치새에게 광택 있는 송충이를 먹인다. 이 배고픈 새가 단 한 점을 삼키더니 구토하면서 더 이상 먹지 않는다. 반면에 같은 상황에서 광택 없는 송충이는 다 먹어치운다. 따라서 이 가설은 검증이 되었다!

가설-귀납적 방법

어떠한 관찰로부터 과학자는 가설을 세우거나 모델을 만든다. 그리고 이 가설로부터 더 나아가 예측도 할 수 있다. 마지막으로 이 예측은 검증을 위한 여러 가지 실험들로 확인받게 된다. 만일 예측이 맞으면 가설은 검증된 것이다. 그게 아니면 가설을 버리고 다른 가설을 세워야 한다. 이렇게 관찰을 하고 가설을 세우며 이 가설로 예측을 하고 이 예측을 실제 실험들로 검증하는 일련의 과정을 가설-귀납적 방법이라고 한다.

이 어치새는 광택 있는 송충이를
한 조각만 먹고 더 이상 먹지 않는다.

중요한 것은 상상력이다!

과학은 이성만의 결과물은 아니다. 과학자가 어떤 이론이나 모델을 세울 때 그는 또한 창조적인 활동을 하는 것이다. 그는 자신의 소양과 직관 그리고 상상과 꿈은 물론 자신의 철학과 종교관까지 실행하는 것이다. 마찬가지로 케쿨레는 꿈속에서 벤젠 고리의 비밀을 풀었고, 갈릴레이는 수학의 엄밀함에 대한 믿음으로, 그리고 뉴턴은 자신의 신학으로 많은 업적을 이루어 내었다.

광택 있는 송충이

케플러는 오랫동안 행성들이
태양 주위를 원운동 한다고 생각했다.

오류의 수정

오류를 피할 수는 없지만 오류를 수정하는 과정은 과학의 전개에서 필수적이다. 과학은 바로 오류들을 찾아내어 수정하면서 발전해 나가는 것이다.

유명한 오류들

많은 과학자가 처음에는 지구가 태양 주위를 돈다는 생각을 받아들이지 않았다. 지동설은 코페르니쿠스의 출판과 케플러와 갈릴레이의 지지 이후에야 현실에서 받아들여질 수 있었다.

오류를 찾아보자

오류의 첫 번째 기준은 이론과 실험 사이의 모순이다. 갈바니의 실험에서 개구리의 움직임을 처음에는 '동물 전기'라는 개념으로 설명하였다. 그러나 이 이론은 개구리가 단지 구리철사에 걸려 있는 것만으로도 왜 떠는지를 설명하지 못했다. 따라서 볼타는 갈바니의 이론이 잘못되었고 그 이론을 버려야 한다고 생각했다.

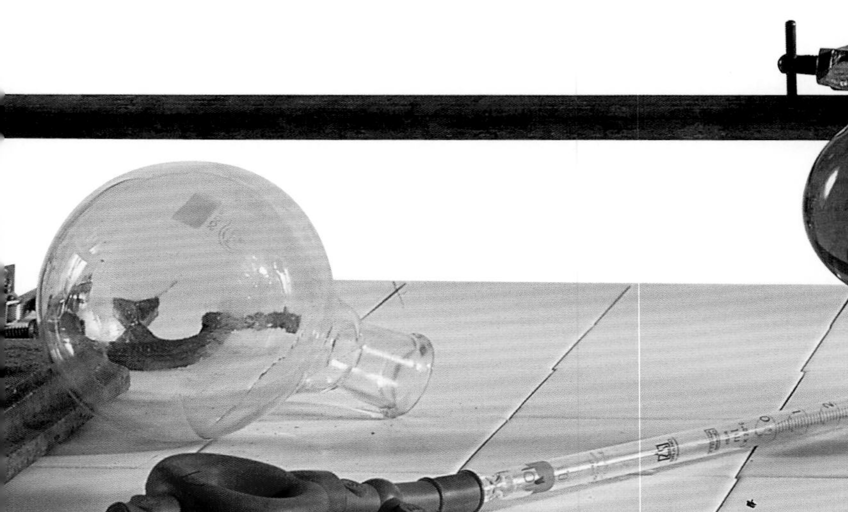

노벨 화학상 수상자인 미국의 라이너스 폴링은 몇 년 전 비타민 C를 다량으로 먹는 것이 감기에 좋다고 주장하였다. 그의 주장은 맞지 않는다.

리덴브록 박사의 의견

나의 아이인 과학은 실수, 즉 저지르면 유익한 실수들로 만들어진다. 왜냐하면 이런 실수들은 하면 할수록 진실에 더 가까이 다가가기 때문이다.

〈지구 중심으로의 여행〉
쥘 베르느

의문은 과학의 추진력이다

과학은 진실을 추구한다. 이론 또는 법칙의 변화를 끌어내려는 노력이다. 우리는 또한 우리가 원하는 진리에 도달했다고 마음대로 확신해서도 안 된다. 그러므로 진정한 과학자는 항상 의문을 품는다. 오류는 어디에나 있고 따라서 과학은 항상 근본적인 밑바탕으로부터의 수정을 감내해야 하고 원점에서부터 다시 생각해야 한다.

혜성의 실체에 대한 오류

역사적으로 가장 훌륭한 과학자 중의 한 사람인 갈릴레이는 혜성이 실제로 존재하는 물체가 아니라 태양 빛이 지구 대기의 기체 속에서 광학 효과를 일으키는 것이라고 주장하였는데 이것은 오류였다.

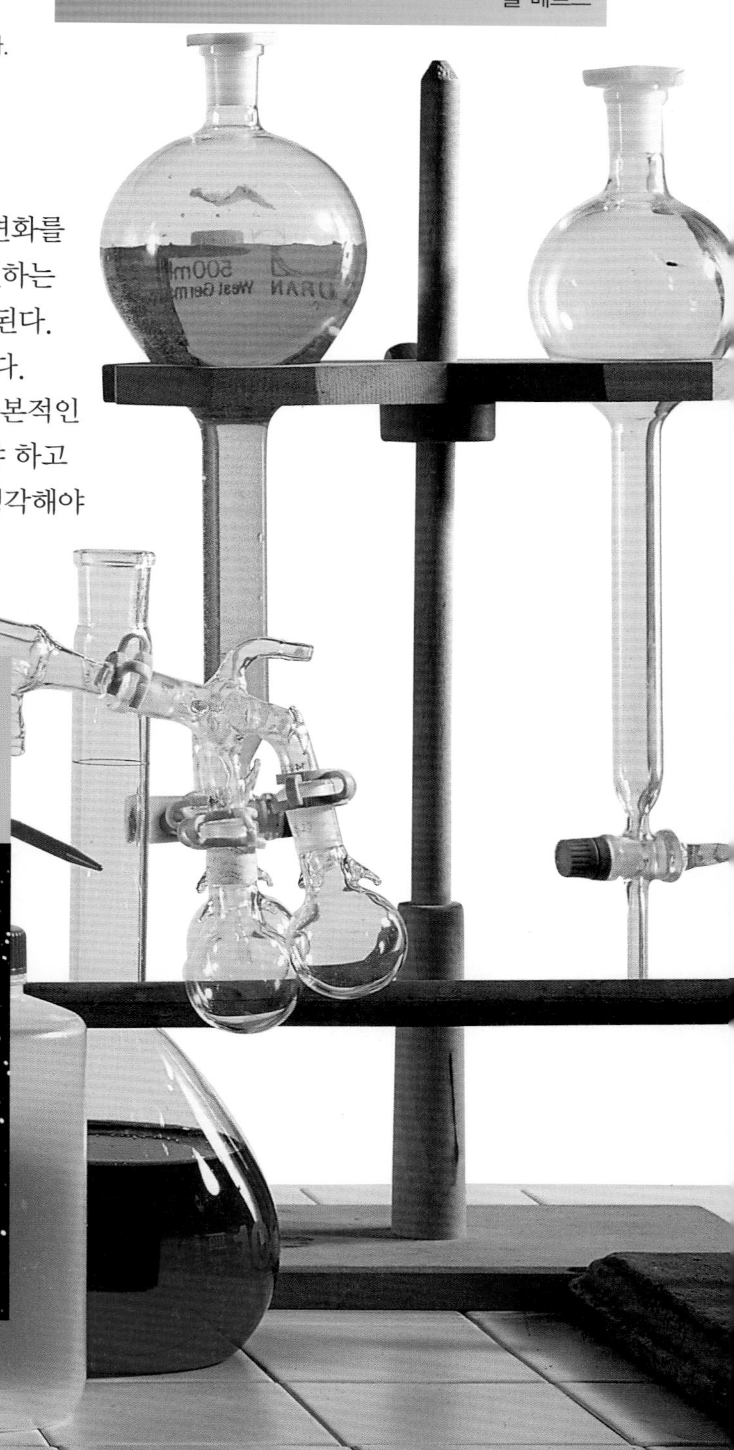

과학과 종교

처음에는 과학과 종교는 서로 밀접하게 연관이 되어 있었다. 갈릴레이의 종교재판이 있었던 르네상스 시대에 와서야 비로소 그 둘의 이혼, 즉 서로의 분리가 완성되었다.

그리스에서 중세시대까지

고대 그리스의 철학자들은 대부분 '과학자 – 철학자'들이었고 자연은 하늘의 천체처럼 제우스, 포세이돈, 아폴론, 아테나 같은 신들의 산물이라고 생각했다. 중세 시대에는 과학은 수도사들에 의해서 가장 많이 행해졌다. 자연과 우주를 연구하는 것은 신을 연구하는 것과 마찬가지였다. 왜냐하면 신이 모든 만물의 근원이라고 생각했기 때문이다.

이 아랍의 고대 천문관측 기구는 별들의 고도를 측정하는 데 사용되었다.

파리의 노트르담 성당: 하나님의 존재를 나타내기 위해서 빛으로 둘러싸이도록 건축되었다.

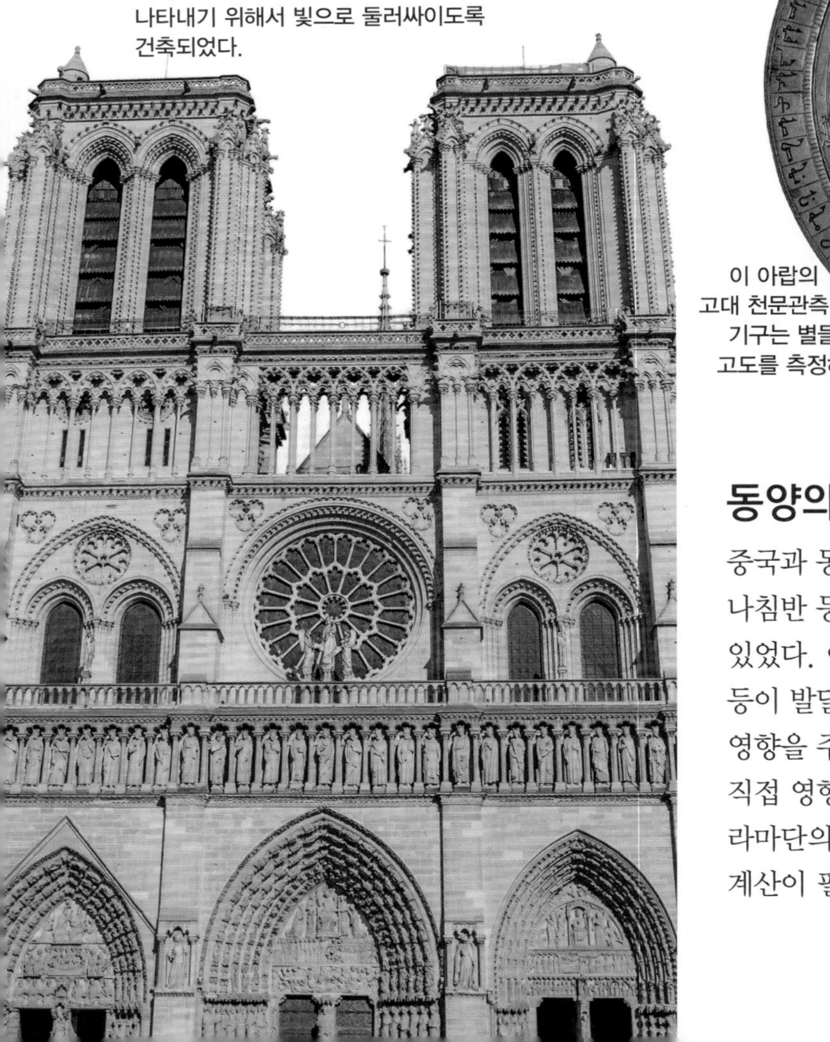

동양의 과학

중국과 동양의 국가들은 인쇄술과 화약, 나침반 등의 발명으로 인류의 지식을 넓히고 있었다. 이슬람에서는 대수와 천문, 약학 등이 발달하여 점차로 서양 그리스의 사상에 영향을 주었다. 천문학의 발전은 종교에 의해 직접 영향을 받았다. 예를 들어 이슬람의 라마단의 첫날을 예측하는 것도 복잡한 계산이 필요하다.

1633년에 바티칸에서 열린 종교재판의 법정에 선 갈릴레이

르네상스 시대의 결별

르네상스 시대에 와서 세상에 대한 인간의 시각이 바뀌기 시작했다. 새로운 세계에 대한 탐구가 시작되었고, 이들의 발견은 코페르니쿠스와 갈릴레이의 업적으로 완성되었다. 지구는 더 이상 우주의 중심에 고정된 것이 아니고 새로운 중심, 즉 태양을 중심으로 도는 것이 되었다. 가톨릭 교회의 교리와는 다른 갈릴레이의 주장으로 그는 1633년에 종교재판에 회부되었다. 이것이 그 후 점차로 심해진 종교와 과학과의 결별의 시작이었다.

1879년에 나온 다윈의 풍자화

다윈의 진화론

세계 여러 곳의 탐구 여행을 마친 다윈은 1859년에 〈종의 기원〉을 출간하였다. 그는 환경에 적응하는 각 개체는 자연 선택에 의해서 더 잘 번식하고 자신의 특성 형질을 후손에게 잘 퍼뜨리게 된다고 주장하였는데, 이것이 진화론의 출발점이다. 그는 오늘날 땅 위에 존재하는 종들의 커다란 다양성은 맨 처음 작은 수의 종들이 다양한 환경의 압력에 따라 지속해서 변화하고 적응한 결과라고 주장했다.

터무니없는 이론?

다윈의 이론은 종교 집단으로부터 많은 비난을 받았다. 성경에 나와 있는 창조론과 반대되는 이론이었기 때문이다. 어떤 사람들은 심지어 다윈이 인간은 원숭이의 후손이라고 주장했다고 생각하고 이에 따라 많은 삽화가 다윈을 원숭이 형태로 묘사했다. 다윈의 이론이 나오고 150여 년이 지난 오늘날에도 기독교와 이슬람 근본주의자들은 여전히 진화론을 비판하고 있다.

아르키메데스와 그의 발명품들

과학과 기술 그리고 권력

과학은 지식에 대한 사심 없는 탐구만 하는 것은 아니다. 과학은 기술과 연관되어 점점 더 사회에 유용하게 쓰이게 되는 것을 목표로 하지만 이것은 때때로 권력자의 손에도 들어가게 된다.

과학자와 군대

고대 그리스 시대부터 일부 과학자들은 자신의 지식으로 전쟁 준비에 참여하여 자신이 사는 도시에 도움을 주었다. 아르키메데스(기원전 287~212년)는 멀리서 80 kg에 달하는 무거운 돌을 쏠 수 있는 투석기를 만들었다. 그는 또한 로마군이 침공했을 때 시러큐스를 지키기 위해 배에 불을 붙이는 커다란 거울을 사용하기도 했다.

맨해튼 프로젝트

이로부터 22세기 후에 제2차 세계대전(1939~1945년) 동안 미국은 원자폭탄을 만들기로 결정하였다. 이를 위해 20명의 노벨상 수상자들과 수천 명의 과학자, 엔지니어와 군인들이 동원되었다. 이에 따라 1945년 8월 6일과 9일에 히로시마와 나가사키에 각각 원자폭탄이 떨어졌다. 이 프로젝트에는 13만 명의 인력과 20억 달러의 비용이 소요되었다. 10만 명 이상의 일본인들이 즉사하였고 방사능으로 많은 사람에게 암과 백혈병을 유발하였다.

일본 히로시마에 있는 원폭 돔 기념관

훈련 중인 아폴로 11호 우주비행사들과 달착륙선. 왼쪽부터 에드윈 올드린, 닐 암스트롱, 마이클 콜린스.

달의 정복

1960년대 초반부터 달의 정복을 위하여 여러 준비 과정을 거친 후에 1960년 7월 16일에 아폴로 11호가 발사되었다. 그리고 마침내 7월 21일에 닐 암스트롱이 달에 첫발을 디뎠다. 이후 6번 더 유인 우주선이 발사되었고 12명의 우주비행사가 달에 첫발을 디뎠으며 달에 대해서 더욱 잘 알게 되었다. 이를 위해 미국이 들인 돈은 모두 합하여 250억 달러가 넘고 40만여 명의 노력이 들어갔다.

멕시코 오악사카주에서는 미국에서 들어온 유전자 주입 옥수수들로 오염되고 있다.

거대한 프로젝트

맨해튼 프로젝트나 아폴로 우주선을 위해서 들인 어마어마한 돈과 수많은 과학자는 과거의 갈릴레이나 뉴턴과 같은 과학자가 혼자서 기울인 노력과는 비교가 되지 않는다. 1945년 같은 전쟁의 시기나 1950년대 같은 냉전의 시기에 전쟁을 종식시키기 위하여 또는 이런저런 과학적 업적을 이루는 데 앞장서기 위하여 각 나라에서는 전 국민적으로 정부를 지지하였다. 또한 오늘날에는 과학적 발전이 바로 정치적 성공의 열쇠가 되기도 한다.

과학과 기업의 후원

몇 해 전부터 사기업들이 전 세계 대학의 연구들을 지원하고 있다. 그런데 이따금 이것이 문제가 되기도 한다. 2001년 버클리 대학의 이냐시오 차펠라와 데이비드 퀴스트 교수는 〈네이쳐〉 리뷰 저널에 투고한 논문에서 멕시코의 옥수수들이 GMO(유전자 변형 식품)에 의해서 전반적으로 오염되고 있다는 것을 보여 주었다. 이로 인해 이들은 교수직을 잃을 정도로 위협받고 비판받았다. 왜냐하면 이 대학은 미생물공학 관련 기업에서 후원을 받고 있었는데, 이들의 연구가 그 후원 기업을 곤경에 빠뜨렸기 때문이다.

우리의 새로운 책임

과학과 기술의 도약은 인간의 삶을 근본적으로 바꾸어 놓았다. 우리에게 주어진 과학 기술의 힘을 이용해 우리는 앞으로 지구의 미래를 잘 관리하여야 하는 책임을 갖게 되었다.

UN의 상징 로고

인구의 급속한 증가

지구상의 인구는 기독교 시대가 시작하고 나서 그 후 1000년 동안은 거의 증가하지 않았다. 그 후 농업과 위생 그리고 의약의 발달로 인구가 증가하기 시작했다. 최근 100년이 채 되지 않는 동안에 세계의 인구가 3배로 늘었고 계속해서 증가하고 있다. 다행히 여성에 대한 교육의 증가와 피임의 확산 등으로 출산율은 최근 들어 낮아지고 있다. 오늘날에는 인류의 절반이 넘는 지역에서 여성 1인당 평균 2.1명의 아이를 출산하는데, 이것은 인구가 계속 지속되기 위해 필요한 출산율이다.

우리에게 놓인 위험들

우리는 무기들의 파괴력이 계속 증가하는 상황을 걱정해야 한다. 오늘날 15,000 Mt에 달하는 핵무기들이 저장되어 있는데, 이것은 지구상에서 인류를 전멸시키고도 남을 만한 파괴력이다. 다른 한편으로는 무분별한 화석 연료(석유, 석탄 등)의 사용으로 지구 전체가 온난화로 몸살을 앓고 있다. 이것은 우리 인류가 지구상에서 평화롭게 살기 위해 풀어야 하는, 현재 직면하고 있는 두 가지 커다란 문제이다.

국제적 연대의 필요

이러한 문제들은 인류의 연대를 통해서만 해결될 수 있다. 기후의 온난화는 글로벌한 규모로 다뤄져야 하고, 무기의 감축은 국제적인 협의를 통해서, 그리고 인구의 안정화는 남녀 간의 완전한 평등을 이룸으로써 달성될 수 있을 것이다.

노력의 실현과 완성

최근 조인된 군축 협정이라든가 오존층의 구멍을 줄이기 위한 국제적인 협약 등은 각국의 정부들이 의견의 일치를 볼 수 있다는 것을 보여준다. 그러나 우리 개인도 지구를 지키기 위한 이러한 노력에 동참하는 것이 중요하다. 이를 위해 우리는 이에 대한 적절한 정보와 과학적인 마인드가 필요하다. 만약 이 책을 읽고 여러분들도 과학의 세계에 함께 동참해 보고 싶어진다면 이 책의 목적은 이미 이루어진 것이나 다름없다.

지구 위의 궤도에 있는
미국의 우주 왕복선 인데버호

과학은 내 친구

유용한 정보

과학 분야의 전문직

과학 연구원

만일 여러분이 새로운 분자를 발견하거나 대양의 신비를 탐사하고 또는 대기의 기상의 비밀에 대해서 알아보고 싶다면 과학 연구원으로 열정적인 탐구를 할 수 있을 것이다. 여기에는 지적 호기심은 물론 팀워크를 이루어 작업하는 협력의 자세도 필요하다. 또한 몇 개월의 연구에도 불구하고 성과가 금방 나타나지 않는 상황에서도 기다릴 줄 아는 인내와 끈기도 필요하다.

공동 작업

과학 연구원은 연구실에서 또는 실제 현장에서 연구를 하게 된다. 예를 들어 화학자는 실험실에서 매일 새로운 분자들을 만들고 그 성질을 파악하고 분석한다. 또한 연구자는 프로젝트 팀에 들어가서 아이디어와 과학 장비 등을 공유하게 된다. 그런 다음 자신의 연구에 대한 논문을 작성하고 논문이 과학 저널에 실리면 그 분야의 모든 연구자들이 그 결과를 알게 된다.

다양한 연구 분야

과학의 연구는 수학에서부터 생물까지 매우 다양하다. 어느 경우라도 연구자는 자신이 선택한 분야에서 전문적인 숙련이 필요하고 그 후 몇 년에 걸친 연구로 박사학위를 취득하게 된다. 학위 취득 후에는 기업이나 대학의 연구원으로 일할 수 있다.

과학 연구 교수

여러분이 과학에 관심이 있다면 실험실에서 연구를 하면서 과학적 지식을 넓혀 갈 수 있다. 그러나 이러한 새로운 발견을 다른 사람들에게 알리고 또한 가르칠 수도 있다. 즉 연구 교수가 되어 연구를 하면서 또한 가르칠 수도 있는 것이다.

지식의 전달

연구 교수는 실험실에서 연구도 동시에 하게 되므로 다른 연구자들과 마찬가지로 동료들과 팀을 이뤄서 연구하면서 그 결과를 정기적으로 그 분야의 리뷰 저널에 출간하게 된다. 또한 그러한 지식들을 자신이 지도하고 있는 학생들의 학위 프로그램을 통해 대학원 학생들에게 가르치게 된다. 이러한 교육을 위해서는 때때로 어려운 개념들을 쉽게 설명해 줄 수 있는 교육적 자질도 필요하다.

박사 학위와 연구원

과학 분야의 연구자가 되기 위해서는 원하는 분야의 전문가가 되어야 하므로 4~5년이 걸리는 박사 학위를 얻는 것이 필요하다. 그런 후 젊은 박사는 박사후(postdoc) 과정을 거쳐 대학의 조교수나 연구소 또는 고등 학술연구소 등의 연구원이 되기 위해 지원하게 된다.

엔지니어

과학 기술의 커다란 진보, 예를 들어 초대형 항공기인 에어버스 A380이나 인천대교 같은 긴 교량 또는 스마트 폰의 놀라운 진화 등은 여러분을 흥미에 빠지게 만든다. 또한 전자, 화학, 건설 등 여러 산업에서의 직업도 추구할 수 있다. 엔지니어가 되면 이러한 기술 산업 분야에서 일하면서 매우 구체적인 기술적인 문제들을 해결하게 된다.

발상과 실현

엔지니어는 당면한 문제에 총체적으로 접근해야 한다. 즉 기술적인 난관이나 인적, 물적 경비 그리고 경제성 등 아이디어의 발상에서부터 그 실현까지 모든 것을 고려해야 한다. 따라서 견고한 과학적 기반과 기술적 지식을 가지고 있어야 하며 전체 팀원들을 조화롭게 이끌어 가는데 필요한 인간적인 면모와 자질을 잊어서도 안된다.

다양한 분야의 교육

엔지니어가 되기 위해서는 여러 단계의 과정을 거쳐야 한다. 가장 일반적인 것은 대학 입학 후 원하는 분야를 위해 전공과정을 밟는 것이다. 이 과정 동안 미래의 엔지니어는 과학 분야에서 심화된 교육을 받고 공학 기술을 접하게 된다. 또한 필요한 외국어를 공부하고 산업 공학, 인문 사회 과학, 안전 교육과 소통 방법 등도 배울 수 있다.

전문 기술자

혹시 여러분이 손으로 직접 만들고 수리하는 것 같은 실제적인 것을 좋아한다면 여러분은 전문 기술자가 될 수 있다. 특정 분야의 전문 기술자는 실험실 장비나 위성, 로켓, 건설 기계 등을 조정하고 유지(보수)하는 일들을 할 수 있다.

기술 없는 과학이란 없다

과학에서 전문 기술자는 어느 곳에나 있다. 병원에서 의료 데이터를 분석하고 사무실과 공장 등에서 컴퓨터들을 설치, 수리하기도 하며 국책 건설 사업의 설계, 감리를 하고 로켓이나 비행기의 유지, 점검 등을 하기도 한다. 전문 기술자의 일은 매우 중요하다. 왜냐하면 기술적인 책임이 있기 때문이다. 여기에는 인내심, 체력, 숙련도, 순발력, 기계적 감각 등과 같은 실제적인 기량이 필요하다.

전문대학 또는 자격증

전문 기술자가 되기 위해서는 실업계 학교나 전문대학에 가서 필요한 자격증을 얻어야 한다. 이렇게 해서 가능한 빨리 열린 세상에 나가서 기업에 들어가 일하면서 자신이 원하는 영역을 넓혀 갈 수 있다.

과학관 소개

종합

- 구미과학관
  http://www.gumisc.or.kr
- 국립과천과학관
  http://sciencecenter.go.kr
- 국립광주과학관
  http://www.sciencecenter.or.kr
- 국립대구과학관
  http://www.dnsm.or.kr
- 국립부산과학관
  http://www.sciport.or.kr
- 국립어린이과학관
  http://www.csc.go.kr
- 국립전북기상과학관
  http://jbsci.kma.go.kr
- 국립중앙과학관
  http://www.science.go.kr
- 김천녹색미래과학관
  http://www.gc.go.kr/gcsm
- 부산과학체험관
  http://scinuri.pen.go.kr
- 부산광역시 과학교육원
  http://www.bise.go.kr
- 소리체험박물관
  http://www.soundmuseum.kr
- 신라역사과학관
  http://www.sasm.or.kr
- 아해한국전통문화어린이박물관
  http://www.ahaemuseum.org
- 양산시 3D과학체험관
  http://3d.yangsan.go.kr
- 어메이징파크과학관
  http://www.amazingpark.co.kr
- 영천최무선과학관
  http://www.yc.go.kr/toursub/cms
- 옛터민속박물관
  http://www.yetermuseum.com
- 울진과학체험관
  http://www.uljin.go.kr/expo
- 인천어린이과학관
  http://www.icsmuseum.go.kr
- 제주특별자치도민속자연사박물관
  http://museum.jeju.go.kr
- 참소리축음기박물관
  http://www.edison.kr
- 창원과학체험관
  http://www.cwsc.go.kr/tnboard
- 철박물관
  http://www.ironmuseum.or.kr
- 콩세계과학관
  http://soyworld.yeongju.go.kr
- 한국도량형박물관
  http://www.kwmuseum.co.kr
- 한생연 과학교육 · 과학전시
  http://hlsi.co.kr
- LG사이언스홀 서울 · 부산
  http://www.lgsh.co.kr

교육

- 경기도융합과학교육원 과학전시관
  http://www.gise.kr
- 경상북도교육청 과학원
  http://www.gsei.kr
- 경상남도교육청 과학교육원
  http://gnse.gne.go.kr
- 광주광역시창의융합교육원
  http://gise.gen.go.kr
- 대구광역시어린이회관
  http://www.daegu.go.kr/Childhall
- 대구창의융합교육원과학관
  http://www.dise.go.kr
- 대전교육과학연구원
  http://desre.djsch.kr
- 부산광역시어린이회관
  http://real.childpia.kr
- 부산유아교육진흥원
  http://child.pen.go.kr
- 서울시립과학관
  http://science.seoul.go.kr
- 서울특별시교육청과학전시관
  http://www.ssp.re.kr

- 아산장영실과학관
  http://www.jyssm.co.kr
- 에너지체험관 행복한 아이
  http://www.hiknea.or.kr
- 울산과학관
  http://www.usm.go.kr
- 인천광역시교육과학연구원
  http://ienet.ice.go.kr
- 전라남도과학교육원
  http://jnse.da.jne.kr
- 전라북도과학교육원
  http://jise.kr
- 제주미래교육연구원
  http://www.cisec.or.kr
- 제천한방생명과학관
  http://www.expopark.kr
- 창공과학관
  http://www.cs365.kr
- 춘천교육지원청 창의교육지원센터
  http://cesc.gwe.go.kr
- 충청남도교육청 과학교육원
  http://www.cnse.or.kr
- 충청북도자연과학교육원
  http://www.cbesr.go.kr
- 한국카메라박물관
  http://www.kcpm.or.kr
- JH체험과학관
  http://funsci.org

자연

- 갯벌생태과학관
  http://culture.brcn.go.kr/kor.do
- 거제조선해양문화관
  http://www.geojemarine.or.kr
- 거창천적생태과학관
  http://www.천적생태과학관.net
- 경상북도 민물고기생태체험관
  http://www.fish.go.kr
- 계룡산자연사박물관
  http://www.krnamu.or.kr
- 고성공룡테마과학관
  http://dhp.goseong.go.kr
- 국립수산과학관
  http://www.fsm.go.kr
- 국립해양박물관
  http://www.knmm.or.kr

- 남양주유기농테마파크
  http://www.organicmuseum.or.kr
- 당진해양테마과학관
  http://www.dpto.or.kr
- 땅끝해양자연사박물관
  http://www.tmnhm.co.kr
- 만경강수생생물체험과학관
  http://camp.wanju.go.kr
- 목포어린이바다과학관
  http://mmsm.mokpo.go.kr
- 목포자연사박물관
  http://museum.mokpo.go.kr
- 무안생태갯벌센터
  http://getbol.muan.go.kr
- 민제생태환경과학관
  http://www.minjemuseum.org
- 별새꽃돌과학관
  http://별새꽃돌과학관.kr
- 부산해양자연사박물관
  http://sea.busan.go.kr
- 서대문자연사박물관
  http://namu.sdm.go.kr
- 섬진강어류생태관
  http://sjfish.jeonnam.go.kr
- 영월곤충박물관
  http://www.insectarium.co.kr
- 영인산산림박물관
  http://museum.younginsan.co.kr
- 우석헌자연사박물관
  http://www.geomuseum.org
- 울진곤충여행관
  http://www.uljin.go.kr/expo
- 울진해양생태관
  http://www.uljinaquarium.co.kr
- 의왕조류생태과학관
  http://bird.uuc.or.kr
- 전라남도해양수산과학관
  http://www.jmfsm.or.kr
- 정남진물과학관
  http://www.jangheung.go.kr/water
- 제주해양과학관
  http://www.aquaplanet.co.kr/jeju
- 주필거미박물관
  http://www.arachnopia.com
- 지질박물관
  http://museum.kigam.re.kr/html/kr
- 충남대학교 자연사박물관
  http://nhm.cnu.ac.kr
- 충우곤충박물관
  http://www.stagbeetles.com
- 충주자연생태체험관
  http://www.cjecology.kr
- 태백석탄박물관
  http://www.coalmuseum.or.kr
- 태화강생태관
  http://taehwaeco.ulju.ulsan.kr
- 통영수산과학관
  http://corp.ttdc.kr/muse/muse06.aspx
- 한남대학교자연사박물관
  http://museum.hannam.ac.kr
- 해남공룡박물관
  http://uhangridinopia.haenam.go.kr

우주

- 거창월성우주창의과학관
  http://gcss.kr
- 고흥우주천문과학관
  http://star.goheung.go.kr
- 과학동아천문대
  http://star.dongascience.com
- 국립청소년우주센터
  http://nysc.kywa.or.kr
- 국제환경천문대과학관
  http://www.sacamp.co.kr
- 국토정중앙천문대
  http://www.ckobs.kr
- 김해천문대
  http://www.ghast.or.kr
- 나로우주센터 우주과학관
  http://www.narospacecenter.kr
- 남원항공우주천문대
  http://spica.namwon.go.kr
- 노원우주학교
  http://nowoncosmos.or.kr
- 대전시민천문대
  http://djstar.kr
- 무주 반디별천문과학관
  http://tour.muju.go.kr/star
- 사천첨단항공우주과학관
  http://www.sacheon.go.kr/00001.web
- 서귀포 천문과학문화관
  http://astronomy.seogwipo.go.kr
- 서산류방택천문기상과학관
  http://ryu.seosan.go.kr
- 송암스페이스센터
  http://www.songamspacecenter.com
- 순천만천문대
  http://www.suncheonbay.go.kr
- 영양반딧불이천문대
  http://np.yyg.go.kr
- 예천천문우주센터
  http://www.portsky.net
- 의정부과학도서관 천문우주체험실
  http://ast.uilib.go.kr
- 자연과별가평천문대
  http://www.naturestar.co.kr
- 정남진천문과학관
  http://www.jangheung.go.kr/star
- 제주항공우주박물관
  http://www.jdc-jam.com
- 증평좌구산천문대
  http://star.jp.go.kr
- 청양칠갑산천문대
  http://star.cheongyang.go.kr
- 충주고구려천문관
  http://www.gogostar.kr
- 포천아트밸리 천문과학관
  http://artvalley.pocheon.go.kr/star
- 한국천문우주과학관협회
  http://kasma.kr
- 화천 조경철천문대
  http://www.apollostar.kr

산업

- 농업과학관
  http://www.rda.go.kr/aeh
- 로보라이프뮤지엄
  http://m.kiro.re.kr
- 문경 에코랄라
  http://ecorala.com
- 부산과학기술협의회
  http://www.fobst.org
- 부천로보파크
  http://www.robopark.org
- (주)미래세움
  http://www.mileseum.com
- 포디수리과학창의연구소
  http://4dframe.co.kr

전문 용어

CFC: chlorofluorocarbon, 오존층에 구멍을 내게 하는데 한 원인이 되는 기체

DNA: 디엔에이, deoxyribonucleic acid. 모든 생명체에서 유전되는 물질

GPS: Global Positioning System, 4개 이상의 위성을 이용하여 자신의 위치를 알 수 있게 해 주는 위치 시스템

TNT: 강력한 폭약의 일종

가설-귀납적 방법: 관측을 한 후에 예측할 수 있는 가설을 세우고 실험을 통해서 이 가설의 진위를 검증하는 과학의 방법

간섭: 진동수와 진폭 등이 비슷한 두 파동이 같은 점에서 중첩되어 나타나는 현상

검전기: 전하를 탐지하는 장치

고생물학: 화석 등 과거의 모든 생물체들을 과학적으로 연구하는 학문

광년: 천문학에서 쓰는 거리의 단위로 빛이 1년 동안 가는 거리, 즉 9조4,680억km이다.

광합성: 녹색식물들이 태양 에너지와 물 그리고 이산화탄소를 이용해 자신을 만들면서 산소를 방출한다.

교류 발전기: 움직임(운동에너지)을 교류 전류로 바꿔주는 기계

구: 중심으로부터 같은 거리에 있는 점들로 이루어진 곡면

구심력: 회전 운동에서 그 중심으로 향하는 힘

굴절: 환경의 변화에 따라 빛의 진행방향이 꺾이는 현상

궤도: 태양 주위의 행성이나 지구 주위의 위성이 그리는 곡선

단백질: 아미노산의 긴 체인으로 생명체를 이루는 아주 중요한 성분

대류: 밀도 차이에 따른 분자들의 운동에 의해서 열을 전하는 것

대류권: 지표면과 닿아 있는 대기권의 가장 아래쪽 층

돌연변이: 생명체 유전자의 돌발적인 변화

등급: 별의 밝기나 지진의 세기를 나타내는 정도

등유: 원유를 150℃에서 300℃ 사이에서 증류하여 얻은 기름으로 항공기 연료로 쓰인다.

레이드의 집전기: 얇은 금속 박으로 싸인 유리병으로 정전기를 모으는데 사용되는 장치

레이저: 위상차가 없는 단일 파장의 빛을 증폭시키는 장치

마그마: 750℃에서 1,250℃ 정도로 뜨거워진 암석으로 지표면을 뚫고 나와 용암이 된다.

만유인력: 물체 간 서로 잡아 당기는 힘으로 물체의 질량에 비례하고 둘 사이의 거리의 제곱에 반비례한다.

망원경: 멀리 떨어진 물체를 보기 위해 렌즈들로 만든 광학 기구

모세관 현상: 액체 표면과 금속의 내벽이 만나서 생기는 물리적 현상의 통칭

무악류: 턱이 없는 물고기로 커다란 입으로 먹이를 찢어서 빨아 먹는다.

밀도계: 밀도를 재는 기구

박테리아: 마이크론 단위의 아주 작은 크기의 생명체로 분열을 하며 증식한다.

반사 망원경: 멀리 떨어진 물체를 보기 위한 광학 기구로 대물렌즈 대신 오목거울을 사용한다.

발전기: 전류를 발생시키는 장치

별똥별: 우주에 떠도는 암석으로 지구와 충돌하면 분화구를 남긴다.

복사 (방사): 전자기파를 통해 열이 직접 전달되는 현상

분자: 자유로운 상태로 존재할 수 있는 순수한 원소의 가장 작은 단위

빅뱅: 우주가 커다란 폭발에 의해서 생겨났다는 이론

사이펀: U자를 거꾸로 한 튜브로 양 끝의 높이를 다르게 하여 대기압에 의해 액체를 옮기는 데 쓰인다.

사프란: 배의 키의 밑판으로 이를 돌려서 물의 흐름을 이용해 배의 진로를 조종한다.

상대 밀도: 기준이 되는 물질과 꼭 같은 부피에서 그 물질과 기준이 되는 물질의 질량의 비

섭입대: 해양판이 대륙판과 충돌하여 대륙판의 밑으로 밀려 들어 가는 곳

성운: 우주에서 흐릿하고 산재한 모양을 띤 물체

성층권: 고도가 15에서 50km 사이에 있는 대기의 층

셔터: 보통 짧고 정확한 시간 동안 필름에 빛을 노출하게 해 주는 사진기의 장치

소나: 초음파를 이용하여 '보는 데' 사용하는 장치

아미노산: H2N-CHR-COOH로 이루어져 있는데 이들이 긴 체인으로 결합하여 단백질 분자를 만든다.

알고리듬: 주어진 작업을 정확하게 수행하기 위한 일련의 작업 명령들의 조합

암페어: 전류의 세기의 단위

압력계: 대기의 압력을 측정하는 기구

양성자: 원자핵을 이루는 구성원으로 양전하를 띠고 있다.

연대측정: 잔류하는 방사선 원소의 비율로서 연대를 측정하는 것

오로라: 극지방의 고도 300에서 800km 사이에 나타나는 현상으로 태양의 복사광선과 지구 자기장 때문에 생긴다.

원심력: 회전하는 차량에 탄 승객에게 가해지는 힘으로 회전운동의 중심으로부터 먼 쪽으로 잡아 당기게 된다.

원자: 원소의 가장 작은 단위. 원자설은 기원전 5세기의 그리스 철학자 데모크리토스가 처음으로 주장하였다.

원적 문제: 주어진 원과 같은 면적을 갖는 정사각형을 작도하는 문제

원주: 원의 둘레, 원의 중심으로부터 같은 거리에 있는 점들로 이루어진 폐곡선

원통형 얼음(캐럿): 지질을 분석하기 위해서 땅 속으로 굴착을 하여 긴 실린더 형 얼음이나 흙의 시료를 얻는 것

은하: 우리의 은하수나 또는 비슷하게 그룹지어 있는 별들의 모임

이메일: 전자 메일. 인터넷 사용자 간에 글이나 사진, 소리 등을 쉽게 주고 받을 수 있다.

자기: 자성을 띤 물체에 의해 나타나는 현상

자기장: 전류가 흐르는 도선이나 자석 주위의 공간에 자기력이 미치는 것

자이로스코프: 빠르게 회전하는 무거운 물체로 그 회전축이 공간 속에서 일정한 방향을 유지한다.

저기압: 대기의 압력이 낮은 지역

전도: 접촉에 의해 전기나 열을 전하는 것

전자 : 원자핵 주위를 도는 음전하를 띤 가벼운 입자

전자석: 전류를 이용해 자기장을 만드는 자석

전지: 화학 에너지를 전기 에너지로 바꾸어 전류를 발생시키는 장치

전파 망원경: 천체에서 오는 전파를 수신하는 망원경

조리개: 사진기에서 눈의 홍채와 같이 빛이 입사되는 부분의 직경을 조절하는 장치

종: 자신들끼리는 서로 번식할 수 있으며 다른 종과는 그렇게 할 수 없는 개체들의 집단

종속 영양: 독립 영양의 반대말로 필요한 유기물을 외부에서 얻는 생명체이다.

중력: 물체를 지구의 중심 방향으로 잡아 당기는 힘으로 무게라고도 한다.

중성자: 양성자와 함께 원자핵을 이루는 전기적으로 중성을 띤 입자

지구형 행성: 수성, 금성, 지구, 화성을 말한다.

지진: 지표의 판이 움직여 생기는 흔들림

직류 발전기: 움직임을 직류전류로 바꿔 주는 장치

진동수: 주기적인 운동에서 1초 동안에 반복되는 주기 운동의 횟수

진자: 복원력에 의해서 평형상태 주위를 진동하는 물체

차동장치: 자동차가 커브를 돌 때 안쪽 바퀴와 바깥쪽 바퀴가 서로 다른 속도로 돌게 해 주는 장치

청진기: 소리를 증폭해서 폐, 심장 등의 소리를 진찰하는 데 쓰이는 기구

초음파: 사람의 귀에 들리지 않는 진동수 16,000 Hz 이상의 소리

춘분과 추분: 지구 상 모든 곳에서 낮과 밤의 길이가 같아지는 때(3월 20~21일과 9월 22~23일)

퀘이사: 전파를 발생하는 움직임이 활발한 은하

크로마토그래피: 혼합물을 구멍이 많은 곳을 통과하게 해 그들의 확산속도의 차이로 물질을 분리하는 분석장치

클렙시드르: 눈금이 있는 그릇에 작은 구멍을 통해 물이 나오게 함으로써 시간을 재는 물시계

터보제트 엔진: 기체를 분사하는 엔진

터보프로펠러: 프로펠러가 있는 터보 엔진

퇴적층: 물 밑이나 지표면에서 퇴적물이 수평의 층을 이루는 것

파장: 파동에서 인접한 두 마루 사이의 거리

판 구조론: 지각판의 이동을 연구하는 과학

판게아: 페름기 근처에 모든 대륙이 하나로 합쳐진 초대륙

펄사: 빠르게 회전하는 중성자별로 전파를 펄스 형식으로 규칙적으로 방사한다.

페로몬: 같은 종의 생물체끼리 서로 소통하는데 사용되는 화학물질

폐어류: 부레나 폐로 숨을 쉬는 어류

포식자: 다른 생물들을 잡아 먹는 생명체

포화: (소금을 물에 녹이듯이) 고체를 액체에 녹일 때 고체가 더 이상 액체 속에서 녹지 않을 때를 말한다. 이것은 온도와도 관련이 있다.

폴리머: 비슷한 구성원들이 체인을 이루며 만들어진 긴 분자

표면장력: 액체의 표면에서 작용하는 힘으로 액체의 표면을 팽팽하고 탄력있게 만들어 준다.

퓨즈: 납이나 합금으로 만들어서 전기회로에 끼워 넣어 전류가 너무 크게 흐르면 녹아서 회로를 차단하는 장치

하모닉: 기본 진동의 진동수보다 정수배의 진동수를 갖는 소리

핵: 양성자와 중성자로 이루어진 원자의 중심부로 원자 질량의 대부분을 차지한다.

허상: 실제로 존재하지 않아 스크린에 맺혀지지 않는 상으로 진행하는 빛의 기하학적 연장선상에 있다.

현미경: 보통 2개의 렌즈를 가지고 있고 매우 작은 물체들을 관찰하는 데 쓰인다.

혜성: 밝은 머리 부분과 태양의 반대쪽으로 길게 뻗은 꼬리를 가진 별

색인

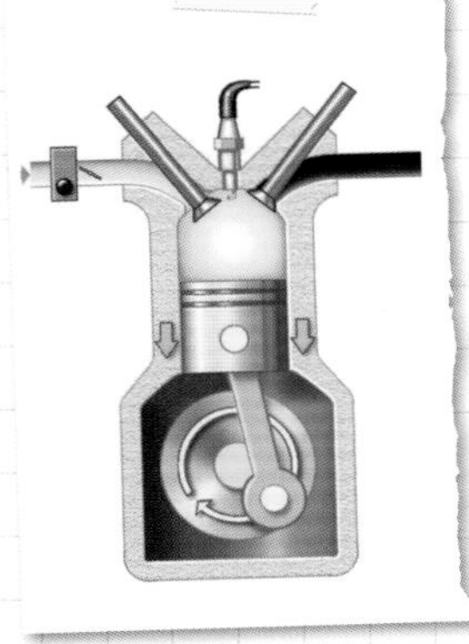

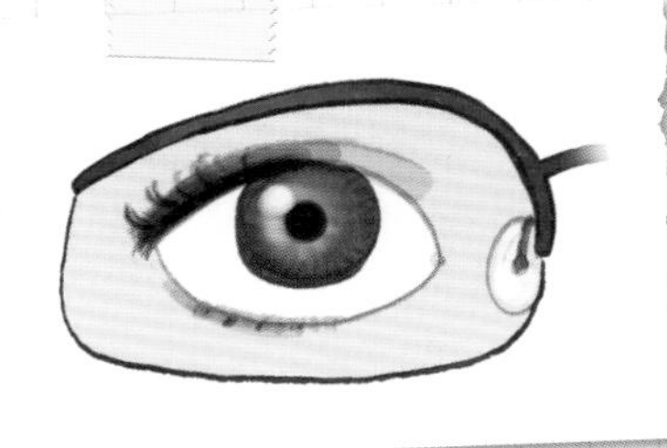

사진과 그림의 저작권

사진

- Airbus Industrie
  p.153 (상단).
- Dominique Auzel
  p.111 (중앙 상단)과 (우측 하단).
- Bios
  p.72 (상단) R. Seitre.
- Dominique Chauvet
  p.41 (좌측 상단), p.55 (상단), p.58 (우측 상단), p.59 (상단), p.60 (좌측 하단)과 (우측 하단), p.78 (좌측 상단), p.94, p.95 (우측 상단)과 (우측 중앙), p.100 (우측 상단), p.103 (하단), p.104 (좌측 하단), p.105 (좌측 상단)과 (중앙), p.106 (좌측 상단), p.107 (우측 중앙), p.113 (우측 하단), p.121 (좌측 하단), p.145 (좌측 중앙), p.147 (우측 하단), p.163 (우측 하단), p.200 (우측 하단), p.218~219, p.220 (우측 상단)과 (좌측 중앙), p.222~223 (상단), p.232~233.
- Cinémathèque de Toulouse
  p.110~111, p.111 (우측 상단).
- Colibri
  p.17 (중앙) S. Breal, p.34 (상단) B. Tauran, p.67 (상단)과 (좌측 상단) E. Bellieud, (우측 상단) S. Wittmann, p.70 (좌측 상단) P. Etcheverry, p.75 (우측 하단) P. Polette, p.84 (상단) D. Magnenat, (좌측 하단) J.-L. Murin, (우측 하단) F. & J.-L. Ziegler, p.85 (좌측 상단) A. Cristof, (좌측 하단) Negro-Cretu, p.91 (좌측 하단) J. Barbery, (우측 하단) G. Bonnafous, p.107 (좌측 상단) P. Etcheverry, (우측 상단) A. Jeser, (좌측 중앙) E. Kraft, p.117 (중앙) A. Jeser, p.118 (하단) R. Leguen, p.119 (좌측 상단) J.-M. Prevot, p.119 (우측 중앙) G. Loubriat, p.151 (좌측 하단) A.-M. Loubsens, (우측 하단) G. Bonnafous, p.156 (우측 중앙) P. Emery, p.166~167 S. Breal, p.206 (좌측 상단) C. Berasategui, (좌측 중앙) G. Bonnafous, p.221 (우측 상단) A. Labat, p.224 (좌측 중앙) Negro-Creto, (우측 하단) A. Guerrier.
- Claude Destephen (collection personnelle-Catalogue Manufrance)
  p.146 (좌측 하단).
- D. R.
  p.111 (좌측 하단), p.238 (좌측 상단).
- EDF-GDF Golfech
  p.131 (하단).
- Fotolia
  p.30 Kovalenko I, p.64 (우측 상단) Erica Guilane-Nachez, p.120 (좌측 하단) Cathleen, p.121 (우측 상단) tashka2000, p.182 (좌측) EnginKorkmaz, p.193 (우측 하단) passmil198216, p.229 (우측 상단) Erica Guilane-Nachez.
- Getty Images
  p.22 (우측 상단) Bettmann, p.146 (우측 중앙) Fox Photos, p.172 (하단) M.Pelletier, p.173 (하단) Bettmann, p.190 Time Life Pictures, p.202 (우측 상단) Sunset Boulevard, p.202 (우측 중앙) Sunset Boulevard, p.203 (좌측 상단) CBS Photo Archive, p.211 F. Demange, p.233 (상단) J . R. Eyerman, p.237 (상단) Bettmann.
- iStock
  p.12 Grafissimo, p.13 Grafissimo, p.24 (좌측 하단) theartist312, p.41 (좌측 하단) ChristianNasca, p.45 (상단) GomezDavid, p.46~47 jerbarber, p.97 (우측 상단) ilbusca, p.135 (우측 상단) technotr, p.157 (하단) Vesnaandjic, p.229 (우측 하단) ZU_09, p.234 (좌측 하단) bennymarty.
- Michel Hans/Gallimard
  p.48 (상단).
- Jean-Marie Homet
  p.16 (상단), p.19 (하단).
- IBM Research Division-Zurich Research Laboratories-CEMES - CNRS
  p.206 (우측 하단).
- Leemage
  p.21 (하단) Lee/Leemage, p.48 (하단) Lee/Leemage, p.108 (상단), p.210 (좌측 하단) Lee/Leemage, p.212 (우측 하단) MP/Leemage, p.234 (우측 중앙) Heritage Images, p.235 (상단) Bianchetti, (우측 중앙) Costa, p.236 (좌측 상단).
- Patrice Massacret
  p.30 (하단), p.224 (우측 하단).
- NASA
  p.133 (좌측), p.158~159, p.198~199 (상단), p.198 (우측 하단), p.199 (좌측 중앙)과 (우측 하단).
- Photo12.com
  p.13 (중앙), p.136 (좌측 상단), p.147 (상단).
- Robert Pince
  p.98 (우측 하단).
- Presse Sports
  p.139 (좌측 중앙).
- Renault Communication
  p.154~155.
- Roger-Viollet
  p.22 (우측 하단), p.30 (중앙), p.132 (좌측 중앙), p.146 (좌측 상단), p.159 (상단)과 (좌측 하단), p.164 (우측 하단), p.228 (좌측 상단), p.232 (좌측 상단).
- Sirpa Air
  p.157 (상단).
- Shutterstock
  p.8~9 Chaykovsky Igor, p.25 (중앙) amata90, p.28 (상단) Zern Liew, p.44 (좌측) Shipovalov Aleksandr, p.50 (상단) Everett Historical, p.50 (좌측 하단) Georgios Kollidas, p.58 (좌측 중앙) Grigvovan, p.61 EQRoy, p.62~63 Damsea, p.66 turtix, p.68~69 Joshua Raif, p.72 (하단) Ramon Carretero, p.86 (우측 중앙) kyslynskyyhal, p.90 (하단) Natali_Mis, p.92~93 jadimages, p.102 (우측 중앙) Everett Historical, p.104 (우측 상단) Georgios Kollidas, p.113 (상단) Kohlhuber Media Art, p.115 (우측 중앙) GagliardiImages, p.122~123 GaudiLab, p.124 Dmitriy Kandinskiy, p.125 (좌측 상단) Piotr Krzeslak, p.125 (좌측 하단) Mihai-Bogdan Lazar,

p.127 (우측 상단) Steve Bower, p.127 (하단) jgorzynik, p.128 (상단) YanLev, p.132 (좌측 중앙) Georgios Kollidas, p.133 (우측 중앙) Valeria Cantone, p.134 Kricha, p.134~135 Max Earey, p.136~137 Lukas Gojda, p.138 (상단) i-m-a-g-e, p.140 (상단) Dan Breckwoldt, p.148~149 Tania Zbrodko, p.150~151 josefkubes, p.152~153 (하단) Natursports, p.156 (상단) Dutourdumonde Photography, p.160~161 Kiev. Victor, p.177 (하단) Ohishiapply, p.178~179 Sergey Nivens, p.180~181 Joseph Sohm, p.182~183 Bill Chizek, p.183 (우측 중앙) Jeffrey M. Frank, p.183 (좌측 하단) Ken Freeman, p.184~185 godrick, p.185 (우측 중앙) HelenField, p.187 (우측 중앙) Joseph Sohm, p.191 (우측 중앙) FullRix, p.191 (우측 하단) amnat30, p.192~193 Baldas1950, p.195 (우측 중앙) NASA images, p.198 (좌측 중앙) Olga Popova, p.199 (좌측 하단) Castleski, p.200 (좌측 하단) Christopher PB, p.201 (좌측 중앙) Stephen Girimont, p.202~203 Ursatii, p.204~205 Dr. Norbert Lange, p.209 (상단) Everett Historical, p.209 (중앙) Chesky, p.211 (우측 중앙) JeP, p.211 (우측 하단) mooremedia, p.213 (좌측 하단) adike, p.216 (좌측) dolphfyn, p.222 (중앙) PAKULA PIOTR, p.224 (상단) Mosin, p.225 (우측 하단) mezzotint, p.226~227 mark reinstein, p.228 (좌측) Hein Nouwens, p.230 (하단) Marcel Derweduwen, p.231 (하단) Ron Rowan Photography, p.233 (좌측 상단) Olga Popova, p.236 (우측 하단) VTT Studio, p.240 Oranzy Photography, p.243 Ventura.

그림

- Bernard Delanghe
  p.52 (우측 상단), p.67 (좌측 중앙), p.69, p.70 (우측 중앙), p.71 (좌측 상단), p.73 (하단), p.76 (중앙), p.77, p.78 (좌측 하단), p.81, p.87, p.88~89 (중앙 상단), p.112 (좌측 하단), p.118 (상단), p.119 (우측 상단), p.141 (좌측 하단), p.142 (좌측 하단), p.153 (중앙), p.154~155, p.156 (좌측 하단), p.157 (우측 중앙), p.158 (좌측 하단).
- Corine Deletraz
  p.108 (하단), p.152 (중앙).
- Didier Gatepaille
  p.23 (우측 하단), p.162 (상단).
- Donald Grant
  p.10 (상단), p.30 (하단), p.38 (하단), p.52 (좌측), p.60 (상단), p.149 (우측 상단)과 (우측 중앙), p.191 (우측 상단).
- Gilbert Houbre
  p.74~75, p.76 (좌측 상단), p.78~79, p.80, p.82~83, p.89 (우측 상단), p.88~89 (하단).
- Vincent Jagerschmidt
  p.11 (상단), p.14~15, p.20 (상단), p.22 (좌측 하단), p.24 (우측 상단), p.29 (상단), p.37 (우측 중앙), p.42 (우측 중앙), p.51 (하단), p.54, p.64 (하단), p.65 (상단), p.110 (좌측 하단), p.115 (좌측 상단), p.129 (상단)과 (중앙), p.130, p.131 (우측 상단), p.136 (좌측 하단), p.139 (우측 상단)과 (우측 하단), p.141 (좌측 상단), p.142 (우측), p.143 (상단), p.144~145, p.182 (우측 하단), p.183 (우측 하단), p.186~187, p.188~189, p.195, p.196~197, p.198 (우측 중앙), p.199 (좌측 상단), p.198~199 (하단), p.201 (우측 상단)과 (우측 하단).
- Dorothée Jost
  p.15 (우측), p.16~17 (하단), p.17 (좌측 상단), p.19 (상단), p . 21 (상단), p.25 (하단), p.27 (상단), p.28 (하단), p.29 (하단), p.31, p.32, p.33 (상단)과 (좌측 하단), p.34~35 (하단), p.35 (상단), p.37 (하단), p.39 (하단), p.40, p.41 (우측), p.43, p.44~45 (하단), p.49 (하단), p.53 (하단), p.55 (하단), p.56~57 (하단), p.59 (하단), p.61 (상단), p.65 (하단), p.71 (우측 하단)과 (좌측 하단), p.76 (좌측 하단), p.85 (우측 중앙), p.90~91, p.95 (하단), p.97 (하단), p.98 (상단), p.99 (하단), p.100 (하단), p.101 (우측 상단)과 (좌측 하단), p.102 (좌측 중앙), p.105 (하단), p.109, p.110~111 (하단), p.112 (우측 상단), p.114 (우측 하단), p.115 (하단), p.117 (하단), p.119 (하단), p.120 (우측 상단), p.121 (좌측 중앙), p.125 (우측 하단), p.126 (좌측), p.127 (좌측 중앙), p.129 (하단), p.133 (우측 하단), p.135 (하단), p.136 (우측 중앙), p.141 (우측 하단), p.143 (하단), p.145 (우측 하단), p.151 (상단), p.152 (상단), p.164 (좌측 하단), p.165 (우측 하단), p.168 (좌측 하단), p.169 (우측 하단), p.171 (우측 하단), p.172~173, p.174~175, p.187 (하단), p.191 (좌측), p.192 (우측 하단), p.197 (좌측 하단), p.207 (하단), p.213 (우측), p.214 (좌측 상단), p.215 (우측 하단), p.217, p.218 (하단), p.219 (상단), p.220 (좌측 하단), p.221 (하단), p.223 (상단)과 223 (하단), p.225 (상단), p.228 (우측), p.230 (상단), p .231 (상단), p.238~239.
- Régis Mac
  p.58 (하단), p.70 (하단), p.73 (상단), p.99 (우측 상단), p.103 (좌측 중앙), p.111 (중앙), p.116~117, p.162 (하단), p.169 (좌측 하단), p.170 (좌측 중앙), p.214~215.

과학은 내 친구

초판 인쇄 | 2019년 9월 10일
초판 발행 | 2019년 9월 25일

지은이 | 로베르 펭스
그린이 | 도로테 조스트
옮긴이 | 김병배
펴낸이 | 조슬지
펴낸곳 | 이치 사이언스
등록 | 2004년 4월 19일 제2004-000004호
주소 | 서울시 강북구 한천로 153길 17
전화 | 02-994-0583
팩스 | 02-994-0073
홈페이지 | www.bookshill.com
이메일 | bookshill@bookshill.com

ISBN 978-89-98007-45-4
정가 18,000원

* 잘못된 책은 구입하신 서점에서 교환해 드립니다.
* 이 도서는 이치 사이언스에서 출판된 책으로 북스힐에서 공급합니다.